产品设计与开发系列丛书

机电产品结构设计

何佳兵　屈澳林　谢英星　王小平　编著

机械工业出版社

产品结构设计对产品整体的研发至关重要，直接关系到产品的功能实现、研发成本甚至项目的成败。本书以产品的设计过程为主线，讲解了产品功能设计、机械运动方案设计、材料及成形工艺、表面工程技术及方法，并且通过七种具有代表性的产品实例详细介绍了产品结构的设计过程。本书将方法与实例相结合，结构清晰、图文并茂，可以帮助读者一步步掌握产品结构设计的方法和技巧。

本书可供从事机电产品结构设计的工程技术人员学习和使用，也可供高等院校相关专业教师教学使用。

图书在版编目（CIP）数据

机电产品结构设计/何佳兵等编著. —北京：机械工业出版社，2023.12
（产品设计与开发系列丛书）
ISBN 978-7-111-74284-5

Ⅰ.①机… Ⅱ.①何… Ⅲ.①机电设备–结构设计 Ⅳ.①TH122

中国国家版本馆 CIP 数据核字（2023）第 223365 号

机械工业出版社（北京市百万庄大街 22 号 邮政编码 100037）
策划编辑：雷云辉 责任编辑：雷云辉 李含杨
责任校对：张勤思 张 征 封面设计：鞠 杨
责任印制：单爱军
北京虎彩文化传播有限公司印刷
2023 年 12 月第 1 版第 1 次印刷
169mm×239mm·22.25 印张·395 千字
标准书号：ISBN 978-7-111-74284-5
定价：79.00 元

电话服务 网络服务
客服电话：010-88361066 机 工 官 网：www.cmpbook.com
　　　　　010-88379833 机 工 官 博：weibo.com/cmp1952
　　　　　010-68326294 金 书 网：www.golden-book.com
封底无防伪标均为盗版 机工教育服务网：www.cmpedu.com

前　言

　　产品结构既是产品外部形式的承担者，也是产品内在功能的传达者，是产品功能得以实现的前提。因此，产品的结构设计是产品设计的重要环节，是产品设计中涉及问题最多、最具体、工作量最大的工作阶段，对产品功能的实现起着至关重要的作用，在整个机电产品设计过程中，平均约 80% 的时间用于结构设计。

　　绝大多数的产品设计都离不开结构设计，结构设计对应的职业岗位是结构设计工程师。为使设计人员系统掌握机电产品结构设计的设计理念、设计规范、设计原理，以及运用三维工具软件进行产品数字化设计的方法，笔者结合二十多年的产品设计经验和十余年的产品结构设计教学实践，组织撰写了本书。

　　本书内容包括基础篇和技能篇两大部分。基础篇按照"结构与功能→运动功能""结构与材料→材料成形→材料处理"关联逻辑编写，包括产品结构设计概述、产品功能设计、机械运动方案设计、材料及成形工艺基础、表面工程技术及方法，系统介绍了产品结构设计的原理、方法和要求等基础理论知识；技能篇按照"产品行业分类（电子产品、家电产品、电动工具、机器人）→壳体成形方法（注塑、冲压、压铸、多种成形）→壳体组合方式（注塑壳体+冲压件、注塑壳体+注塑件、注塑壳体+压铸件，多种组合）→配合类型（静配合、动配合、运动机构、组合机构）"的逻辑层次及递进关系，选择典型项目并设计成四个技能模块，采用双线并行项目（演示项目+训练项目），训练可迁移能力，培养设计能力。

　　全书共五个基础理论知识章节加四个技能模块，第 1、2、3 章及模块 1、模块 2 由中山职业技术学院何佳兵编写，第 4 章 4.1~4.3 节由中山职业技术学院屈澳林编写，第 4 章 4.4 和 4.5 节、第 5 章及模块 3 由中山职业技术学院谢英星编写，模块 4 由广东百佳百特实业有限公司王小平编写，全书由何佳兵统稿。

本书的主要亮点：

1）基础知识内容精练、系统、全面。

2）书中技能训练项目真实、典型、实用，涵盖了消费电子产品、家用电器、电动工具、行走机器人等热门设计领域，设计操作步骤翔实具体，设计任务分析到位，具有超强的实用性、指导性和可操作性。

3）本书配有各项目的设计源文件、设计开发控制程序文件，适合相关工程技术人员自学研习，快速成长为合格的结构设计工程师；本书还配有教学 PPT 文件（可登录机工教育服务网 www.cmpedu.com 下载），可供高等院校相关专业教学使用。

本书中难免有疏漏之处，请广大读者和同行不吝赐教。

编著者

目 录

V

技 　能 　篇

基础篇

第 **1** 章

产品结构设计概述

现代产品的开发设计，手段和方法越来越先进，分工越来越细，专业化程度越来越高。就一款机电产品的设计而言，一般包括概念设计、方案设计、造型设计、结构设计、控制设计和模具设计等方面的内容，这就要求工业设计师、机械工程师、电子工程师、软件工程师等专业设计人员合理分工，紧密协作。

产品结构既是外部形式的承担者，同时也是内在功能的传达者，是产品功能得以实现的前提。因此，产品的结构设计是产品设计的重要环节，对产品功能的实现起着至关重要的作用。

1.1　产品设计概述

1.1.1　产品开发与产品设计

产品开发要求能够为现有的市场带入全新的观念，而产品开发的过程是一系列活动的整合。这一整合包括从最初的产品外观构想、功能设定，到市场分析定位、市场开发、技术实现、研发生产计划，以及确保各项计划有效落实的设计管理等诸多方面的内容，有时甚至包括制订新产品的市场发售渠道、推广宣传计划等。

产品设计包含在产品开发的过程之中，由各项符合市场开发和商业运作的技术活动构成。它包括对产品构想进行符合技术规范要求的发展、新思路的发展，以及将技术因素融合到新产品之中。而产品开发所涉及的商业、金融管理等全部活动，以及产品销售市场与渠道的开拓活动，并不是产品设计过程必须包括的内容。

产品开发过程与设计过程不包括产品的制造过程，但制造过程的规划往往被认为是产品开发过程的一个组成部分。通常，产品设计工作与生产制造计划是同时进行的。如何将这两项工作高效地结合在一起，是现代工程设计人员必须面临的主要任务之一。

1.1.2　产品功能与产品结构

产品是以满足用户的需求为目的，产品功能指产品的用途和使用价值。功能是产品的核心要素（其他要素，如审美要素——美观，技术要素——可实现，经济要素——成本，环保要素——绿色设计），是产品被生产出来的最直接的理由。产品是功能的物质载体，用户通过使用产品来实现功能，满足相关需求，这是人们生产和消费产品的目的。

功能是产品设计的目的，而结构却是产品功能得以实现的前提。产品的功能是通过结构来体现的，不同的功能要求具有相应的结构形式。

机械系统与外壳结构是现代设备发展的基础和必不可少的组成部分。如果要使各种科学的最新成果和先进的技术系统，如微电子技术、计算机技术和其他高新技术，成为具有实用价值的产品，必须有机械系统和外壳结构。

现代产品机械系统与结构的零部件和机构种类繁多，各自的功能和作用多种多样，可概括为两个主要方面：

1）通过各种动力、传动机构及其相互组合，构成机器设备中的特定机械与机构的功能系统，以实现运动、能量和信息的传递、转换、控制、显示和记录以及完成机器设备功能所要求的各种动作。

2）通过机座、机壳等基体零部件和紧固件的组合，构成设备中机构的机架和支承系统，实现设备、仪器各种元器件的刚性连接、固定和调整，保证各元器件获得所要求的、确定的和稳定的相对位置。

数码相机是典型的具有机械、微电子系统的产品，如图 1-1 所示。机芯和镜头是精密机械系统，装有集成电路的电路板是微电子系统，整个机械、微电子系统都安装在底座（经冲压加工的金属板）上，再与机壳固定在一起。

图 1-1　数码相机

1.1.3　产品结构的组成及特点

任何一个结构比较复杂的产品，按照结构的观点，均可视为由若干零件、部件和组件组合而成。

（1）零件 又称元件，是产品的基础，是组成产品的最基本单元，是一个独立的不可分解的单一整体，是一种不采用装配工序而制成的成品。零件通常是用一种材料经过所需的各种加工工序制成的，如螺钉、弹簧、垫圈等。

（2）部件 又称器件，是生产过程中由加工好的两个或两个以上的零件，以可拆连接或永久连接的形式，按照装配图要求装配而成的一个单元。其目的是将产品的装配分成若干初级阶段，也可以作为独立的产品，如滚动轴承、减振器等。

（3）组件 又称整件，是由若干零件和部件按照装配图要求，装配而成的一种具有完整机构和结构，能实施独立功能，能执行一定任务的装置，从而将比较复杂的产品装配分成若干高级阶段，或作为独立的产品，如减速器、录像机机芯、液晶显示屏等。

（4）整机 是由若干组件、部件和零件按总装配图要求，装配成的完整的功能产品。整机能完成技术条件规定的复杂任务和功能，并配备配套附件，如洗衣机、电视机、摄像机等。

从产品设计的角度，可以将结构解释为构成产品的部件形式及各部件间组合连接的方式。结构设计则是为了实现某种功能或适应某种材料特性及工艺要求而设计或改变产品部件形式及部件间的组合连接方式。

产品的结构具有层次性、有序性和稳定性。结构的层次性是由产品的复杂程度所决定的，任何产品都由若干不同的层次组成，如汽车有发动机、车身、底盘、操纵装置等，发动机又可分为缸体、缸盖、活塞、连杆等部件，从整体到局部都有不同的层次。层次性也可以说是一种系统性，是系统与系统的组合与构成，如图 1-2 所示。

有序性指产品的结构都是目的性和规律性的统一，结构是因一定需要而产生的，因此各部分之间的组合与联系是按一定要求，有目的、有规律地建立起来的，绝不是杂乱无序的凑合。产品设计和生产过程是将各种材料、部件由无序转化为有序的过程，有序性是产品结构的特征之一，是实现功能特征的保证，也是结构得以正确建立的前提。

所有的结构都具有稳定性这一特征，因为只有稳定才能有结构的存在并成为一种实体。产品作为有序性的整体，材料之间、部件之间的相互关系都处于一种平衡状态，即使在产品的使用过程中，这一平衡状态也是保持着的，它的存在与产品正常功能的发挥联系在一起，正因为如此，产品才具有牢固性、安全性、可靠性和可操作性等多方面的功能保障。

图 1-2　汽车中结构的层次性

1.1.4　产品对结构的基本要求

一般来说，产品中的技术性能指标主要指产品的系统和结构能否满足技术条件规定的功能和使用技术性能要求，经济指标则主要指产品的结构能否经济地进行生产，能否满足成本和经济效益的要求。产品对结构的基本要求，可概括以下几个方面。

（1）功能特性要求　功能特性要求是最基本的技术性能要求，主要体现为对执行机构运动规律和运动范围的要求。

（2）精度要求　精度要求是最重要的技术性能要求，主要体现为对执行机构输出部分的位置误差、位移误差和空回误差的严格控制。

（3）灵敏度要求　执行机构的输出部分应能灵敏地反映输入部分的微量变化。为此，必须减小系统的惯量、减少摩擦、提高效率，以利于系统的动态响应。

（4）刚度要求　构件的弹性变形应限制在允许的范围之内，以免由弹性变形引起运行误差，影响系统的稳定性和动态响应。

（5）强度要求　构件应在一定的使用期限内不产生破坏，以保证运动和能量的正常传递。

（6）各种环境下工作稳定性要求　系统和结构应能在冲击、振动、高温、低温、腐蚀、潮湿、灰尘等恶劣环境下，保持工作的稳定性。

（7）结构工艺性要求　结构应便于加工、装配、维修，应充分贯彻标准化、系列化、通用化等原则，以减少非标准件，提高效益。

（8）使用要求　结构应尽量紧凑、轻便，操作简便、安全，造型美观，携带、运输方便。

1.1.5　产品对结构设计的要求

我们所设计的产品及其结构应在满足使用技术性能要求的前提下，采用最合理的工艺方法和流程，最经济地进行生产，即具有结构工艺合理性。在产品结构设计中，应严格遵循以下工艺原则，并贯穿产品结构设计的全部过程的各个阶段。

（1）产品结构应反映生产规模的特点　产品生产规模按产品生产的数量分为单件、小批、中批、大批和大量生产，它是由社会实际需求决定的。不同的生产规模具有不同的生产线和相应的生产装备，因此所设计的产品结构应反映出生产规模的特点，并与相应的生产线及其生产能力相适应。例如，对于大量和大批生产的产品结构，从毛坯制造、机械加工和装配，大都由各种高效率的专用加工设备和插装设备进行加工、装配，甚至包括生产过程中各个阶段质量的在线检测和控制，直至标牌安装或封贴及产品包装，为此零件的加工和装配必须达到完全互换，都应适应自动化或半自动化生产线的要求。而单件和小批生产的产品结构，则应适应由通用设备、通用工艺装置等组成的生产线进行加工、装配的特点。

（2）合理划分产品结构的组件　设计产品结构时，应从产品总体着眼，使产品结构易于分成若干独立组件，以便进行积木式总装。各组件的装配最好是彼此独立、并行进行，以利于提高总装效率和查找产生问题的部位。各组件之间的联系应方便拆装，易于调试，并便于对任何零、部件进行检修和更换而不影响其他部分。

（3）尽量利用典型结构　设计新产品或对原有产品进行改进时，应充分分析吸收原有产品或相近产品结构的优点，尽量利用原有产品或借用相近产品中经过生产和使用证明已比较成熟的结构，或尽量采用典型结构。只对少部分结构另行设计，或局部改动。这不仅可大幅度简化设计和生产过程，缩短产品研制和生产周期，而且易于保证产品质量。

（4）力求系统和结构简单化　在保证产品技术性能要求的前提下，设计时应尽量简化传动链，这样可使系统中的零、部件数量大幅度减少，从而使结构尽量简单。同时，零、部件自身的结构也应尽量简化，这不仅减小了加工量，同时也减少了误差来源。

（5）合理选择基准、力求基准合一 总体结构设计时应使每个零、部件都具有合理的定位基准，尽量使定位基准（包括辅助基准）分布在同一平面内，并且尽量使零、部件的设计基准与工艺基准（包括定位基准、测量基准、装配基准）重合。

（6）贯彻标准化、统一化原则 在产品结构设计中，贯彻标准化是获得良好工艺性结构的最重要条件。贯彻标准化、统一化原则主要体现为：

1）结构中最大限度地采用标准件。

2）确定产品结构的各种参数时，应最大限度地采用相应的标准值和优先数系的规定值。

3）尽量统一结构中相近零件的材料牌号及标准件的品种、规格、型号、尺寸系列。

1.2 产品结构设计的影响因素

进行产品结构设计时需要从多方面入手。结构符合造型要求的同时还要满足力学要求，也就是说力学因素制约结构设计；同时，结构还受到产品加工、制造的复杂程度，即工艺可行性的制约，不经意的造型或结构要求可能会增加工艺难度，导致制造难度加大，成本增加。以下将从力学，材料，工艺性，人机工程，携带、运输及储存等方面讨论产品结构设计过程中需考虑的结构问题。

1.2.1 结构与力学

对于产品而言，大到轮船、飞机，小到玩具、生活用品及小家电产品等，都存在结构与力学的关系问题。

进行产品结构设计时，必须对其构件间的连接、配合、制约等做出受力分析，以确定合理的结构形式。因此，可以说力学是影响产品结构设计的重要因素之一。

结构中的力是以构件间的相互作用来体现的。越是复杂的结构，其受力关系也越复杂。从产品工作的可靠性出发，其结构中的每个构件都涉及强度、刚度和稳定性等力学问题。从产品设计的角度看，除外观造型设计，更主要的是考虑产品的功能问题，而对于一些家电产品、玩具、家具、生活日用品等，外观和结构问题都比较重要。一些单一结构的产品，涉及的力学问题属于部件内部的布局问题，而结构比较复杂的产品则需要分析构件间的复杂受力状态。

这里只讨论机械力的合成和分解及简单力系的计算问题，并通过实例加以说明。

图 1-3　力的合成
F_1—分力 1
F_2—分力 2
R—合力

（1）力的性质及其三要素　力是两物体间的一种相互机械作用。力的三要素是大小、方向、作用点（在理论力学中是作用线）。

（2）力的合成及力系　力系分为共线力系、平面力系和空间力系三种。因为力是矢量，力的合成采用几何运算，力的合成遵守平行四边形原理（见图 1-3）。

在共线力系中，因力的作用线重合，力的合成变为代数量，分为正和负。同方向的力合成为相加，反方向的力合成为相减。弹簧秤是属于共线力系的二力平衡问题，属反向力。

平面力系和空间力系又分为平行力系和汇交力系。剪刀工作时属平面平行力系，是由受力点（被剪物）、加力点（手的压力）和支撑轴三个平行力按杠杆原理而工作的；桌子、椅子的腿和地面接触时所受的力是典型的空间平行力系。三脚支架则是最简单的三力汇交力系，而雨伞的龙骨形成的是复杂的空间汇交力系（见图 1-4）。人们常常利用这种力学关系，结合美学与结构，设计各种产品。

图 1-4　雨伞龙骨形成空间汇交力系

在静态力系中以平衡力系居多，而动态力系中则要考虑驱动机构的动力及惯性力。

（3）力矩、力偶　力使物体产生移动，而力矩是使物体产生转动的物理量，力到支点的距离称为力臂。力偶则是两个大小相等、方向相反、不作用在同一直线上的两个力所组成的力系。

杠杆秤工作时是典型的主力矩与反力矩平衡的实例（见图 1-5）。

人们在开车转向时，双手的作用力形成力偶（大小相等、方向相反且不共线的两个平行力，记作 F_1 和 F_1'），如图 1-6 所示。

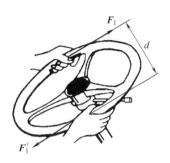

图 1-5　杠杆秤　　　　　　　　　图 1-6　转向时形成力偶

1.2.2　结构与材料

当人们的生活还不富裕时，对产品的要求更多倾向于其功能，以及完成功能所需机械结构的先进性。随着社会的发展，当物质生活水平提高到一定程度时，人们的追求、设计的重点随之转向造型感觉、造型个性方面，而对材料特性的理解和合理运用往往是设计成败的关键。科学技术的发展，新材料层出不穷，更为现代设计提供了可供选择的广阔天地。

产品的造型是其自身功能的感性呈现，所表达的美在于体现其自身的功能、结构、形态所特有的秩序感。而设计水平的高低，往往取决于设计师对材料与产品结构的理解与感受程度，优秀的设计师必须善于利用这两大因素。

同样功能的产品，由于使用条件和所用材料性质（如力学性能、工艺性、经济性）的不同，其结构具有多样性。

下面以日常生活中常用的竹木夹、塑料夹、不锈钢夹为例，对材料与结构的关系做一简要分析（见图 1-7）。

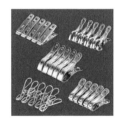

图 1-7　不同材料结构的夹子

从演变过程来看，最早出现的是结构比较简单的竹木夹，因其取材方便，资源丰富，价格便宜，用途很广。它的主要缺点是稳定性差，在使用功能方面，两片夹子易错位，体积比较大。因竹木材特性限制，普遍做工粗糙。

塑料夹因使用模具成型，表面光滑，样式美观，色彩丰富。结构合理，操作力适度，弹簧构造简单，适于大批量生产，价格较低。但塑料有老化的特性，使用寿命受到一定限制。

不锈钢夹采用薄不锈钢片冲压成形的夹片和不锈钢丝绕制的弹簧组装而成，结构简单，适于大批量生产，成本低。夹持力大，轻巧耐用。

1.2.3　结构与工艺性

在产品开发过程中，产品的设计和制造过程是密不可分的两个重要环节。片面追求造型及结构需要而不了解产品生产过程中的工艺要求，往往会使结构设计方案难以实现，或制造成本成倍增加，最终使好的创意难以实现。

产品生产的工艺性包含装配和制造两个方面，分析结构和工艺性之间的关系，主要是讨论产品生产过程中与装配工艺和制造工艺有关的结构设计问题。结构工艺性的重要性主要体现在：

1）它可以减少部件（组装件）的数量，缩短生产时间，降低生产成本。

2）它可以简化生产流程，降低误差发生率，有效提高产品的可靠性和安全程度。这一点对于精密产品的制造尤其重要。

3）简化零部件的结构和生产工艺，提高产品质量。

1. 结构与装配工艺

产品的装配工艺性主要是解决由零部件到产品实现过程的便利性。

（1）系统装配原则

1）通过功能模块的方法减少制造零、部件的数量。通过对组成产品的多个部件进行考察，分析一个部件在功能上能否被相邻的部件包容或代替，或考虑通过新的制造工艺将多个部件合并成一个。例如，早期汽车的仪表板由钢板制造，结构复杂，零部件众多且造型呆板，选用注塑工艺后，可将仪表板组件设计成一个形状更为复杂的整体，通过模具一次成型，简化了装配结构，且组装后造型更加丰富。风机采用注塑叶轮，将原有几十个零件减至几个零件，而且具有结构紧凑、重量轻、能耗低、运行平稳等优点。如图1-8所示。

2）保证部件组装方向向外或开放的空间。避免部件的旋紧结构或调整结构出现在狭小空间内，以方便操作，如图1-9所示。

3）便于定向和定位的设计。部件间应当有相互衔接的结构特征，以便组装时快速直观，可以通过颜色标注或插接结构实现。

图 1-8　五金冲压组装和一体注塑加工的风机叶轮

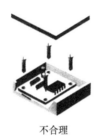

不合理　　　　　　　　合理

图 1-9　装配空间开放

4）一致化设计。尽可能选用标准件并减少使用规格，以减少装配误差并节约零件生产成本，如图 1-10 所示。

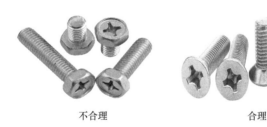

不合理　　　　　　　　合理

图 1-10　减少标准件规格

（2）局部处理原则

1）充分利用对称形式以消除定位上的不确定性，或将不对称性明显化，以便于区别。

2）突出零件外观上的差异和对比性以实现快速定位。

3）避免易于引起零件缠绕和粘连现象的设计，如图 1-11 所示。

11

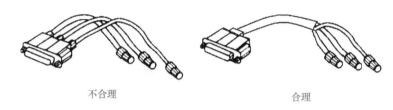

不合理　　　　　　　　　　　　　合理

图 1-11　避免缠绕

4）外观相似的部件间做出明显的区分，如颜色或表面的光滑程度。

5）避免出现嵌套现象。通过局部设计，以使相同的零件上下摞起放置时不会出现彼此咬合太紧不易分开的情况，如图 1-12 所示的杯子（右图杯足高于左图，易于摞起后分开）。

6）对于需要多个零件轴向对齐的结构，应在零件上提供定位对齐特征。

（3）嵌入式装配原则

1）添加倒角，以利装配，如图 1-13 所示。

2）装配过程中，装配体应能提供充分的对齐、匹配特征，以便零件准确定位。

3）尽量减少不同安装方向，固定螺母尽量出现在装配体同一侧，以减少组装过程中不必要的反复翻转。

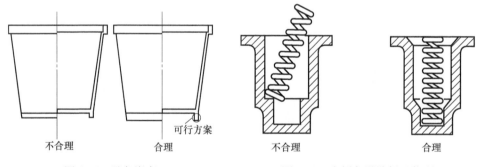

可行方案

不合理　　　　合理　　　　　　　　不合理　　　　　　合理

图 1-12　避免嵌套　　　　　　　图 1-13　内倒角设计便于装配

（4）连接装配

1）在保证连接效果的前提下，尽量减少螺钉等连接件的数量，或以针脚、插槽等简易连接方式代替螺钉连接，如图 1-14 所示。

2）尽可能将固定件放置于便于操作的地方。

3）螺栓受力面应与受力方向垂直，并与被连接件充分接触，以使连接件受力均匀，连接稳定可靠。

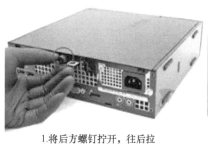

1.将后方螺钉拧开，往后拉　　　　　2.往后拉开，盖子可直接掀起

3.手指轻轻掰动3个扣子，可打开前面板　　4.全程只有一个螺钉，方便快捷

图 1-14　计算机箱板的连接及开启方式

2. 结构与制造工艺

产品的制造工艺性主要是解决由原材料到零部件这一过程的可实现性。每一种不同的零件因其具体结构和使用的材料不同，可以有不同的加工成形方式（重点在材料及成形工艺章节介绍）。

1.2.4　结构与人机工程

产品最终是为人所使用的，在产品结构设计过程中需要考虑人的因素影响。人机工程学是研究人在某种工作环境中的解剖学、生理学、心理学等方面的因素；研究人与机器、环境之间的相互作用；研究工作、生活中怎样统一考虑工作效率、人的健康、安全、舒适的学科。对这门学科的研究，有助于全面科学地分析人的因素对设计的影响，从而设计出更加人性化的产品。

人的因素对产品结构设计的影响表现在以下几个方面：

1）人体尺寸影响结构尺寸。

2）使用姿态影响结构形式。

3）人体力学特征影响操纵结构形式。

4）人的认知特点影响结构的显示形式。

5）人的心理需求影响结构的表现形式。

1. 人体尺寸与产品结构设计

人体测量数据包括人体的各部分静态尺寸、动态尺寸、人体重量、操纵力等一系列统计数据，为产品结构尺寸设计提供依据。

汽车驾驶室内的空间设计，除要考虑手和脚的各种操作动作方便适宜，还要照顾到驾驶视野和仪表板的认读，座位的调节也要兼顾身材高大和身材矮小者等。如图 1-15 所示，除利用人体尺寸设计，还要进行三维测量检验，或利用计算机模拟设计。

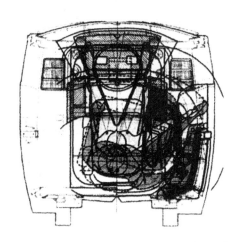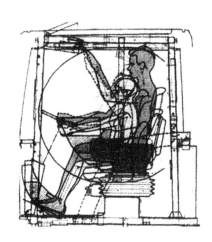

图 1-15　利用人体模板进行驾驶室设计

2. 使用姿态与产品结构设计

好的产品设计能够使人在使用过程中保持健康的姿态，既可以保证高操作效率，又可以保持较长时间操作而不会对人体造成伤害，如浑身酸痛、肌腱炎、腰椎间盘突出、颈椎病、局部肌肉损伤等。简言之，是一种舒适的、高效的姿态。基本原则是避免肌肉及肌腱处于非顺直状态（如手腕的侧偏、桡侧偏、翻腕等），避免肌肉长时间处于紧张状态，避免神经、血管丰富部位（如掌心、膝盖窝等）受压及直接遭受振动，避免由于设计原因导致非工作肌群着力，如抬肩、弯腰、塌背、长时间站立，结构应具有灵活性，以便调整或变换姿态等。

以大家熟悉的计算机鼠标操作为例，若鼠标放在普通台面上，操作时腕部常处于背屈状态，容易造成腕部疲劳。一款麦塔奇 N300 人体工学鼠标，由鼠标本体和可拆卸的掌托组成。采用 33° 的倾斜设计，让手处于一种半握拳放松的状态，可以有效预防手腕扭曲和筋膜损伤，显著的降低疲劳感，提升工作效率，如图 1-16 所示。

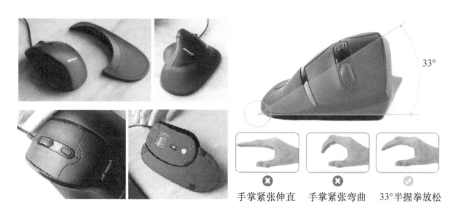

手掌紧张伸直　　手掌紧张弯曲　　33°半握拳放松

图 1-16　新型鼠标和鼠标垫设计

3. 人体力学特征与产品结构设计

人体依靠肌肉收缩产生运动和力，可以实现多种运动，完成各种各样的复杂动作。人们在日常生活中经常需要利用肢体来使用或操作一些器械或装置，所使用的力称为操纵力。操纵力主要是肢体的臂力、握力、指力、腿力或脚力，有时也会用到腰力、背力等躯干的力量。操纵力与施力的人体部位、施力方向和指向，施力时人的体位姿势、施力的位置，以及施力时对速度、频率、耐久性、准确性的要求等多种因素有关。

汽车上的变速杆，需要经常在几个位置间转换以调整行车速度，其外形和尺寸、行程和扳动角度、操纵阻力、安装位置等都与人体力学特征密切相关。以操作位置为例，坐姿情况下，在腰部、肘部的高度施力最为有力，而当操纵力较小时，在上臂自然下垂的位置斜向操作更为轻松。图 1-17 所示为变速杆位置。

图 1-17　汽车上的变速杆位置

1. 2. 5　结构与携带、运输及储存

对一些需随身携带的用品，除考虑其用途，还应解决随身携带方便的问题。此外，还应考虑产品的运输和储存，合适的结构设计能够使产品在储运过程中减小体积，避免运输中因挤压、碰撞而引起损坏，以及储运中堆放的稳定性问题等。

下面，通过一些具体的实例，对上面提到的问题进行比较典型的介绍，并在启发、借鉴的基础上，对产品结构进行合理设计，以解决产品的携带、运输及储存问题。

（1）折叠式结构 折叠式是一种使用时展开，不用时可以折叠收起的结构。折叠式是比较传统的结构形式，历史悠久，在日常生活中应用比较广泛，常见的产品有雨伞、折扇、折叠桌、折叠沙发床、折叠椅、降落伞、帐篷等，如图 1-18 所示。

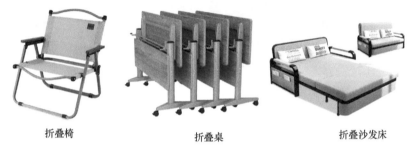

折叠椅　　　　　　　折叠桌　　　　　　　折叠沙发床

图 1-18　折叠家具

折叠伞是在普通伞的基础上采用伞面龙骨折叠、支杆套管伸缩结构，使长度缩短至原来的 1/3 左右，占用空间更小，更便于随身携带，如图 1-19 所示。

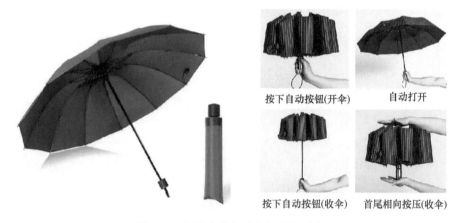

按下自动按钮(开伞)　　　自动打开

按下自动按钮(收伞)　　　首尾相向按压(收伞)

图 1-19　折叠伞收起时占用空间更小

（2）套叠式结构 通过结构设计使产品间产生套叠关系，从而减少产品储运所占用的空间。套叠式多用于容器类产品的结构设计，如纸杯、蛋托等，如图 1-20 所示。有些家具在设计时也采用套叠式结构，如图 1-21 所示的椅子。

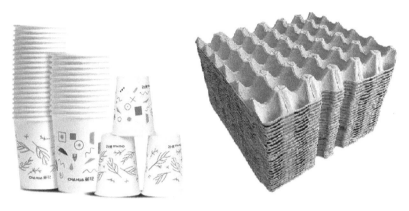

图 1-20 纸杯及蛋托

图 1-21 椅子

（3）伸缩式结构 通过产品中构件的伸长、缩短与变形改变产品的形态尺寸，达到方便使用、储运的目的。其主要结构有套管伸缩式、弹性伸缩式、连杆机构式等，如图 1-22~图 1-24 所示。

图 1-22 采用套管拉杆天线的收音机

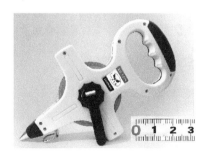

图 1-23 弹性伸缩的钢卷尺

图 1-24　采用连杆机构伸缩的台灯

　　（4）插接式结构　插接属于可拆固定连接结构，其原理是在需要互相固定的零部件上设置相应的插接结构（类似于木榫），通过互相钳制而形成立体形态。各个零部件通过相互插接的方式接合而组成的产品，具有易装、易拆、储运方便的特点，特别有利于模块化设计。

　　图 1-25 所示的桌子由 9 个部分组成，桌面采用热压成型的增强塑料，表面涂以防划痕涂料，桌腿采用增强的聚丙烯塑料，锥形的插头部件采用 ABS。产品各个部分的装配为过盈配合连接，用户只要用力就可以实现桌子的组装和拆卸，不需要任何螺钉。图 1-26 为金属台面和木制桌腿构成的插接结构的茶几。

图 1-25　插接结构的桌子

图 1-26　插接结构的茶几

　　（5）柔性填充式结构　柔性材料，如塑料、织物等，柔软易折，收纳体积小，抗拉强度高，气密性好。使用时通过充入空气或水使之膨胀坚挺，保持形状，实现产品功能，不用时排除空气或水以方便收纳，如充气玩具、充气家具、橡皮艇、水床等，如图 1-27 所示。

<table>
<tr><td>充气沙发</td><td>充气床</td><td>充气泳圈</td></tr>
</table>

图 1-27   各类充气用品

1.3   机电产品结构设计的任务

结构设计在产品设计中起着举足轻重的作用。产品工作原理及装配的设计要求是确定零部件结构和形状的主要因素，其次是材料的选择、制造工艺方面的要求，使之具有良好的工艺性（加工、装配）。此外，零部件的结构和形状的完善对强度和刚度的提高有很大的影响。

结构设计的主要特点：

1）它是集思考、绘图、计算（有时进行必要的试验）于一体的设计过程，是产品设计中涉及问题最多、最具体、工作量最大的工作阶段，在整个机电产品的设计过程中，平均约 80% 的时间用于结构设计，对机电产品的设计的成败起着举足轻重的作用。

2）结构设计问题的多解性，即满足同一设计要求的结构并不是唯一的。

3）结构设计阶段是一个很活跃的设计环节，常常需反复交叉进行。为此，在进行机电产品结构设计时，必须从产品的整体出发，了解产品对结构的基本要求。

结构设计的任务是在总体设计的基础上，根据所确定的原理方案，确定并绘出具体的结构图，以体现所要求的功能；是将抽象的工作原理具体化为某类构件或零部件，具体内容是在确定构件的材料、形状、尺寸、公差、热处理方式和表面状况的同时，考虑其加工工艺、强度、刚度、精度，以及与其他零件之间的关系等问题。所以，结构设计的直接产物虽是技术图样，但结构设计工作不是简单的机械制图，图样只是表达设计方案的语言，综合技术的具体化是结构设计的基本内容。

　　结构设计中，要得到一个可行的结构方案一般并不很难。机械结构设计的任务还在于从众多的可行性方案中寻求较好的或最好的方案。结构优化设计的前提是要能构造出大量可供优选的可能性方案，即构造出大量的优化求解空间，这也是结构设计最具创造性的地方。结构优化设计目前基本仍局限于用数理模型描述的那类问题上，而更具有潜力、更有成效的结构优化设计应建立在由工艺、材料、连接方式、形状、顺序、方位、数量、尺寸等结构设计变元所构成的结构设计解空间的基础上。

第 **2** 章
产品功能设计

产品功能设计有两层含义：一是在机电产品设计的最初环节，针对产品的主要功能提出一些原理性的构思，这种对主要功能的原理性设计，简称为"功能原理设计"；二是在设计中以产品的功能为设计依据，以实现产品的功能为最终目标。

2.1 功能原理设计的特点和内容

功能原理设计的重点在于提出创新构思，设计人员思维要尽可能开阔，力求提出较多的方案用于比较选择，对构件的具体结构、材料和制造工艺等则不一定要有成熟的考虑，可以用示意图来表示所构思的内容，然后利用各种计算机 CAD 软件仿真机械产品的功能目标实现过程。

功能原理设计是对产品的成败起决定性作用的工作。任何一种产品的更新换代都可以通过三种途径实现：一是通过改革工作原理；二是通过改进工艺、结构和材料来提高技术性能；三是通过加强辅助功能使其更适应使用者的需要。这些途径对于产品市场竞争力的影响几乎具有同等重要的意义，但第一种途径在实现时的困难程度要比后两种大得多，以致早在 20 世纪 60 年代就有人预言，各种机器的工作原理已经基本定型，今后改进的方向只能在工艺、材料和结构方面。然而，随着技术的发展，事实否定了这种悲观的预言。不仅采用新工作原理的新型产品不断涌现，而且新工艺、新材料的出现，也促进了新工作原理的产生，如液晶材料的应用使钟表的工作原理发生了本质的变化；计算机软件与硬件的发展，使得铅字打字机成为历史。现在已经有很多具有长远目光的企业家和工程师把更多的注意力投入到基本工作原理的改革这一方面。

2.1.1　功能的含义

功能是对某一产品特定工作能力的抽象化描述，它和人们常用的功用、用途、性能和能力等概念既有区别又有联系，以一台电动机为例：

由此例可知，"功能"是某一机器（或装置）所具有的转化能量、运动或其他物理量的特性。

还有一种描述功能的方法是用系统工程学的"黑箱"来描述技术系统的功能（见图 2-1）：任何一个技术系统都有输入和输出，把技术系统看成一个黑箱，其输入用信息流 S、能量流 E 和物料流 M 来描述；其输出用相应的 S′、E′ 和 M′ 来描述。于是，功能可表示为，一个技术系统在以实现某种任务为目标时，其输入量和输出量之间相互转换的关系。

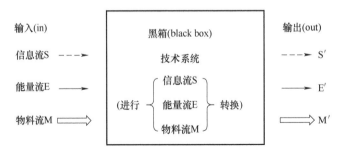

图 2-1　用"黑箱"描述技术系统的功能

黑箱描述法只是描述了从系统外部观察到的功能特点，而黑箱的内部结构是未知的，是需要设计师去进行具体的构思和设计的。系统分析中的"白箱"和"灰箱"，则是指内部结构完全已知或部分已知的技术系统。

2.1.2　功能原理设计的特点

20 世纪 50 年代末，在钟表制造行业中进行着一场悄悄的革命：用什么新的工作原理来代替古老的机械钟表原理呢？经过多年的努力，液晶显示的纯电子表和机电结合的石英电子表终于诞生了。可以说，这是工作原理改革的最典型的成功案例。人们也可以由此看出功能原理设计工作的特点：

1）功能原理设计往往是用一种新的物理效应来代替旧的物理效应，使机器的工作原理发生根本变化的设计。

2）功能原理设计往往要引入某种新技术（新材料、新工艺等），但首先要求设计人员引入一种新想法、新构思。没有新想法，即使新技术就在面前，设计人员也不会把它运用到设计中去。

3）功能原理设计往往使机器品质发生质的变化。例如，机械表无论在技术上如何改进，其走时的精确性始终不可能和石英电子表相媲美。

当然，在实践中，不一定每个功能原理设计都能体现这三个特点，而能体现这三个特点的，则应该是高品位的功能原理设计。

2.1.3 功能原理设计的主要内容

简要地说，功能原理设计的任务可表述为：针对某一确定的"功能目标"，寻求一些"物理效应"，并借助某些"作用原理"来求得一些实现该功能目标的"解法原理"。

例如，要设计一种点钞机，可以构想出各种将钞票逐张分离的工作原理，如图 2-2 所示。例如，考虑应用某种"物理效应"（如摩擦、离心力、气吹等），然后利用某种"作用原理"（如摩擦轮、转动架、吹气管等），最后达到实现"功能目标"（分张）的结果。

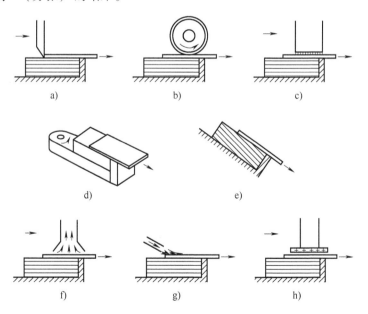

图 2-2 点钞机分张功能的原理构想

a）推刮 b）摩擦 c）黏力 d）离心力 e）重力 f）气吸 g）气吹 h）静电

其中方案"b）摩擦"，正是目前市面上所使用的点钞机普遍采用的分张方法。它是利用橡胶捻钞轮和倾斜可调的落钞台形成的"楔口"，通过捻钞轮旋转，将"扇开"的钞票逐张连续分离，如图 2-3a 所示，依此原理制作的点钞机如图 2-3b 所示。

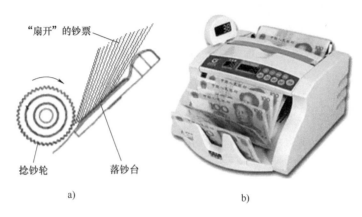

"扇开"的钞票

捻钞轮　　　落钞台

a)　　　　　　　　　　　b)

图 2-3　摩擦分张原理及摩擦分张点钞机
a）摩擦分张原理　b）摩擦分张点钞机

　　功能原理设计的主要工作内容是构思能实现功能目标的新的解法原理，但其工作步骤必须先从明确功能目标做起，然后才能进行创新构思，得出某些解法原理后还应通过模拟试验，进行技术分析，验证其原理上的可行性；对于不完善的构思，还应按试验结果进行修改、完善和提高的工作；最后对几个解法进行技术经济的评价对比，选择其中一种较合理的解法作为最优方案加以采用。这里所谓的"最优方案"，实际上只能是一种较"满意"的解法。因为在实际设计工作中，真正完全理想化的、没有缺点的解法几乎是没有的。

2.2　功能的类型及设计

2.2.1　功能类型

　　如果对现有的各种机械功能原理进行分类，尽管功能原理五花八门，但基本上可分为两大类：一类是动作功能；另一类是工艺功能。所谓动作功能，是以实现需求动作为目的的功能；所谓工艺功能，则是以完成对对象物的加工为目的的功能。动作功能又可以明确地分为简单动作功能和复杂动作功能，后者能实现连续的传动，而前者仅是完成简单的一次性动作。这两种动作功能都是用纯机械或主要靠机械方式完成的。

上述对功能的分类，完全是从机械的工作特点出发所做的分类，如果从参与完成功能的物理作用的特点来分类，则可以把功能分为纯机械功能和综合技术功能两类；如果从所完成的功能的困难或复杂程度来分类，则可以把功能分为常规技术功能和关键技术功能两类。

综合技术功能和关键技术功能是随着历史发展和技术的进步而出现的，对于现代产品设计来说，它们对于提高产品的竞争优势，有时会起到非常重要的作用。

随着科学技术的发展，已经不再局限于纯机械的方式去完成动作功能，而出现了综合运用机、光、电、磁、热、化等各种"广义物理效应"，以便更好地去实现各种动作功能和工艺功能，在此把它总称为"综合技术功能"，以区别于纯机械的功能原理。从它所完成的功能来说，实际上仍是动作功能或工艺功能，但其技术手段却是广义的物理效应。

近年来，在激烈的产品竞争中，出现了一种有力的竞争武器，就是所谓的"关键技术"。它是作为某个企业或部门独有的技术，暂时还没有被别人掌握，因此该企业的产品在这一方面具有独特的优势。这种技术可能是动作功能，可能是工艺功能，而且很有可能也是采用"广义物理效应"的综合技术功能，只是因为它在竞争中的特殊地位，才把它列为一种功能，称为"关键技术功能"。

归纳上面所说的几种功能类型，很明显，它们有不同层次的分类，也有不同观点的分类。对于一个具体的功能来说，只有动作功能和工艺功能是可以明确区分的基本功能。一个动作功能或工艺功能，则有可能同时是综合技术功能，甚至还同时是关键技术功能。功能原理的分类和相互关系如图 2-4 所示。

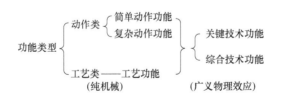

图 2-4　功能原理的分类和相互关系

2.2.2　动作功能的设计

1. 简单动作功能设计：几何形体组合法

简单动作功能是由两个或两个以上的具有特殊几何形状的构件组成，利用它们形体上的特征，可以实现互相运动或锁合的动作。

（1）带轴的轮子　自然界有很多圆形物体，但不存在带轴的轮子，古代人类发明了带轴的轮子。轮子被穿在轴上，能实现相对转动。这是一种典型的简单动作功能。

（2）拉链　拉链被称为人类近代十大发明之一，也是最典型的简单动作功能实例。它由两种构件（链米和开链器）组成（见图2-5），能实现闭合和开启的动作功能。

（3）简单动作功能的其他应用　在今天的现实生活中，简单动作功能应用非常广泛。例如，各种卡扣式门锁开关（见图2-6）的双动功能，计算机鼠标的x、y驱动功能，各种电器开关的双稳态快动功能，各种枪炮的击发功能，弹子锁的锁芯转止功能等。

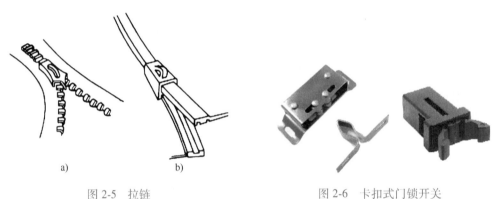

图 2-5　拉链

a）链米式　b）塑槽式

图 2-6　卡扣式门锁开关

（4）几何形体组合法　简单动作功能简单，而所实现的功能又相对巧妙，所以往往给人以神奇的感觉。例如，魔方由三种构件（中心块、菱块、角块）组合而成，利用形体的几种形状相互结合，可以实现巧妙的换位，如图2-7所示。

（5）构思方法　在构思简单动作功能时，首先要明确功能目标，然后针对功能目标，对几个构件中的几何形体进行构思。由于在构件上设置几何形体的可能性非常多，这就为实现这类功能创造了宽广的途径，总有几种形体可以实现所要求的功能目标。

在这里需强调的是，在进行功能原理设计创造时，没有什么简易的办法可循。因为设计是"综合"，而"综合"是没有确定的方法的，即使有某些参考的方法可作辅助，但也不一定能取得理想的结果，所谓"行法而无定法"，就是设计创造的特点。最实际的办法，就是多看优秀设计实例，多做基础设计训练，

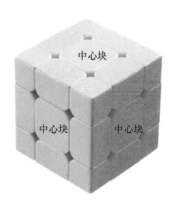

打开中心盖子
轻松调节弹力

中心块

中心块　中心块

图 2-7　魔方

练习设计巧妙的简单动作功能，在正确思路的引导下，才有可能取得某个合理的设计成果。

简单动作功能并没有过时，而是以其简单可靠的特点，在各个领域里可靠地为人类服务。

2. 复杂动作功能设计：基本机构组合法

复杂动作功能主要采用常用基本机构，其设计已有很成熟的理论和经验。尽管这类功能原理要实现相当复杂的功能目标，设计起来也并非毫无困难，但比起简单动作功能的设计，还是要容易得多，因为常用基本机构已经被人们研究得相当透彻了。

（1）古代发明的机构　当人类学会利用畜力、风力和水力的时候，就需要一些能连续运动的机械来进行搬运、抽水和舂米等工作，这时候人类就已经开始使用绳轮、连杆、齿轮、凸轮等一些机构，尽管比起现代的机构要粗糙些，但其原理和现代机构完全相同。

（2）基本机构　当人类发明了内燃机和电动机以后，由于它们的转速很高，人们不得不发明各种变速机构来适应这些动力机。于是从 17 世纪开始，近代的 6 种基本机构——连杆机构、齿轮机构、挠性机构、凸轮机构、螺旋机构、间歇机构，成为人们研究的重点对象，并从理论和实践上达到成熟和完善。

（3）设计方法　复杂动作功能的求解思路是基本机构组合法。在"机械设计基础"课程中已经介绍了这些基本机构。由这些基本机构可以组成各种各样具有复杂运动规律的装置。

可以说，在现有的各种机器中，绝大多数机器的传动机构和执行机构都属于这一类型。虽然它们运动规律多种多样，但无非是齿轮、连杆、凸轮、螺旋等基本机构的组合而已。即使是以完成工艺功能为主的机器（如饮料灌装机），其工作头完成的是工艺功能，但驱动工作头的执行机构和传动机构也还是由基本机构组成的。

2.2.3 工艺功能的设计：物-场分析法

1. 工艺功能的特点

工艺类机器是对被加工对象（某种物料）实施某种加工工艺的装置，其中必定有一个工作头（如机床的刀具、挖掘机的挖斗等），用这个工作头去完成对工作对象的加工处理。在这里，工作头和工作对象相互配合，实现一种功能，称为工艺功能，这里的"工艺"是"加工工艺"。这类工艺功能的设计需要考虑两个重要因素：一是采用哪种工艺方法；二是工作头采用什么形状和动作，而最终是要确定工作头的形状和动作。

人类最古老的工艺功能设计可能是石器时代的刮削器，它能实现刮削工艺。耕地的犁也是工艺功能设计的一种典型示例，犁头的工作面是一种复杂的空间曲面（见图2-8），它能够把泥土犁起，并翻过来扣在犁沟边上。

机器的工艺方法往往不能完全模仿手工的工艺方法，如为了把肉切碎，模仿手工剁切的方法很难把肉均匀剁碎，而且砧板也承受不了机械的剁切，因此人们想出了绞碎的工艺方法，并设计了相应的工作头，如图2-9所示。通过螺旋输送器强迫肉块通过绞肉刀，由刀刃把肉绞碎并挤出刀孔。

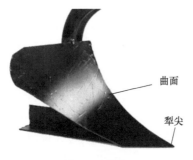

图2-8 犁头

图2-9 绞肉机

工艺功能不仅要有动作，它与动作功能的不同之处主要在于工作头对物体的作用。这种作用有一部分是纯机械的作用，如前面所说的绞肉机，就是刀刃对肉的绞切作用，而工艺功能的最大特点在于这种作用有时可能不是纯机械的，而是加入了其他广义的作用，如过去长期采用的纯机械切削的金属切削工艺，现在可以采用激光切割和水切割。因此，工艺功能的特点是工作头的形状、运

动方式和作用场，这也是完成工艺的三个主要因素。这里，工作头和工作对象
是对立的统一，通过"场"产生相互作用。

与动作功能相比，对工艺功能更容易进行改进和革新，
这是它的另一个特点。因为工作头的变革可能性是很大的。
例如，目前市场上出现的家用切碎机（见图2-10），其工
作头的形状、工作方式完全不同于老式的绞肉机，特别
是它的两把刀片的形状和工作角度的设计很有特色，能
保证肉或菜被均匀地切碎。

图 2-10 家用切碎机

2. 物-场分析法

（1）基本原理 苏联科学家提出的物-场分析法（S-
Field 法）适合求解工艺功能。所谓 S，指的是对象或物
体（substance）。S-Field 法指在任何一个最小的技术系统中，至少有一个主体
（S_1）、一个客体（S_2）和一个场（F），三者缺一不可，否则不能发生技术
作用。

标准的 S-Field 模式如图 2-11 所示，即 S_1 通过 F 作用于 S_2。S_1 为主体，是
对客体发出作用的物体，也就是前面所说的工作头或工具；S_2 为客体，就是被
加工的物体，也就是工艺功能的对象或物体；F 为场，这个场不单指某种物理
场，而是广义地指 S_1 向 S_2 作用时发出的力、运动、电磁、热、光等一切作
用场。

采用 S-Field 模式来探求工艺功能的原理解法，就是寻求
合理的 F 和 S_1。此外，还可以通过"完善""增加"和"变
换"来寻求新的解法。

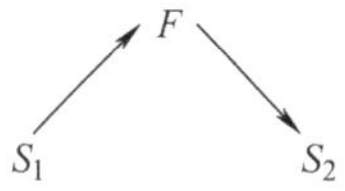

$$S_1 \nearrow^{F} \searrow S_2$$

图 2-11 标准的
S-Field 模式

（2）寻找 F 和 S_1 以构思完成修剪草地任务的剪草机为
例，S_2 是草地上的草，问题是如何寻找合适的 F 和 S_1。首先
要寻找各种可能被利用的 F 并加以分析和比较。F 有如下几
种可能和特点：

1）拉力：可以拉断草，但无法控制被拉断的草的高度，无法使草地整齐。

2）割断力：像割麦一样，需要握住草的上部才能割断。

3）剪断力：利用剪刀刃合拢，可以剪断。

显然，剪断力可以作为理想的 F，而 S_1 就只能是剪刀了。将剪刀制作成像
理发推子那样，这就是传统的剪草机的解法原理，如图 2-12 所示。

如果人们发现某个工艺功能的原理解法不够满意而需要改进时，可以采用
其他措施来改进现有的设计。

图 2-12 推剪式剪草机

（3）完善 原设计中有时会出现缺少 F 或 S_1 的情况，并因此造成功能不良的后果。应该采用补全 F 或 S_1 的措施来使 S-Field 模式完善。以制造平板玻璃的工艺为例，以前一直采用垂直引上法（见图 2-13a），这种方法是把半液态的玻璃从熔池中不断向上引，开始时通过轧辊控制厚度，然后边向上引边凝固。采用这种方法制造出的玻璃表面总是有波纹且厚度不匀。如果用 S-Field 法来分析可以看出，在整个工艺过程中，玻璃 S_2 在凝固前的大部分时间中缺少 F 和 S_1（重力无积极效果，不看作 F）。近年来出现了一种新工艺，即让液态玻璃漂浮在低熔点金属的液面上，边流动边凝固。这样制成的平板玻璃不但厚薄均匀，而且没有波纹，这就是浮法制造平板玻璃的功能原理解法（见图 2-13b）。显然，浮法工艺将低熔点合金的液面作为 S_1，又利用该合金液体的表面张力作为一种特殊的力场 F，完善了 S-Field 模式，既浮起了玻璃又使玻璃表面保持水平、光滑和均匀。

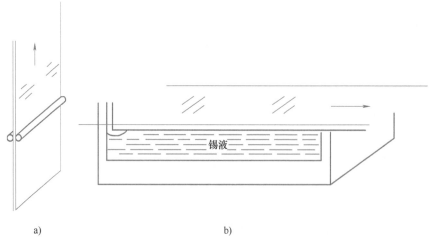

a)   b)

图 2-13 平板玻璃制造工艺的完善

a）垂直引上法 b）浮法

（4）增加 一个最小技术系统至少应具有 S_1、S_2 和 F，但有时还应辅以 S_1' 和 F' 才能更好地完成希望实现的功能。例如，在金属切削的过程中，钢制工件是 S_2，刀具是 S_1，切削力是 F，如果加入切削液 S_1'，切削工艺过程就会变得更好，工件的表面粗糙度值会减小，切削速度也能提高。S_1' 的存在实际上还附加了另一种物理场 F'，这就是分子吸附膜，这层分子膜使得刀具和工件表面之间的摩擦得到改善，同时还起冷却作用。于是，S-Field 模式变为如图 2-14 所示。这种模式在很多工艺功能中都可以采用并会取得好的效果。

（5）变换 对已有工艺功能解法中的 S_1 和 F 进行分析后，常常可以发现它们并非是不可替换的。有时通过变换可能会产生意想不到的效果。例如，前面提到的剪草机设计，是否有别的东西可以代替剪断力 F 和剪刀 S_1 呢？联想杂技演员在舞台上用鞭子把报纸抽断，可以想到即使不用刀，用软的物体也可以切断某些物体，只要有足够快的速度就行。于是一种新型的割草机（见图 2-15）就产生了，它的原理非常简单，用一根高速旋转的尼龙线，其直径约 2mm，就可以又快又好地来修剪草地。这时，S_1 是一条尼龙线，F 则是高速抽打的"抽击力"。这种变换产生了更为理想的效果。

图 2-14 增加改变
　　 S-Field 模式

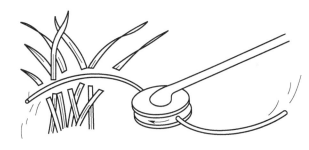

图 2-15 新型割草机

通过高压水喷射来切割木材、钢板、布料等都是通过变换来提高功能效果的例子。

由于作为 S_1 的工作头和起媒介作用的 F 的变换是有很大自由度的，因此工艺功能是一种最具灵活性的功能。

2.2.4 关键技术功能的设计：技术矛盾分析法

1. 关键技术功能

关键技术是在一个系统，或者一个环节或一项技术领域中起重要作用且不可或缺的核心技术，可以是技术点，也可以是对某个领域起至关重要作用的知识。关键技术是基于科学发现和技术发明之上，经过长期研究积累形成的，具有较高技术门槛，能代表某一领域科技发展最先进水平。随着市场竞争的加剧，绝大多数企业都在设法提高自己产品的技术性能指标。没有关键技术，不仅难以建立起市场竞争优势，甚至会被卡脖子，如 2022 年 8 月 9 日美国针对我国出台的所谓《芯片和科学法案》。因此，党的二十大报告指出，必须"加快实现高水平科技自立自强"，"以国家战略需求为导向，集聚力量进行原创性引领性科技攻关，坚决打赢关键核心技术攻坚战"。

产品中的关键技术主要与以下几个方面有关。

（1）材料　包括高强度、高耐磨性要求，特殊的润滑油、特殊轻质材料、复合材料、特殊的物理性能要求等，如混凝土泵车输送管所采用的特殊高强度钢。

（2）工艺　包括高精度、小的表面粗糙度值、高的热处理要求等，如各类特种加工、独有的装配方法、高精密芯片制程等。

（3）设计　通过设计实现特殊的功能原理，尤其是实现以前从未有人实现过的功能，或者具有比别人已经实现的功能更好的功能水平。例如，喷墨打印机中的喷墨技术，就是一种关键技术功能。日本 Canon 公司生产的喷墨打印机采用汽化喷墨的功能原理，而日本 Epson 公司生产的喷墨打印机则采用压电喷墨技术。

2. 特点

由设计解决的关键技术功能，有可能仅用成本不太高的材料和制造工艺而实现高性能的目标，最优秀的设计应该是有最佳的性能价格比的产品。当然，必要的好材料和好的制造工艺常常是必须采用的。

下面的两个例子可以很好地体现由设计解决的关键技术功能。

1）在数控机床发展的初期，为了实现工作台的精密定位和精密进给（0.01mm/步），必须使传动丝杠和工作台导轨间的摩擦阻力尽可能小，于是滚珠丝杠和静压导轨成为关键技术。

2）为了便于加速并降低油耗，汽车底盘的重量越轻越好，但为了保证高速行驶时汽车的安全，则底盘的重量越重越好，如图 2-16 所示。这就要求底盘重量同时兼顾轻重情况，对于汽车底盘的设计来说就是物理矛盾，解决该矛盾是汽车设计的关键。

3. 技术矛盾分析法

关键技术功能的求解思路是技术矛盾分析法。无论何种关键技术，往往都是在某种特殊条件约束下难以实现的技术难点，其中期望达到的较高要求和约束条件就形成一对技术矛盾。例如，上述汽车底盘设计的例子，为了改善技术系统的增速问题，往往会导致该技术系统的另一个参数安全性发生恶化，这种通过分析技术难题中的技术矛盾，并借助创新原理理论加以解决的方法，即所谓的技术矛盾分析法。

技术参数	改善要求	减/增重	
○加速性	底盘轻（易加速、省油）	改善/恶化	两个参数冲突形成矛盾
○安全性	底盘重（稳定、安全）	恶化/改善	

图 2-16　汽车增速与安全的矛盾

下面借助 TRIZ（发明问题解决理论）来进行分析。TRIZ 是由苏联海军部专家 Genrich S. Altshuller 在 20 世纪 40 年代创立的。TRIZ 之所以可用，是因为经证实，工程人员所面对的 90% 的问题已于其他地方被解决过，若我们能有效利用，则研发将更加有效，而不必源自尝试错误。TRIZ 的主要内容包括 40 条创新原则（见表 2-1）、技术进化系统法则、39 个通用技术参数（见表 2-2）、矛盾矩阵（见表 2-3）、物质-场分析、理想性观念和标准解法等。

表 2-1　TRIZ 的 40 条创新原则

序号	原则	序号	原则	序号	原则	序号	原则
1	分割	11	事先防范	21	减少有害作用时间	31	多孔材料
2	抽取	12	等势	22	变害为利	32	改变颜色、拟态
3	局部质量	13	反向作用	23	反馈	33	同质性
4	增加不对称性	14	曲率增加	24	借助中介物	34	抛弃或再生
5	组合、合并	15	动态特性	25	自服务	35	物理或化学参数变化
6	多用性	16	未达到或过度作用	26	复制	36	相变
7	嵌套	17	一维变多维	27	廉价替代品	37	热膨胀
8	重量补偿	18	机械振动	28	机械系统替代	38	加速氧化
9	预先反作用	19	周期性动作	29	气压或液压结构	39	惰性环境
10	预先作用	20	有效作用的连续性	30	柔性壳体或薄膜	40	复合材料

表 2-2 TRIZ 的 39 个通用技术参数

序号	参数	序号	参数	序号	参数	序号	参数
1	运动物体的重量	11	应力或压强	21	功率	31	物体产生的有害因素
2	静止物体的重量	12	形状	22	能量损失	32	可制造性
3	运动物体的长度	13	结构的稳定性	23	物质损失	33	可操作性
4	静止物体的长度	14	强度	24	信息损失	34	可维修性
5	运动物体的面积	15	运动物体作用时间	25	时间损失	35	适应性或多用性
6	静止物体的面积	16	静止物体作用时间	26	物质或事物的数量	36	装置的复杂性
7	运动物体的体积	17	温度	27	可靠性	37	控制和测量的复杂性
8	静止物体的体积	18	光照强度	28	测试精度	38	自动化程度
9	速度	19	运动物体的能量	29	制造精度	39	生产率
10	力	20	静止物体的能量	30	作用于物体的有害因素		

表 2-3 TRIZ 的矛盾矩阵（局部）

恶化参数 → 　 改善参数 ↓		运动物体的重量	静止物体的重量	运动物体的长度	……	自动化程度	生产率
		1	2	3		38	39
运动物体的重量	1	35, 28, 31, 8, 2, 3, 10		15, 8, 29, 34		26, 35, 18, 19	35, 3, 24, 37
静止物体的重量	2		35, 31, 13, 3, 17, 2, 40, 28			2, 26, 35	1, 28, 15, 35
运动物体的长度	3	8, 15, 29, 34				17, 24, 26	14, 4, 28
……							

（续）

恶化参数 →　　改善参数 ↓		运动物体的重量	静止物体的重量	运动物体的长度	……	自动化程度	生产率
		1	2	3		38	39
自动化程度	38	28，26，18，35	28，26，35，10				5，12，35，26
生产率	39	35，26，24，37	28，27，15，3			5，12，35，26	

分析：这个设计与汽车底盘的重量有关。汽车属于移动物体，解决此问题应该分析的特征参数是"运动物体的重量"，引导表 2-3 查得的创新原则分别为 35、28、31、8、2、3、10。表 2-4 列出了对各项创新原则的具体分析，从中可选出合适的方案。

表 2-4　创新原则的具体分析

序号	原则	有用的提示	方案
35	物理或化学参数变化	改变系统的物理状态	改变汽车获取重量的物理状态
28	机械系统替代	取代场，包含以可变的取代恒定的，以随时变化的取代固定的	原有汽车利用底盘的重量保证车的稳定性。要利用可变的重力场取代固定的重量
31	多孔材料	使物体变成多孔性的或加入具有多孔性的元素（如嵌入、覆盖等）	把某些部件变成多孔结构，以减轻汽车的重量，或者利用孔增加重量
8	重量补偿	利用外部环境的空气动力学原理或流体力来抵消或增加物体本身的重量	利用空气动力学原理增加汽车的重量
2	抽取	将会"妨碍"的零件或属性从物体中抽出	适当减轻汽车底盘的重量以降低油耗
3	局部质量	物体各部位的零件要放置于最适合让它运行的地方	在适当的位置放置改变汽车重量的部件
10	预先作用	事先放置好物体，如此便可直接从最方便的位置开始操作	提前把改变汽车重量的部件安装好

最后的解决方案：在汽车上安装导流装置，通过该装置产生的重力场获得重量，使汽车的速度越快达到的重力场就越大，以满足设计要求。

通过解决这个实际问题可以看出，引导表格给出的创新原则均得到了有效利用。这说明要得到满意的解决方案，就必须针对问题展开联想，在汲取基本知识的基础上萌发不同的想法。

需要说明的是，技术矛盾分析法的作用并不是直接给出解法，而是帮助找出可能解决问题的途径。

2.2.5 综合技术功能的设计：物理效应引入法

1. 综合技术功能

如前所述，动作功能大都采用机械方式，用形体产生动作来实现。但是，还存在一些非机械方式获得动作的情况。例如，飞机在空中飞行，是依靠空气动力学原理实现的；螺旋桨旋转能推动轮船前进，是利用流体力学的原理实现的；内燃机转动是依靠热力学的原理实现的；电动机转动是依靠电磁学的原理实现的。可见，动作功能可以不只依靠机械的方式来实现。实际上，光、电、磁、液、热、气、生、化等原理都可用于实现某些动作功能，甚至在某些场合比纯机械的方式还要好。

例如，图 2-17 所示的气垫船，是利用高于大气压的空气在船底与支承表面间形成气垫，使全部或部分船体脱离支承表面而高速航行，有时也能在陆地上行驶。气垫船的设计是在传统船只设计的基础上引入了气体流体效应，把压缩空气打入船底下方，可以减小航行阻力、提高航速，实现两栖登陆。这种气动驱动的功能就是综合技术功能。

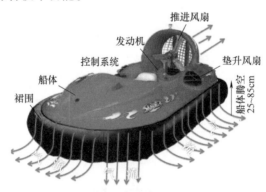

空气推动，具有优秀的两栖作业能力和良好的机动性

图 2-17　气垫船

又如，精密定位工作台采用激光测距，用计算机控制运动规律，组成闭环控制系统。这种典型的机电一体化技术系统也属于综合技术功能。

至于工艺功能，其本身就要用到各种物理场，它既有纯机械的工作头用纯机械的形体和机械力去完成的工艺功能，也有用非机械的工作头，通过广义物理场去实现对对象物体的加工，也就是综合技术功能。不过，过去的工艺功能是较多地利用纯机械的工艺方式，现在的工艺功能则是越来越多地采用广义物理效应作为各种工艺方式，它们能够更有效、更高质量地实现工艺功能目标。例如，过去连杆头加工中的剖分工艺是用切削加工方法完成的，而现在则采用爆炸断开的工艺，在可控的条件下爆炸，连杆头断开的位置正好在中间，断面光洁，承合性好，不但效率高，而且连杆孔的几何精度也保持得很好。

2. 特点

综合技术功能的特点：在某些特定的条件下，采用广义物理效应，有可能实现比纯机械方式更好的动作功能或工艺功能。这里并不强调广义物理效应可以完全代替纯机械功能，因为在许多场合下，纯机械的动作功能和工艺功能更加简单可靠，没有必要用更复杂的广义物理效应去代替。

3. 物理效应引入法

这种方法适合综合技术功能的设计求解。这里所说的物理效应是一种广义的概念，如机构学本身包含运动学、力学方面的各种物理效应，以及热胀冷缩效应、电磁效应、光电效应、流体效应等物理效应。最简单的例子就是利用热胀冷缩效应可以使双金属片产生弯曲变形，根据这个原理制作电流的过载保护器、调温器的温控开关等。

在人工心脏的设计中，需要一种微型液体泵来帮助体液循环。以前这种泵都是用微型电动机带动微型机械泵的，由于存在摩擦等机械问题，效果不理想。后来一位生物学专家提出了用金属的热膨胀效应来制作液体泵，效果很好。用石英晶体振荡原理控制的电磁摆来代替机械游丝摆制成的石英电子钟表，也是运用物理效应引入法的一个典型例子。而所谓的"机电一体化"或"机械电子学"，就是在机械工程中引入微电子技术和计算机技术后的产物，它们是物理效应引入法的一些比较突出的成功实例。

应该注意的是，物理效应引入法不能只注重电子技术的引入，还应考虑其他广义物理效应，如静力学效应、热力学效应、流体效应、电磁效应、声光效应等的引入。

2.3 产品功能的分解

2.3.1 总功能分解

产品的功能确定以后，要对其功能进行分解。这是因为在一般情况下，机械系统都比较复杂，难以直接求得满足总功能的方案，但可以将总功能进行功能分解，建立功能结构图，并由此了解总功能与各功能元、分功能之间的关系，明确每个分功能的输入量和输出量，进而可以比较容易求得各分功能的功能分解，将求得的各功能分解有机地结合起来，就可求出系统的方案。

功能分解的过程实际上是对机电产品不断深入认识的过程，同时也是机电产品创新设计的过程。对总功能进行分解可以得到若干分功能，通过对分功能的描述，抓住其本质，尽量避免功能求解时的条条框框，使思路更加开阔。

2.3.2 功能分解的方法

当工作原理确定后，实现总功能的手段也比较清楚时，总功能的分解内容就比较容易确定了。功能分解可按以下方法进行。

1. 按照解决问题的因果关系或手段目的关系进行分解

例如，台虎钳的总功能是"施压夹紧"，为了夹紧，必须施压，前者为目的，后者为手段。又如，车床的总功能是"切削工件"，为了实现切削工件，就必须旋转工件和移动刀具，前者为目的，而后者为两个并列的手段。由于中间功能有目的和手段的相对性，在明确它作为手段功能的同时，也就自然地明确了它本身所具有的目的特性，这就需要再继续寻找这两个手段功能的下一级手段功能。为了"旋转工件"，就必须夹持工件和传递旋转力，前者为目的，而后者为两个并列的手段。为了"移动刀具"，就必须夹持刀具和传递移动力，前者为目的，而后者为两个并列的手段。顺着这种思路逐步进行分解。

2. 按照机电产品工艺过程的空间顺序或时间顺序进行分解

例如，啤酒自动灌装机的工艺过程包括输送瓶和盖，啤酒的贮存与输送，啤酒灌入瓶中，加盖与封口，贴商标，成品输出。可按照上述工艺过程来确定其功能分解内容和顺序。

功能分解的一般原则是按输入量转换为输出量所需的物理原理比较单一、易于求解的方法进行分解。功能分解的结果一般可用图表示为一种树状的功能结构，称为功能树（见图 2-18）。

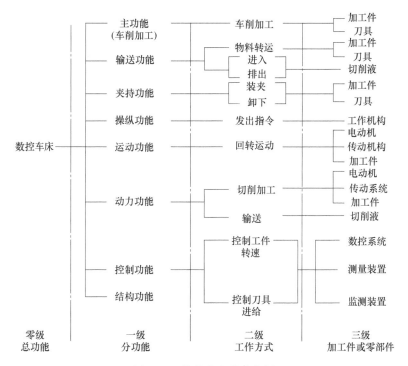

图 2-18　数控车床的功能树

功能树是根据总功能对功能进行一级一级的分解，即分为一级分功能，二级分功能，其末端为功能元。前级功能是后级功能的目的功能，后级功能是前级功能的手段功能。同一层次的功能元组合起来，应该满足上一层功能的要求，最后合成的功能应该满足系统总功能的要求。

实际设计时，建立系统的功能结构可以从系统的功能分解出发，分析功能关系与逻辑关系。首先从上层分功能的结构开始考虑，建立该层功能结构的雏形，然后逐层向下细化，最终得到完善的功能树。

2.3.3　功能分解实例

本节以数控车床功能树的建立为例进行说明。由数控车床的设计任务书可知，其总功能的技术原理是将数字控制加工过程自动实现，通过车刀切削工件完成零件的车削加工，其特点是加工自动化和数字化。为实现此功能，必须具有车削功能，具有将数字控制的加工程序转化为工件转动及车刀自动进给的运动控制命令的信息处理功能，还要具有在车削加工过程中承受各种作用力的功能，以及保证几何精度的结构功能。由此得到一级分功能：车削加工功能（基本功能；由工件的转动和车刀的进给所组成）、输送功能、夹持功能、操纵功能（发出指令，有的包括在控制系统中，但也可以与控制系统分开，作为操纵指令信号流单独来考虑）、运动功能、动力功能、控制功能（主要是对工况进行检测与控制）和结构功能。对于车削加工功能来说，它涉及加工件、刀具和切削液三个方面，因此车削加工的二级分功能是加工件的转动、刀具的装卸和切削液的输送等相关功能。各层还可向下继续分解，如动力功能中的能量传递等，还可继续分解为电动机、传动系统、卡盘等。如此逐层分解，便可以得到数控车床的功能树，如图 2-18 所示。

第 **3** 章
机械运动方案设计

　　机械运动方案设计是机电产品结构设计的重要阶段，是确定机电产品质量好坏、性能优劣和经济效益高低的关键步骤。机械运动方案的设计，除了需要掌握各种典型机构的工作原理、结构特点和设计方法，还要选择和构思灵巧的动作过程来满足机械的功能要求，要选用已有的合适机构形式或开发新的机构形式，要将选定或开发的机构形式进行巧妙的组合以得到机械的运动方案，要在许多可能的方法中选择最佳方案等。

　　根据功能原理方案中提出的工艺动作过程，设计与构思机械运动循环图，按执行动作要求选择几个对应的机构形式，通过一定顺序的组合完成上述工艺动作过程。我们可以把机构的选型和机构的组合称为新机械的型综合，所得到的方案就称为机械运动方案，所绘制出的示意图又可称为机械运动方案图。

3.1　机械运动方案拟定方法

　　机械运动方案设计，就是按机械的工作过程和动作要求设计出由若干机构组成的机构运动系统的运动简图。机械运动方案的设计过程是一个复杂的创造性思维过程，设计者不仅需要深入掌握机械设计的理论和方法，而且要具备丰富的实践经验，尤其需要创造技法，充分发挥创造力，使机械运动方案设计达到创新的高度。

　　一个设计人员或一个设计团体，在接到一个设计任务之后，首先要了解所设计的机器的功能是什么，必须进行详细的调查研究，搜集所有相关的设计需求、技术资料、客户要求。根据这些功能要求和工作性质，才能构思与选择机械工作原理，才能进一步构思并确定机构的形式及运动方案。

3.1.1 功能分析法

功能分析法是系统设计中拟定功能原理方案的主要方法，它是将机电产品的总功能分解成若干功能元，通过对功能元求解，然后进行组合，以得到机电产品方案的多种解。

完成同一种运动功能的机构，可以由不同原理、不同的基本机构及不同的组合方式来实现，也可以用若干基本机构及变异机构组合的机构来完成。因此，完成同一运动功能可以有许多不同的机构运动方案。方案设计就是要充分发挥人们基于专业知识的创造力，仔细分析各种可能的组成方案，从而启发我们探索新的机构。

功能分析法的设计步骤及方法如图 3-1 所示。

（1）找出分功能 一般来说，一种工艺动作都对应着一种或几种运动形式。根据机构在运动转换中的功能，可把各种机构分成如下五类：

1）实现运动形式变换的机构。

2）实现运动合成与分解的机构。

3）实现运动轴线位置变换的机构。

4）实现转速变换的机构。

5）实现运动分支、连接、离合、过载保护等其他功能的机构或装置。

（2）同一种功能可选用不同的工作原理 同一种功能可选用不同的工

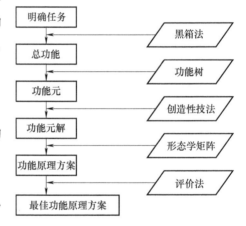

图 3-1 功能分析法的设计步骤及方法

作原理来实现，如运动的转换、放大、变向三个功能，每个功能都可用推力、拉力传动原理，摩擦传动原理或液压传动原理来实现；同一种功能可分别采用不同机构，如凸轮机构、连杆机构、齿轮机构、带传动机构、气动机构或液压机构来满足功能要求。

（3）同一种工作原理可选用不同的机构 选用推力、拉力传动原理实现某一种功能（如转换、放大、变向），可选用不同的机构（如凸轮、连杆、齿轮机构）来实现。

（4）同一种运动规律（或轨迹）可选用不同的机构 由工艺动作要求确定的某种运动规律（或轨迹），可以选用不同的机构或不同的机构组合来实现。在构思选型时必须注意如下几点：

1）要仔细分析工艺动作的要求。

2）要熟悉各种基本机构及其演绎、组合，了解其运动特性，会灵活选用机构设计手册或其他机构专著中各种形式的机构。

3）要多积累机构选型方面的知识和实践经验，在选不到合适的机构形式时，还要会创造性地构思出合适的机构形式，以满足运动要求。

3.1.2　形态矩阵法

形态矩阵法就是把分功能（功能元）列为横坐标，各种解法列为纵坐标，构成形态矩阵，通过组合拟出所需的方案。在因素分析和形态分析基础上，可以采取形态学矩阵形式进行方案综合。形态学矩阵见表 3-1。若因素为 A、B、C，对应的形态分别为 3 个、5 个、4 个，则理论上可综合出 60（3×5×4）个方案，如 $A_1—B_2—C_3$ 为一组方案。在所有方案中，既包含有意义的可行方案，也包含无意义的虚假方案。

表 3-1　形态学矩阵

因素	形态				
A	A_1	A_2	A_3		
B	B_1	B_2	B_3	B_4	B_5
C	C_1	C_2	C_3	C_4	

由于系统综合所得的可行方案数往往很大，所以要进行评选，以找出最佳的可行方案。评选时，先要制订选优标准，一般用新颖性、先进性和实用性三条标准进行初评，再用技术经济指标进行综合评价，好中选优。

例 3-1　行走式挖掘机的原理方案分析。

（1）功能分析　行走式挖掘机的功能分析如图 3-2 所示。

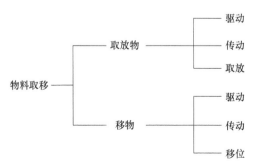

图 3-2　行走式挖掘机的功能分析

（2）探索功能元解并列出形态学矩阵　把功能元列为纵坐标，功能元解列为横坐标，行走式挖掘机的形态学矩阵见表3-2。

（3）方案组合　可能组合的最大方案数为 $N = 6×5×4×4×3$ 个 = 1440 个，如 A_1—B_4—C_3—D_2—E_1 → 履带式挖掘机；A_5—B_5—C_2—D_4—E_2 → 液压轮胎式挖掘机。

表 3-2　行走式挖掘机的形态学矩阵

功能元	功能元解					
	1	2	3	4	5	6
A 动力源	电动机	汽油机	柴油机	汽轮机	液动机	气马达
B 移位传动	齿轮传动	蜗杆传动	带传动	链传动	液力偶合器	
C 移位	轨道及车轮	轮胎	履带	气垫		
D 取物传动	拉杆	绳传动	气压传动	液压传动		
E 取物	挖斗	抓斗	钳式斗			

（4）最佳系统解　在多个系统解中，首先根据不相容性和设计边界条件的限制删去不可行方案和明显的不理想方案。选择较好的几个方案，通过定量的评价方法进行评比、优化，最后求得最佳原理方案。如例 3-1 中的履带式挖掘机（A_1—B_4—C_3—D_2—E_1）就是一种较好的行走式挖掘机原理方案。

3.1.3　机械运动方案图

1. 机械运动简图

机械运动简图能形象地表达机械的组成与尺度关系，各执行机构运动的类型、特征及其之间的协调关系，机械的运动、动力性能及外形、轮廓尺寸等等。因此，机械运动简图设计是机械总体方案设计的主体，它的作用可以概括为以下两点：

1）表达总体设计方案的设计思想，完成机械工作原理设计的构思，并具体实现其意图。

2）为各个设计阶段提供设计、分析、评价和决策的依据。

需要注意的是，机械运动简图设计并不等同于机械总体方案设计，它只是总体方案设计思想的部分具体体现。机械运动简图设计程序如图 3-3 所示。

2. 机械工作循环图

对于时序组合的机构系统，在一个工作周期内，各个执行件的运动要相互协调配合，才能共同完成生产任务。表示机械在一个工作循环中，各执行构

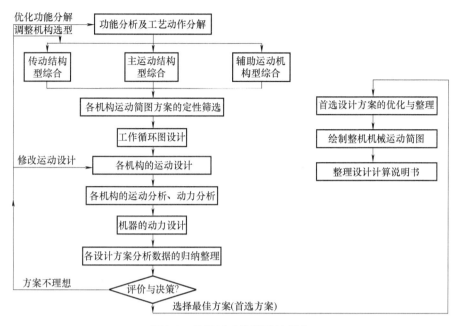

图 3-3　机械运动简图设计程序

件间运动相互配合关系的图形称为工作循环图（或称运动循环图）。设计工作循环图时，应先选择主要工作机构的执行构件作为标定件，以其工作起点作为基准，用原动件的转角（或时间）为坐标，表示出各执行构件运动的先后次序及相位。

　　下面以图 3-4 所示的自动制钉机为例介绍工作循环图常用的三种形式。

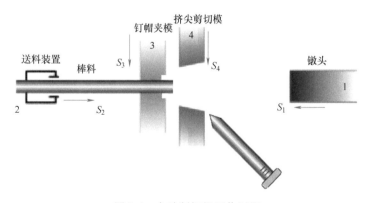

图 3-4　自动制钉机工作过程

自动制钉机的工作过程：构件 1（镦头）前进，镦出钉帽→构件 2（送料装置）连续四次“进（送）停（松）退”将棒料送到位→构件 3（钉帽夹模）夹紧、压纹→构件 4（挤尖剪切模）挤尖、切断，一颗钉子完成。

1）制钉机直线式工作循环图如图 3-5 所示。以构件 1 作为标定件，以原动件（分配轴）的转角为直线坐标轴，表示构件 1、构件 2、构件 3 和构件 4 的运动起止相位。曲柄每转一周为一个工作循环。

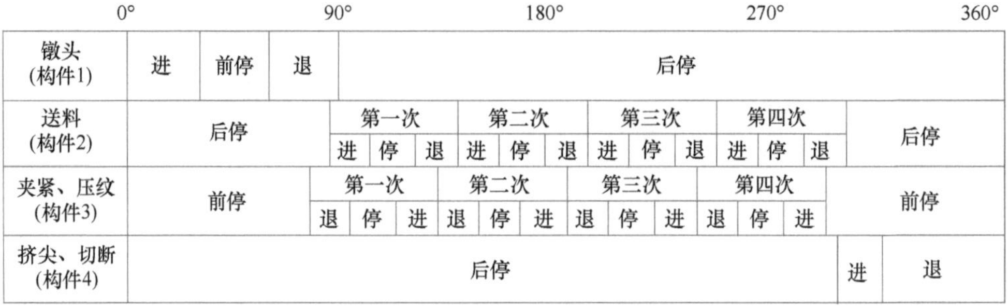

0°
90°
180°
270°
360°
镦头 (构件1)
进
前停
退
后停
送料 (构件2)
后停
第一次
第二次
第三次
第四次
进 停 退 进 停 退 进 停 退 进 停 退
后停
夹紧、压纹 (构件3)
前停
第一次
第二次
第三次
第四次
退 停 进 退 停 进 退 停 进 退 停 进
前停
挤尖、切断 (构件4)
后停
进
退

图 3-5　制钉机直线式工作循环图

2）制钉机圆周式工作循环图如图 3-6 所示，曲柄转角为圆周坐标。其优点是能直观地看出各工作机构原动件间的相位关系，便于安装、调整，但当工作机构较多时，同心圆太多，不便于看清楚。

90°
构件1
构件2
构件3
构件4
0°
360°
180°
270°
°O
后
前停
后停
退
进
停

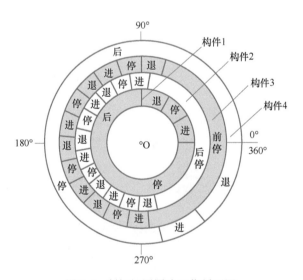

图 3-6　制钉机圆周式工作循环图

3）制钉机直角坐标式工作循环图如图 3-7 所示。横坐标表示原动件（分配轴）的转角，纵坐标表示各执行构件的位移，工作行程用上升斜直线表示，空

回行程用下降斜直线表示，停歇区段用水平直线表示。该图不仅表示了构件 1
（进、停、退）、构件 2（夹紧、送料、退回、停止）、构件 3（夹紧、退回、停
止）和构件 4（停止、压剪、退回）等动作的先后顺序、运动的起止时间，还
清楚地表示了各执行件的运动状态及动作的协调配合关系，这是前两种循环图
所不及的。所以，直角坐标式工作循环图对指导各个工作机构的几何尺寸设计
非常便利，是一种比较完善的工作循环图。

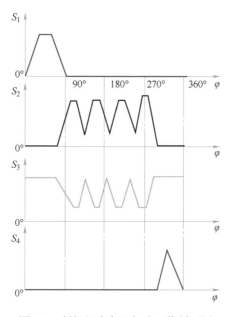

图 3-7　制钉机直角坐标式工作循环图

必须注意，各执行构件的动作不仅在时间顺序上要协调，而且在空间位置
上也要协调，即在空间不发生干涉。

3. 确定机械运动方案的可行性

1）初步评价各执行机构（子机构）是否能满足工艺动作所要求的运动形式。

2）如果所选机构的执行构件能满足所要求的起动形式，但不能满足所要求的
位移、速度、加速度及某些特定的运动约束条件，这时必须重新选型或重新设计
机构，所以在型综合的同时必须进行尺度综合，才能确定该机构形式是否可用。

3）一个机械系统，其分功能之间是相互联系与制约的，所以各子机构之间
的运动也是相互联系与制约的。为此，必须考察各个机构之间的组合运动是否
满足功能要求。如果不满足，则要重新选型和设计。这里也要对机构进行尺度
综合，然后才能评判机构的组合运动是否满足要求。

4）机械运动方案的拟定，从总体上看是属于型、数综合的范畴，但也不可避免地要进行机构的尺度综合与分析。

3.2 机械传动的特性和参数

机械传动系统是将动力机的运动和动力传递给执行机构或构件的中间装置，它是用各种形式的机构来传递运动和动力的。机械传动的特性可分为运动特性和动力特性，前者常用转速、传动比和变速范围等参数表示，后者常用功率、转矩、效率等参数表示。

3.2.1 转速和圆周速度

圆周速度 v 与转速 n、轮的参考直径 d 间的关系为

$$v = \frac{\pi n d}{60 \times 1000} \tag{3-1}$$

式中，n 是转速（r/min）；d 是参考直径（mm）；v 是圆周速度（m/s）。

在其他条件相同的情况下，提高圆周速度可以减小传动的外廓尺寸，因此较高的圆周速度对传动是有利的。从式（3-1）可知，要获得大的圆周速度，需提高转速和增大直径，增大直径会使外廓尺寸变大，故主要靠提高转速。但转速的最大值受到啮合元件进入啮合和退出啮合时的许用冲击力、振动及摩擦功的大小等因素的限制。一般可通过设计资料查出其许用的最大转速或最大圆周速度。

3.2.2 传动比

传动比 $i>1$ 为减速传动，$i<1$ 为增速传动。一般机械传动大多为减速传动。传动比的大小反映了机械传动系统增速或减速的能力。在传动比数值不大的场合，可采用单级或级数较少的传动；当传动比数值较大时，宜采用多级传动或蜗杆传动；常用机械传动的单级传动比推荐值见表 3-3，确定时应尽量在推荐值范围内选择。

表 3-3　常用机械传动的单级传动比推荐值

类型	平带传动	V 带传动	链传动	圆柱齿轮传动	锥齿轮传动	蜗杆传动
推荐值	2~4	2~4	2~5	3~5	2~3	8~40
最大值	5	7	6	8	5	80

3.2.3　功率和转矩

机械传动装置所能传递功率或转矩的大小，代表着机械传动系统的传动能力。以圆柱齿轮传动为例，传递功率 P 与圆周力 F、圆周速度 v 的关系为

$$P = \frac{Fv}{1000} \tag{3-2}$$

式中，P 是传递功率（kW）；F 是传递的圆周力（N）；v 是圆周速度（m/s）。

传递转矩 T 与功率 P、转速 n 的关系为

$$T = 9550P/n \tag{3-3}$$

式中，T 是传递转矩（N·m）；n 是转速（r/min）。

3.2.4　功率损耗和传动效率

机械传动系统的功率损耗主要是由摩擦引起的，因而机械传动效率低，不仅功率损失大，而且损失的功率将产生大量的热，必须采取散热措施。机械传动效率表示机械驱动功率的有效利用程度，是反映机械传动系统性能指标的重要参数之一。常见机械传动效率见表 3-4。

表 3-4　常见机械传动效率

类别	传动类型	效率 η	类别	传动类型	效率 η
圆柱齿轮传动	7 级精度稀油润滑	0.98	蜗杆传动	自锁	0.40~0.45
	8 级精度稀油润滑	0.97		单头	0.70~0.75
	9 级精度稀油润滑	0.96		双头	0.75~0.82
	开式传动脂润滑	0.94~0.96		四头	0.82~0.92
锥齿轮传动	7 级精度稀油润滑	0.97	一对滑动轴承	润滑不良	0.94
	8 级精度稀油润滑	0.94~0.97		正常润滑	0.97
	开式传动脂润滑	0.92~0.95		液体摩擦	0.99
链传动	开式	0.90~0.93	一对滚动轴承	球轴承	0.99
	闭式	0.95~0.97		滚子轴承	0.98
带传动	V 带传动	0.95	运输滚筒	—	0.96
联轴器	—	0.99	螺旋传动	—	0.30~0.60

3.3　机械传动的方案设计

合理的机械传动方案首先要满足机械系统的功能要求，如传递功率的大小，

转速与运动形式，还要适应工作条件，满足工作可靠性、结构紧凑、加工方便、成本低廉、使用维护方便等要求。在拟定机械系统的传动方案时，应遵循简化传动环节、合理安排传动顺序、合理分配传动比、提高机械传动效率、确保安全运转的原则，统筹兼顾，保证重点要求。设计时可比较多种方案，并选择出较好的传动方案。

3.3.1 传动类型的选择

机械传动的类型关系到整个机械系统的传动方案设计和工作性能参数，因此在选择传动类型时，首先要熟悉各种常用传动机构及其特性，然后根据运动形式和运动特点选择几个不同的方案，并进行分析比较后确定较合理的传动类型。表3-5列出了几种常用的机械传动形式及其特性，以供选择时参考。

表3-5　几种常用的机械传动形式及其特性

特性	传动形式				
	齿轮传动	蜗杆传动	带传动	链传动	螺旋传动
优点	外廓尺寸小，效率高，传动比准确，寿命长，适用的功率和速度范围广	外廓尺寸小，传动比大，传动比准确，传动平稳，噪声小，可用作自锁传动	中心距变化范围广，结构简单，传动平稳，能缓冲，可起安全装置作用，成本较低	中心距变化范围广，平均传动比准确，过载能力优于带传动	平稳无噪声，运动精度高，传动比大，可用于微量调节，可设计成自锁
缺点	制造精度要求高，不能缓冲，高速传动精度不够，有时有噪声	效率低，中高速传动需用昂贵的青铜，要求制造精度高	外廓尺寸大，轴上受力较大，传动比不能严格保证，寿命较短	不能用于精密分度机构，在振动、冲击下寿命大为缩短	滑动螺旋传动效率低，不宜用于大功率的传动，刚度较小
功率/kW	≤60000	≤750，常用25~50	平带 ≤ 1500，常用≤30，V 带 ≤ 750，常用 ≤ 40 ~ 75；同步带≤100	≤ 4000，常用≤100	—
速度 v/(m/s)	6级精度，直齿，$v≤18$；6级精度，非直齿，$v≤36$；5级精度，$v≤200$	受发热条件限制，滑动速度$v≤15~50$	平带，$v≤30$；V 带，$v≤30$；同步带，$v≤40$	$v≤40$，常用$v=12~15$	—

3.3.2 传动顺序的布置

在设计传动方案时，应注意常用机械传动的特点及其传动顺序的合理布置。

一般要考虑如下原则：

1）承载能力较小的带传动宜布置在高速级，这样不仅可使整个传动系统的结构尺寸紧凑、匀称，还有利于发挥带传动平稳、缓冲吸振和过载保护的特点。

2）链传动平稳性差，有冲击和振动，一般宜将其布置在低速级。

3）应根据工作条件选择开式或闭式齿轮传动。大功率传动宜采用圆柱齿轮，速度较高时建议采用斜齿圆柱齿轮；锥齿轮一般用于小功率场合，且高速时宜用曲面齿锥齿轮。

4）蜗杆传动在低速时（$v<4$m/s）宜采用下置式（蜗杆在下方），反之宜采用上置式（蜗杆在上方）。

5）传动中若有改变运动形式的机构，如连杆机构、凸轮机构等，宜布置在传动系统的最后一级。

此外，在布置传动顺序时，还应考虑各种传动机构的寿命和装拆维修的难易程度。在设计时可提出多种布置方案进行对比选择。

3.3.3　总传动比的分配

在多级传动中，总传动比 i 等于各级传动的传动比 i_1、i_2、$\cdots$、i_k 连乘，即

$$i = i_1 i_2 i_3 \cdots i_k \tag{3-4}$$

合理地分配各级传动的传动比，可以减小传动误差及传动系统的外廓尺寸和重量，改善润滑条件，降低成本等。具体分配时，主要应考虑以下几点：

1）各级传动机构的传动比应尽量在推荐值的范围内选取（见表 3-3）。

2）应使传动装置的结构尺寸较小、重量较轻。

3）应使各级传动零件的尺寸协调，结构匀称合理，避免干涉碰撞。

4）在展开式多级减速器中，应使各级大齿轮的直径相近，以利于浸油润滑。

要注意的是，传动系统的实际传动比要由选定的齿轮齿数或带轮基准直径准确计算，因而大多数情况下与设定的传动比之间存在误差，一般允许工作机的实际转速与设定转速之间的相对误差为 $\pm(3\% \sim 5\%)$。

3.4　机构选型及组合

同一机械工作原理方案可用不同的机构组合来实现，所以在分析机械工作原理方案基础上，根据工艺动作的要求，选择合适的机构和机构组合是机械运动方案设计的重要步骤。

3.4.1 机构的选型

机构的选型是根据现有的各种机构按功能要求进行类比或近似选择。选择结果是设计方案的初解，根据初解采用各种演化与变异方法对机构进行改造、创新，寻求最优解。

实现各种运动要求的现有机构可以从机构手册、图册或资料上查阅获得，本书也列出了一部分关于机构的类型、机构的特性，以及机构的控制方法与价格的表格，可供参考，分别见表3-6~表3-8。

表3-6 不同工作原理机构的控制方法与价格

控制方法	机械类机构	液压类机构	气动类机构	电磁类机构
开关控制	各种离合器	各种换向阀	各种换向阀	各种开关、继电器等进行电流的接通与断开
速度控制	利用各种齿轮机构的传动比、连杆机构的杠杆比等	利用各种流量调节阀、泵和液压马达的容量	不易控制	利用变压器、变阻器等
力的控制	利用齿轮的传动比、连杆机构的杠杆比	利用溢流阀、减压阀、泵、压力开关	溢流阀、减压阀、压力开关	变压器、变阻器
价格比较	便宜	贵	便宜	贵

表3-7 常用的机构类型及其主要功能特性

机构类型		主要功能特性
连杆机构	曲柄摇杆机构	可以实现定速转动、变速转动、移动、摆动；可以满足一定轨迹和位置要求，如利用止点可实现夹紧、自锁；运动副为面接触，承载能力大；动平衡困难，不宜用于高速运动
	双曲柄机构	
	正（逆）平行四边形机构	
	双摇杆机构	
	曲柄滑块机构、导杆机构	
	摇块机构	
凸轮机构	移动凸轮机构	可以输出任意规律的移动、摆动，但行程不大；若固定凸轮，从动件做复合运动，可实现任意运动轨迹；因运动副为高副，不适于重载
	摆动凸轮机构	

（续）

机构类型		主要功能特性
齿轮机构	圆柱齿轮机构	可实现定传动比传动，传动比准确可靠，功率和转速适应范围都很大，两传动轴可平行、相交和垂直相错
	锥齿轮机构	
	蜗杆机构	
不完全齿轮机构		可实现间歇回转运动
螺旋机构		可以输出移动或转动，还可实现微动、增力、定位等功能；工作平稳，精度高，但效率低
斜面机构		输出移动，可实现增力即夹持功能
挠性件传动机构	链传动	链传动瞬时传动比是变化的，不适用于高速传动；带传动有弹性滑动，有吸振和过载保护作用。两者都可以实现远距离传动
	带传动	
气动、液压机构		常用于驱动、压力、阀、阻尼等机构；利用流量变化可以实现变速；利用流体的可压缩性，可以实现吸振、缓冲、阻尼、控制、记录等功能；有密闭性要求
间歇运动机构	棘轮机构	常用的棘轮机构、槽轮机构，可以实现间歇进给、转位分度，但有刚性冲击，比用于高速、有精度要求的蜗杆与凸轮式分度机构转位平稳，冲击小，但设计加工难度大
	槽轮机构	
电控机构		利用电、磁元件作为中介，可使机构快速起动与停止，多用于控制装置

表 3-8　按运动方式对机构进行分类

执行构件运动方式及功能	机构类型	典型应用实例与原理
匀速转动	1）连杆机构：平行四边形机构、双转块机构	机车车轮联动机构、联轴器
	2）齿轮机构：圆柱齿轮机构、锥齿轮机构、蜗杆机构、齿轮针轮机构、蜗杆针轮机构、摆线针轮机构 3）行星轮系	用于减速、增速和变速
	4）谐波传动机构	用于减速、增速，运动的合成与分解，减速器
	5）挠性件传动机构	远距离传动、无级变速
	6）摩擦轮机构	无级变速

（续）

执行构件运动方式及功能	机构类型		典型应用实例与原理
非匀速转动	连杆机构	双曲柄机构	惯性振动筛
		转动导杆机构	刨床
		曲柄滑块机构	发动机
		铰链四杆机构	—
往复移动	1）连杆机构	曲柄滑块机构	用于冲、压、锻等机构装置
		移动导杆机构	缝纫机针头机构
	2）齿轮齿条机构		可实现匀速运动，用于插床
	3）凸轮机构		用于控制动作，如配气机构
	4）楔块机构		压力机械、夹紧装置
	5）螺旋机构		压力机械、车床进刀装置
	6）挠性件机构		用于远距离往复移动
	7）气压、液压机构		升降机
往复摆动	1）连杆机构	曲柄摇杆机构	破碎机
		摇杆滑块机构	车门启闭机构
		摆动导杆机构	具有急回性质，用于牛头刨机构
		曲柄摇块机构	液压摆缸，用于自动装卸
		等腰梯形机构	汽车转向机构
	2）凸轮机构		—
	3）齿轮齿条机构		—
	4）非圆柱齿轮齿条机构		
	5）挠性件传动机构		—
	6）气动、液压机构		
间歇运动	1）棘轮机构		机床进给、转位或分度，单向离合器、超越离合器
	2）槽轮运动		车床刀架的转位、自动包装机的转位、电影放映机
	3）凸轮机构		分度装置、间歇回转工作台
	4）不完全齿轮齿条机构		间歇回转、转移工作台
	5）气动、液压机构		分度、定位

（续）

执行构件运动方式及功能	机构类型		典型应用实例与原理
实现特定轨迹和位置	1）连杆机构	平面四杆机构	连杆上某点可实现特定轨迹，如跨式起重机的直线轨迹、搅拌机构的封闭曲线轨迹等
		平行四边形机构	用于直移或导引，如升降机、万能绘图仪等
	2）凸轮机构		直线移送机构、花边机，实现方形轨迹的等宽凸轮机构
	3）行星轮机构		实现各种花纹图案
	4）挠性杆滑轮机构		导引升降装置
加压锁紧	1）连杆机构		利用机构的死点位置或反行程自锁性质实现加压锁紧
	2）凸轮机构		—
	3）螺旋机构		—
	4）斜面机构		—
	5）棘轮机构		—
	6）气动、液压机构		利用阀控制
合成与分解运动	1）差动齿轮机构		汽车差速器
	2）差动螺旋机构		机车车厢间的连接螺旋机构
	3）差动棘轮机构		用于微小的间歇进给
	4）差动连杆机构		数学运算机构

在进行机构选型时要注意下列问题：

1）按已拟定的工作原理进行机构选型时，应尽量满足或接近功能目标。满足动作功能要求的机构类型很多，可多选几个，再进行比较，保留性能好的，淘汰不理想的。

2）机构选型时应力求结构简单。结构简单主要体现在运动链要短，构件和运动副数量要少，尺寸要适度，布局要紧凑。坚持这个原则，可使材料耗费少，成本低。运动副数量少，运动链短，机构在传递运动时累积的误差也少，有利于提高机构的运动精度和机械的效率。

3）机构选型时要注意选择那些加工制造简单、容易保证较高配合精度的机构。在平面机构中，低副机构比高副机构容易制造；在低副机构中，转动副比移动副容易保证配合精度。

4）机构选型时要能保证机构高速运转时动力特性良好。动力特性良好主要体现在要保证机械运转时的动平衡，使机械系统的振动降低到最低水平。因此，对高速运转机构尽量不采用杆式机构，若功能要求必须采用，则可采用多套机构合理布置的平衡方法，使各套机构作用于机座上的振动力（力矩）互相抵消来达到平衡。

5）机构选型时也须注意机械效益和机械效率问题。机械效益衡量的是机构的省力程度，机构的传动角越大，压力角越小，机械效益越高，选用最大传动角的机构以减小输入轴上的转矩。机械效率反映的是机器对机械能的有效利用程度。为提高机械效率，机构的运动链要尽量短，机构的动力特性要好，机构的机械效益要高。

6）机构选型时也要考虑动力源的形式。若有气源、液源时，可利用气动、液压机构，以简化机构结构，也便于调节速度。若采用电动机，则机构的原动件应为连续转动的构件。

3.4.2 机构的组合

机构的组合是在机构选型的基础上，根据功能目标或工艺动作的各种需要，组合创建新的机构系统。一般采用串联式、并联式、复合式和叠加式组合方式，组合时应注意各个子动作之间的运动或动作的协调配合问题。

1. 机构的串联式组合

它是前一级机构的输出构件为后一级机构的输入构件的组合方式。图 3-8 所示为凸轮机构与摇杆滑块机构的串联式组合。

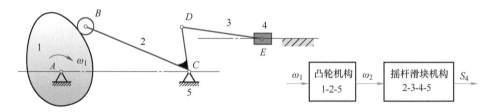

图 3-8　凸轮机构与摇杆滑块机构的串联式组合

1~5—构件

（1）固结式串联　如图 3-9 所示，凸轮机构输出构件 2 与摆动导杆机构输入构件 3 刚性连接。

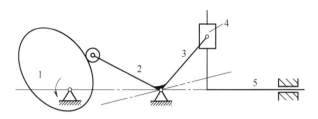

图 3-9　固结式串联

1~5—构件

（2）轨迹点串联　如图 3-10 所示，构件 4 与构件 2 在 M 点轨迹一致。

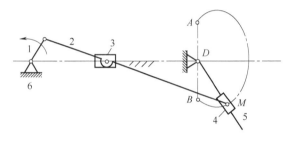

图 3-10　轨迹点串联

1~6—构件

2. 机构的并联式组合

它是几个子机构共用一个输入构件，而它们的输出运动又同时输入一个多自由度的子机构，从而形成一个自由度为 1 的机构系统的组合方式，如图 3-11 所示。

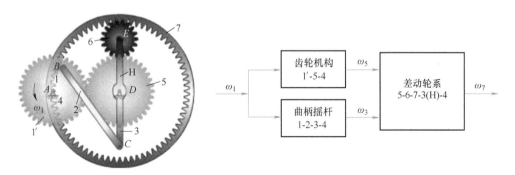

图 3-11　并联式组合机构

1~7—构件　1′—构件 1 在机构中的另一种功能（下同）

3. 机构的复合式组合

它是由一个或几个串联的基本机构去封闭一个具有两个或多个自由度的基本机构,如图 3-12 所示。

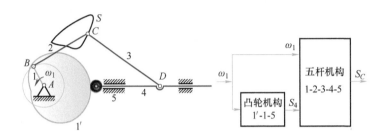

图 3-12　复合式组合机构

1~5—构件

4. 机构的叠加式组合

它是将做平面一般运动的构件作为原动件,且其中一个基本机构的输出(输入)构件为另一个基本机构相对机架的组合方式。

(1)两基本机构共有的构件只有一个　挖掘机及组合框图如图 3-13 所示。

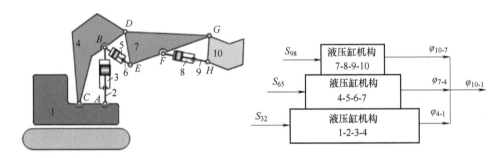

图 3-13　挖掘机及组合框图

1~10—构件

(2)两基本机构共有的构件不止一个　飞机起落架收放机构如图 3-14 所示。

3.4.3　实现运动形式变换的常用机构

机构系统除能量交换,运动的变换是最主要的变换。动力系统、传动系统、

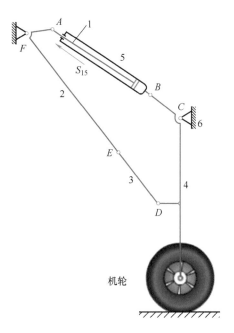

图 3-14　飞机起落架收放机构

1~6—构件

执行系统、控制系统都存在不同的运动变换。运动变换一般都是由机构来实现
的。本节主要从运动的角度讨论常用的机构。

要实现不同的运动变换，应选择不同的机构或机构组合。表 3-9 列出了实现
运动形式变换的常用机构。

表 3-9　实现运动形式变换的常用机构

运动形式变换	常用机构	应用实例与原理
等速转动变换为等速转动	1）连杆机构：平行四边形机构、双转动机构 2）齿轮机构：圆柱齿轮机构、锥齿轮机构、蜗杆机构 3）行星轮机构：摆线针轮机构、谐波传动机构 4）摩擦轮机构 5）挠性杆传动机构	机车联动机构、联轴器 减速器、变速器 减速器，运动的合成与分解 减速器，无级变速 减速、输送
等速转动变换为变速转动	1）连杆机构：双曲柄机构、转动导杆机构 2）非齿轮机构	惯性筛、刨床、自动机 压力机

（续）

运动形式变换	常用机构	应用实例与原理
等速转动变换为往复移动	1）连杆机构：曲柄滑动机构、转动导杆机构 2）移动从动件导杆机构 3）不完全齿轮导杆机构	冲、压、锻等机械装置 缝纫机针头机构 配气机构
等速转动变换为间歇运动	1）棘轮机构 2）槽轮机构 3）不完全齿轮机构 4）蜗杆式分度机构 5）凸轮式分度机构 6）气动、液压机构	机床的进给、单向离合器 车床刀架转位、电影放映机 转位工作台 转位工作台 转位工作台 分度、定位
实现特定的运动轨迹	1）连杆机构：四连杆机构、平行四边形机构 2）凸轮机构 3）行星轮机构 4）滑轮机构	利用连杆曲线实现轨迹 直线导引、升降机实现方形轨迹、直线移送 利用行星齿轮的轨迹 导引升降装置
实现加压锁紧	1）连杆机构 2）凸轮机构 3）螺旋机构 4）斜面机构 5）棘轮机构 6）气动、液压机构	利用转动副的死点位置 凸轮+锁紧销锁紧机构 利用反行程自锁的性质 利用反行程自锁的性质 超越离合器 利用阀控制
实现运动的合成与分解	1）差动连杆机构 2）差动齿轮机构 3）差动螺旋机构 4）差动棘轮机构	数学运算 汽车用差速器 微调 割草机行走轮差动机构

3.5 机构运动方案设计实例

本节以圆形铁圈自动弯曲成形机构运动方案设计为例进行说明。

其功能是将前道工序冲裁出来的图 3-15a 所示片料自动弯曲成形为图 3-15b 所示的铁圈半成品，然后送往下道工序进行焊接、整形。半成品规格为材料厚度 1.0mm、宽度 25mm、铁圈外径 50mm。生产率为 20 个/min。

1. 总功能分析

该自动弯曲成形机构应具有片料送入，对片料进行弯曲成形，将弯曲成形的铁圈半成品送入下一道工序的总功能。拟采取的工艺方案如图 3-16 所示。

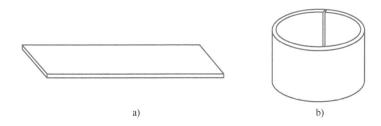

图 3-15　片料及铁圈半成品

a）片料　b）铁圈半成品

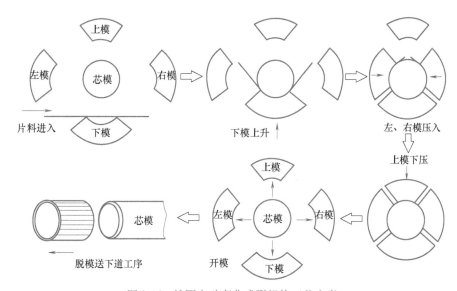

图 3-16　铁圈自动弯曲成形机构工艺方案

2. 功能分解

由图 3-16 可以归纳该方案执行的动作过程如下：

片料送入→下模上升→左、右模压入→上模下压→上、下、左、右四个模退回→铁圈脱模并送往下道工序。由此可将其总功能分解为图 3-17 所示树状功能图。

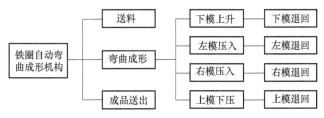

图 3-17　铁圈自动弯曲成形机构树状功能图

3. 运动转换功能图（见图 3-18）

1）选择电动机作为原动机，通过离合器、减速器、传动机构，把电动机的运动和动力转化为执行机构所要求实现的运动和动力。

2）确定各执行构件的运动形式：送料——往复直线运动，各模及半成品脱模——间歇往复直线运动。

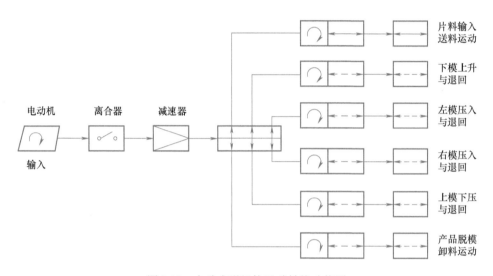

图 3-18　自动成形机构运动转换功能图

4. 形态学矩阵（见表 3-10）

表 3-10　自动成形机构运动方案形态学矩阵

分功能（功能元）			分功能解（匹配机构或载体）		
			1	2	3
离合器		A	电磁摩擦离合器	电磁牙嵌（尖齿）离合器	电磁牙嵌（梯形齿）离合器
减速器		B	摆线针轮减速器	少齿差行星齿轮减速器	谐波减速器
传动		C	链传动	圆柱斜齿轮传动	同步带传动
送料		D	牛头刨床六杆机构	摆动从动件盘状凸轮+摇杆滑块机构	移动从动件圆柱凸轮机构

（续）

分功能（功能元）			分功能解（匹配机构或载体）		
			1	2	3
弯曲成形		E	摆动从动件盘状凸轮机构+摇杆滑块机构	移动从动件圆柱凸轮机构	移动从动件盘状凸轮机构
卸料		F	摆动从动件圆柱凸轮机构+摇杆滑块机构	槽轮机构+曲柄滑块机构	不完全齿轮机构+偏置曲柄滑块机构

对形态学矩阵求解，可得最大可能的 N 种组合方案：

$$N = 3×3×3×3×3×3 \text{ 种} = 729 \text{ 种}$$

从中可筛选出三种方案，即

方案 1：A1+B1+C1+D1+E1+F1

方案 2：A2+B2+C1+D2+E3+F2

方案 3：A1+B3+C2+D1+E2+F3

最后，对三种方案依据运动性能、工作性能、动力性能、经济性及实际使用环境等方面进行综合评价，最终选择方案 1。

5. 运动循环图

自动成形机构运动循环图如图 3-19 所示。

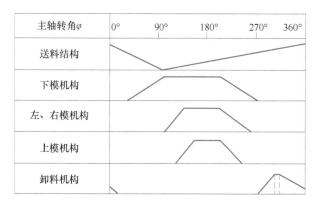

图 3-19　自动成形机构运动循环图

6. 机构运动简图

铁圈自动成形机构运动方案简图如图 3-20 所示。

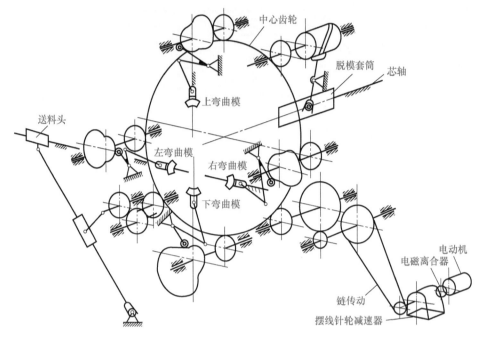

图 3-20 铁圈自动成形机构运动方案简图

第 **4** 章
材料及成形工艺基础

材料是产品设计的物质基础和载体，一切机电产品及生活用品等无不是由各种材料构成的。基本功能相同的产品，由于采用了不同的材料，其加工成形方法不同，力学性能不同，其结构和形态也完全不同。

产品结构设计就是要依据产品的功能和外观的需求，选择合适的材料，设计它们的结构与形式，确定它们的组合方式等。因此，在产品结构设计活动中，首要的任务是确定合适的材料。

4.1 工程材料的分类、力学性能及选用原则

1. 常用工程材料的分类

工程材料有各种分类方法。若将工程材料按化学成分分类，可分为金属材料、无机非金属材料、有机高分子材料和复合材料四大类。

（1）金属材料　金属材料是最重要的工程材料，包括金属和以金属为基的合金。金属材料可分为两大部分：钢铁材料，指铁和以铁为基的合金（钢、铸铁和铁合金）；非铁金属材料，指钢铁材料以外的所有金属及其合金，常用的有铝合金、铜合金、镁合金和锌合金等。

（2）无机非金属材料　常用造型无机非金属材料包括玻璃、陶瓷和木材等。

（3）有机高分子材料　有机高分子材料种类很多，工程上通常根据力学性能和使用状态将其分为塑料、橡胶及合成纤维，它具有较高的强度、良好的塑性、较强的耐蚀性、很好的绝缘性和重量轻等优良性能，在工程上是发展最快的一类新型结构材料。

（4）复合材料　复合材料可以由各种不同种类的材料复合组成，其性能是其组成的各单质材料所不具备的。它在强度、刚度和耐蚀性方面比单纯的金属、

陶瓷和聚合物都优越，是特殊的工程材料，具有广阔的发展前景。

2. 工程材料的力学性能

材料的性能包括使用性能和工艺性能。使用性能是材料在使用过程中表现出来的性能，它包括力学性能、物理性能和化学性能等；工艺性能是材料对各种加工工艺适应的能力。在机械制造领域选用材料时，大多以力学性能为主要依据。

力学性能是材料在各种载荷（静载荷、冲击载荷、疲劳载荷）作用下表现出来的抵抗力。常用的力学性能指标有强度、塑性、硬度、韧性和疲劳强度等。

（1）强度 材料在载荷作用下抵抗塑性变形或断裂的能力称为强度。按照载荷作用方式不同，强度可分为抗拉强度、抗压强度、抗弯强度和抗剪强度等。工程上常以屈服强度和抗拉强度作为强度指标。

1）屈服强度（R_{eL}）。在外力作用下，材料产生屈服现象的极限应力值，即

$$R_{eL} = F_s / S$$

式中，R_{eL}是屈服强度（MPa）；F_s是产生塑性变形时的力（N）；S是试样截面积（mm^2）。

屈服强度表示材料由弹性变形阶段过渡到弹、塑性变形的临界应力，是材料对明显塑性变形的抗力。绝大多数零件，如紧固螺栓、汽车连杆、机床丝杠等，在工作时都不允许产生明显的塑性变形，否则将丧失其自身的精度或影响与其他零件的相互配合，因此屈服强度是其设计与选材的主要依据之一。

2）抗拉强度（R_m）。材料在受力过程中承受最大载荷时对应的应力值，即

$$R_m = F_b / S$$

式中，R_m是抗拉强度（MPa）；F_b是产生断裂时的力（N）；S是试样截面积（mm^2）。

对塑性较好的材料，R_m表示了材料对最大均匀变形的抗力；对塑性较差的材料，一旦达到最大载荷，材料将迅即发生断裂，R_m也是其断裂抗力（断裂强度）指标。无论何种材料，R_m均是其最大允许承载能力的度量，且因R_m易于测定，故适合作为产品规格说明或质量控制标志，广泛出现在标准、合同、质量证明等文件资料中。R_m在设计与选材中的应用不及R_{eL}普遍，但如钢丝绳、建筑结构件等对塑性变形要求不严而仅要求不发生断裂的零件，R_m就是其设计与选材参数。

所有强度指标均可作为设计与选材的依据，为了应用的需要，还有一些从强度指标派生出来的指标：

1）比强度。它是强度指标与材料密度之比，在对零件自身重量有要求或限制的场合下（如航天航空构件、汽车等机械），比强度有着重要的应用意义。

2）屈强比。它是材料屈服强度与抗拉强度之比，表征了材料强度潜力的发挥利用程度和其零件工作时的安全程度。

合金化、热处理及各种冷热加工可在很大程度上改变材料强度指标的大小。

（2）塑性　塑性是材料在外力作用下产生塑性变形而不破坏的能力，即材料断裂前的塑性变形的能力。

在拉伸、压缩、扭转、弯曲等外力作用下，材料所产生的伸长、缩短、扭曲、弯曲等都可用来表示材料的塑性。塑性用断后伸长率 A 和断面收缩率 Z 来表示。

1）断后伸长率（A）。试样拉断后，伸长量与原始标距的百分比称为断后伸长率。

2）断面收缩率（Z）。试样拉断后，缩颈处横截面积的最大缩减量与原始横截面积的百分比称为断面收缩率。

$$A = \frac{l_1 - l_0}{l_0} \times 100\%$$

$$Z = \frac{S_0 - S_1}{S_0} \times 100\%$$

式中，l_0 是试样的原始标距（mm）；l_1 是试样拉断后标距（mm）；S_0 是试样原始横截面积（mm^2）；S_1 是试样断裂处的横截面积（mm^2）。

断后伸长率或断面收缩率值越大，材料的塑性越好。良好的塑性可使材料顺利成形，还可在一定程度上保证零件或构件的安全性。一般 A 达 5%、Z 达 10%即可满足绝大多数零部件的使用要求。

材料的塑性与其强度指标一样，也是结构敏感性参数，可通过各种方法加以改变。金属材料之所以应用广泛，主要原因是其具有良好的强韧性配合。

（3）硬度　硬度是材料的软硬程度，即抵抗硬物压入或划伤的能力。

测定硬度的方法很多，主要有压入法、刻划法等。在机械制造领域主要采用压入法。

常用的硬度有布氏硬度（HBW）、洛氏硬度（HR）和维氏硬度（HV）等，均属压入法，即用一定的压力将压头压入材料表面，然后根据压力的大小、压痕面积或深度确定其硬度值的大小。

1）布氏硬度（HBW）。布氏硬度测试是用一定直径的硬质合金球，以相应

的试验力压入试样表面，经规定保持时间后卸除试验力，测量试样表面的压痕直径，如图 4-1 所示。布氏硬度可用下式计算

$$布氏硬度 = \frac{0.204F}{\pi D(D - \sqrt{D^2 - d^2})}$$

式中，F 是试验力（N）；D 是压头直径（mm）；d 是卸载后试样表面压痕平均直径（mm）。

2）洛氏硬度（HR）。洛氏硬度最常用的是HRC，是将金刚石锥体压入试样表面，可以在试验仪器上直接读出硬度值。洛氏硬度的优点是操作迅速简便，压痕较小，几乎不损伤工件表面，故而应用最广；缺点是因压痕较小而代表性、重复性较差，数据分散度也较大。

（4）韧性　韧性是材料在塑性变形和断裂过程中吸收能量的能力。韧性好的材料在使用过程中不至于产生突然的脆性断裂，从而保证零件的安全性。

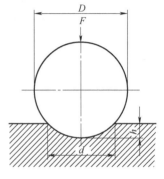

图 4-1　布氏硬度测试原理

冲击载荷是动载荷的一种主要类型，很多零部件在动载荷下工作，如变速齿轮、飞机起落架等，其材料的韧性则尤为重要。通常采用带缺口的试样使之在冲击载荷的作用下折断，以试样在变形和断裂的过程中所吸收的能量来表示材料的韧性，这种韧性通常称之为冲击韧性。

最常应用的冲击试验方法（夏比冲击试验）是将具有规定形状和尺寸的试样放在冲击试验机的支座上，然后使事先调整到规定高度的摆锤下落，产生冲击载荷使试样折断。试样在冲击载荷的作用下折断时所吸收的能量用 K（J）表示，以冲击吸收能量 K 除以试样缺口横截面积 S_0（cm²）所得的商（$\alpha_k = K/S_0$，单位为 J/cm²）来表征材料的韧性。

（5）疲劳强度　疲劳强度是材料在无数次循环应力作用下仍不断裂的最大应力，用以表示材料抵抗疲劳断裂的能力。

疲劳强度与其断裂前的应力循环次数 N 的关系曲线称为疲劳曲线，如图 4-2 所示。从图 4-2 可以看出，应力越小，则材料断裂前所能承受的循环次数越多，当应力降低到某一值时，曲线趋于水平，即表示在该应力作用下，材料经无数次应力循环而不会断裂。工程上规定，材料在循环应力作用下循环次数达到某一基数 N 而不断裂时，其最大应力就作为该材料 N 次循环后的疲劳强度极限，用 σ_N 来表示，单位为 MPa。钢铁材料的循环基数取 10^7 次。

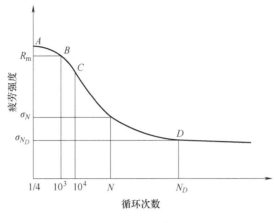

图 4-2　疲劳曲线

（6）蠕变　耐热钢应该具有高的热强性（高温强度），即钢在高温下抵抗塑性变形和断裂的能力。高温下零件长时间承受载荷时，强度将大大下降；与室温力学性能相比，高温力学性能还受温度和时间的影响。

常用的高温力学性能指标有：

1）蠕变极限。材料在高温长期载荷作用下对缓慢塑性变形（即蠕变）的抗力。

2）持久强度。材料在高温长期载荷作用下对断裂的抗力。

3. 工程材料的选用原则

在产品设计中，材料性能首先应满足产品性能或寿命要求。此外，工程材料往往是各向异性的，因此结合使用材料时的取向和产品力学分析使材料性能得以最优发挥，也是设计选材的重要因素。

（1）功能性原则　主要考虑满足产品本身的功能、性能，包括材料的常规力学性能、疲劳断裂性能、抗复杂环境侵蚀的性能，对特殊机电产品采用特殊材料，如压电陶瓷材料、功能梯度材料、各种纳米材料等。材料性能指标往往受当前材料科学发展的局限，设计选材时必须了解材料的各种特性。

（2）工艺性原则　在设计阶段考虑材料的可加工性，可以提高产品的经济性，减少能耗和制造过程中残次品的产生。例如，使用粉末冶金成形技术制造齿轮等外形复杂、加工精度要求高的部件，在强度和寿命要求可以满足的情况下能够显著提高工效、降低成本。

（3）性价比原则　材料的价格性能比是制约设计选材的一个重要因素，但在全生命周期设计中不能单纯看待材料价格，而应当全面分析材料的使用效能。

（4）环保性原则 绿色材料的概念正在得到设计者的认可，材料在使用过程中对环境的影响、废弃后的可降解性等是全生命周期设计中必须考虑的因素。

绿色环保材料应该能够提高效能，延长生命周期，减低产品的淘汰率；减少对环境有破坏和污染材料的使用，避免使用有毒材料；材料的使用应单纯化、少量化，尽量避免多种不同材料混合使用；选用废弃后能自然分解并为自然界吸收的材料；选用可回收或者能重复使用的材料等。

（5）美学性原则 工业产品的美主要体现在两个方面，一个是产品外在的感性形式所呈现的美，称为形式美，另一个是产品内在结构的和谐、有秩序呈现出的美，称为技术美。无论是外在易感知的形式美，还是内在不易感知的技术美，两者的要素是相互联系的。当把这两方面的要素有机结合时，就可以达到产品真正的美。

4.2 金属材料及其成形工艺

4.2.1 常用金属材料

普通碳素结构钢的牌号、主要成分、性能及用途见表 4-1。

表 4-1 普通碳素结构钢的牌号、主要成分、性能及用途

牌号	主要成分 $w(C)$（%）	性能及用途
Q195	0.06~0.12	强度不高，塑性、韧性、加工性能和焊接性能好。用于轧制薄板和盘条
Q215	0.09~0.15	强度稍高于 Q195 钢，用途与 Q195 大体相同，此外，还大量用作焊接钢管、镀锌焊管、炉撑及地脚螺钉、螺栓、圆钉、木螺钉、冲制铁铰链等五金零件
Q235	0.14~0.22	综合性能较好，强度、塑性和焊接等性能得到较好配合，用途最广泛。常轧制成盘条或圆钢、方钢、扁钢、角钢、工字钢、槽钢、窗框钢等型钢和中厚钢板。大量用于建筑及工程结构
Q255	0.18~0.28	性能与 Q235 差不多，强度稍有提高，塑性有所降低。主要用作铆接与焊接结构
Q275	0.28~0.38	强度、硬度较高，耐磨性较好。用于制造轴类、农业机具、耐磨零件、钢轨接头夹板、垫板、车轮、轧辊等

低合金高强度结构钢的牌号、主要成分、性能及用途见表 4-2。

表 4-2　低合金高强度结构钢的牌号、主要成分、性能及用途

牌号	主要成分（质量分数,%）	性能及用途
Q345、Q390	C≤0.20，Mn≤1.70，Si≤0.55，P≤0.035，S≤0.035	综合力学性能好，焊接性能、冷热加工性能和耐蚀性能均好，B、C、D 级钢具有良好的低温韧性。主要用于船舶、锅炉、压力容器、石油储罐、桥梁、电站设备、起重运输机械及其他较高载荷的焊接结构件的制造
Q420	C≤0.20，Mn≤1.70，Si≤0.55，P≤0.035，S≤0.045	强度高，特别是在正火或正火加回火状态有较高的综合力学性能。主要用于大型船舶、桥梁、电站设备、中高压锅炉、高压容器、机车车辆、起重机械、矿山机械及其他大型焊接结构件的制造
Q460	C≤0.20，Si≤0.55，Mn≤1.80，S≤0.30，P≤0.30	强度最高，在正火、正火加回火或淬火加回火状态有很高的综合力学性能，全部用铝补充脱氧，质量等级为 C 级，是可保证钢的良好韧性的备用钢种。主要用于各种大型工程结构及要求强度高、载荷大的轻型结构的制造

优质碳素结构钢的牌号、主要成分、性能及用途见表 4-3。

表 4-3　优质碳素结构钢的牌号、主要成分、性能及用途

牌号	主要成分（质量分数,%）	性能及用途
08、08F[①]	C：0.05~0.11	用于轧制薄板、深冲制品、油桶、高级搪瓷制品，也可用于制作管子，垫片及心部强度要求不高的渗碳和氰化零件，电焊条等
10、10F[①]	C：0.07~0.13	用 4mm 以下冷压深冲制品，如深冲器皿、炮弹弹体。也可用于制造锅炉管、油桶顶盖及钢带、钢丝、焊接件、机械零件
15、15F[①]	C：0.12~0.18	用于制造机械上的渗碳件、紧固件、冲锻模件及不需热处理的低负荷零件，如螺栓、螺钉、法兰及化工机械用蒸汽锅炉等
20	C：0.17~0.23	用于制造不经受很大应力而要求韧性的各种机械零件，如拉杆、轴套、螺钉、起重钩等，也可用于制造在 6MPa、450℃ 以下非腐蚀介质中使用的管子、导管等，还可以用于心部强度不大的渗碳及氰化零件，如轴套、链条的滚子、轴及不重要的齿轮、链轮等
25	C：0.22~0.29	用于制造热锻和热冲压的机械零件，金属切削机床上的氰化零件，以及重型和中型机械制造中负荷不大的轴、辊子、连接器、垫圈、螺栓、螺帽等，还可用作铸钢件

（续）

牌号	主要成分（质量分数,%）	性能及用途
30	C：0.27~0.34	用于制造热锻和热冲压的机械零件、重型和一般机械用的轴、拉杆、套环及铸件，如气缸、汽轮机机架、轧钢机机架和零件、机床机架及飞轮等
35	C：0.32~0.39	用于制造热锻和热冲压的机械零件，冷拉和冷顶锻钢材，无缝钢管，机械制造中的零件，铸件，重型和中型机械制造中的锻制机轴、压缩机气缸、减速器轴，也可用来铸造汽轮机机身、飞轮和均衡器等
40	C：0.37~0.44	用于制造机器运动零件，如辊子、轴、连杆、圆盘等，以及火车的车轴，还可用于制造钢板、钢带、无缝钢管等
45	C：0.42~0.50	用于制造汽轮机、压缩机、泵的运动零件，还可代替渗碳钢制造齿轮、轴、活塞销等零件（零件需经高频或火焰淬火），并可用于制造铸件
50	C：0.47~0.55	用于制造耐磨性要求高、动载荷及冲击作用不大的零件，如铸造齿轮、拉杆、轧辊等；制造比较次要的弹簧、农机上的掘土犁铧、重负荷的心轴与轴等，并可用于制造铸件
55	C：0.52~0.60	用于制造连杆、轧辊、齿轮、扁弹簧、轮圈、轮缘等，也可用于制造铸件
60、65	C：0.57~0.70	用于制造弹簧、弹簧圈、各种垫圈、离合器，以及一般机械中的轴、轧辊、偏心轴等
70、75、80、85	C：0.67~0.90	用于制造弹簧和发条、钢丝绳用的钢丝，以及高硬度的机件，如犁、铧、电车车轮等

① 曾用牌号。

合金结构钢（渗碳钢）的牌号、主要成分、性能及用途见表4-4。

表4-4 合金结构钢（渗碳钢）的牌号、主要成分、性能及用途

牌号	主要成分（质量分数,%）	性能及用途
15Cr、20CrMn	合金元素含量低	经渗碳后淬火与低温回火后，心部强度较低，强度与韧性配合较差，主要用于制造受力不大，对强度、耐磨性要求不高的零件
20CrMnTi、20MnTiB 等	合金元素含量≤4.0	淬透性较高，热处理后表面硬度高而心部强韧性好，主要用于制造承受冲击载荷的齿轮、轴和凸轮盘等

（续）

牌号	主要成分（质量分数,%)	性能及用途
20Cr2Ni4A、18Cr2Ni4WA 等	合金元素总量，4.0~6.0	淬透性高，经渗碳+淬火+低温回火后，心部强度很高，强度与韧性配合很好，可用于制造重载、大截面、对强韧性和耐磨性要求高的重要零件，如内燃机车、飞机、坦克用的齿轮、轴、曲轴、连杆等

合金结构钢（调质钢）的牌号、主要成分、性能及用途见图4-5。

表 4-5　合金结构钢（调质钢）的牌号、主要成分、性能及用途

牌号	主要成分（质量分数,%)	性能及用途
40Cr、40MnB 等	合金元素总量<2.5%	淬透性低，综合力学性能及工艺性能好，可用于制造中小截面零件，如汽车、拖拉机的轴、连杆、齿轮
35CrMo、40CrNi	合金元素总量≤3.5%	可用于制造大截面、重载齿轮、曲轴和连杆等
40CrNiMoA、40CrMnMo 等	合金元素总量>4.0%	淬透性高，可用于制造汽轮机的主轴、叶轮等

弹簧钢的牌号、成分、热处理工艺、性能及用途见表4-6。

表 4-6　弹簧钢的牌号、成分、热处理工艺、性能及用途

牌号	成分（质量分数,%)	热处理工艺	性能及用途
70	C：0.67~0.75，Mn：0.50~0.80，Si：0.17~0.37，S≤0.030，P≤0.030，Cr≤0.25，Ni≤0.35，Cu≤0.25	830℃油冷+480℃空冷	有较高的强度，但淬透性较低，适于制造截面较小的弹簧（ϕ≤15mm)。冷作硬化的钢丝在冷态下缠绕成形，只做低温回火，消除应力。该钢切削加工性尚好，淬火变形大，主要用于制造不经淬火的小型螺旋弹簧、弹簧片、弹性垫圈、止动圈等
T9A	C：0.85~0.94，Mn≤0.40，Si≤0.35，S≤0.020，P≤0.030	760~780℃水冷+140~200℃空冷	为高级优质非合金工模具钢和弹簧钢。淬火回火后具有较高的硬度和韧性，淬透性低，淬火变形大，塑性较低，常用于制造具有较高硬度、不受剧烈振动冲击的工具和弹簧
65Mn	C：0.62~0.70，Mn：0.90~1.20，Si：0.17~0.37，S≤0.030，P≤0.030，Cr≤0.25，Ni≤0.35	830℃油冷+540℃空冷（回火、空冷)	为常用弹簧钢。它强度高、淬透性高、脱碳倾向小、价格低、可加工性好，但有过热敏感性，易产生淬火裂纹，并有回火脆性。主要用于制造各种截面较小的扁形、圆形弹簧、板簧和簧片

（续）

牌号	成分（质量分数，%）	热处理工艺	性能及用途
60Si2Mn	C：0.56~0.64，Mn：0.70~1.00，Si：1.50~2.00，S ≤ 0.020，P ≤ 0.025，Cr ≤ 0.35，Ni ≤ 0.35	棒材 870℃ 油冷 + 440 回火	用途十分广泛，该钢淬透性高，淬火回火后具有较高的强度和弹性极限、较高的屈强比和抗松弛能力及回火稳定性。若采用等温淬火，其综合性能更好，尤其疲劳寿命显著提高，但该钢脱碳倾向大，冷变形塑性低，可加工性差。主要用于 250℃ 以下工作的、厚度小于 10mm、直径小于 25mm 的各种板簧、螺旋弹簧、安全阀弹簧、减振弹簧、仪表弹簧等
50CrV	C：0.46~0.54，Mn：0.50~0.80，Si：0.17~0.37，S ≤ 0.020，P ≤ 0.025，Cr：0.80~1.10，Ni ≤ 0.35，V：0.10~0.20	860℃ 油冷 +440~500℃ 油冷（回火、油冷）	该钢是高级优质弹簧钢，具有高的比例极限和强度，高的疲劳度和良好的塑性及韧性，良好的回火稳定性，当加热到 300℃ 时弹性仍可保持。该钢的可加工性尚好，但冷作塑性较差，焊接性差。主要用于制造重要的承受大应力的各种弹簧，使用温度不超过 400℃

各类不锈钢的牌号、类型、性能及用途见表 4-7。

表 4-7　各类不锈钢的牌号、类型、性能及用途

牌号	类型	性能及用途
07Cr19Ni11Ti	奥氏体型	使用广泛，适于作为食品、化工、医药、原子能工业用材料
06Cr25Ni20	奥氏体型	炉用材料，汽车排气净化装置用材料
12Cr18Ni9	奥氏体型	经冷加工有高的强度，建筑用装饰部件
06Cr19Ni10	奥氏体型	作为不锈耐热钢使用广泛，适于作为食品用设备、一般化工设备、原子能工业用材料
022Cr19Ni10	奥氏体型	用于制造对抗晶间腐蚀性要求高的化学、煤炭、石油产业的野外露天机器、建材、耐热零件及热处理有困难的零件
06Cr17Ni12Mo2	奥氏体型	适用于海水等介质中，主要作为耐点蚀材料，用于制造食品工业、沿海地区的设施、绳索、螺栓和螺母等
022Cr17Ni14Mo2	奥氏体型	为 06Cr17Ni12Mo2 的超低碳钢，用于制造对抗晶间腐蚀性有特别要求的产品
06Cr18Ni11Ti	奥氏体型	添加 Ti 提高耐晶间腐蚀性，不推荐用作装饰部件
0Cr16Ni14	奥氏体型	无磁不锈钢，用于制造电子元件

（续）

牌号	类型	性能及用途
16Cr20Ni14Si2	奥氏体型	具有较高的高温强度及抗氧化性，对含硫气氛较敏感，在 600~800℃有析出相的脆化倾向，适于制造承受应力的各种炉用构件
12Cr17Ni7	奥氏体型	适于制造高强度构件，可作为列车、客车车厢用材料
022Cr19Ni5Mo3Si2N	奥氏体-铁素体型	耐应力腐蚀破裂性能良好，具有较高的强度，适于含氯离子的环境，用于炼油、化肥、造纸、石油、化工等行业制造热交换器、冷凝器等
022Cr18Ti	铁素体型	用于制造洗衣机内桶冲压件，作装饰用
00Cr12Ti	铁素体型	用于制造汽车消音器管，作装饰用
06Cr13Al	铁素体型	高温冷却后不产生显著硬化，用于制造汽轮机需淬火的部件
10Cr17Mo	铁素体型	耐蚀性良好的通用钢种，可作建筑内装饰用，用于制造重油燃烧部件，以及家庭用具、家用电器部件
06Cr13	马氏体型	用于制造较高韧性及受冲击负荷的零件，如汽轮机叶片、结构框架、螺栓、螺母等
12Cr13	马氏体型	具有良好的耐蚀性和可加工性，用于制造石油精炼装置、螺栓、螺母、泵杆、餐具等
20Cr13	马氏体型	淬火状态下硬度高，耐蚀性良好，用于制造汽轮机叶片、餐具（刀）

常见铸铁的名称、代号及牌号表示方法示例见表 4-8。

表 4-8　常见铸铁的名称、代号及牌号表示方法示例

铸铁名称	代号	牌号表示方法示例
灰铸铁	HT	HT100
蠕墨铸铁	RuT	RuT400
球墨铸铁	QT	QT400-18
黑心可锻铸铁	KTH	KTH300-06
白心可锻铸铁	KTB	KTB350-04
珠光体可锻铸铁	KTZ	KTZ450-06
耐磨灰铸铁	HTM	HTM Cu1CrMo
抗磨白口铸铁	BTM	BTM Gr9Ni5
抗磨球墨铸铁	QTM	QTM Mn8-30
冷硬灰铸铁	HTL	HTL Cr1Ni1Mo
耐蚀灰铸铁	HTS	HTS Ni2Cr

铸铁名称	代号	牌号表示方法示例
耐蚀球墨铸铁	QTS	QTS Ni20Cr2
耐热灰铸铁	HTR	HTR Cr
耐热球墨铸铁	QTR	QTR Si5

注：各种铸铁代号由表示该铸铁特征的汉语拼音字母的第一个大写正体字母组成，当两种铸铁名称的代号字母相同时，可在该大写正体字母后加小写正体字母来区别。具体的铸铁牌号表示方法见 GB/T 5612—2008。

非铁金属材料的类别及用途见表 4-9。

表 4-9　非铁金属材料的类别及用途

非铁金属材料	类别			用途
纯铝	—			密度低，仅为铁的 1/3；导电性好，磁化率极低，接近非铁磁性材料；在电气工程、航空航天工业、一般机械和轻工业中广泛应用
铝合金（铝合金经处理后可显著提高强度，可用于制造承受较大载荷的机器零件和构件）	变形铝合金			可采用锻造、轧制、挤压等方法制成板材、带材、管材、线材等
	铸造铝合金			适用于铸造生产，可直接浇注成铝合金
纯铜（导电、导热性很好；对大气和水的抗蚀能力很强；抗磁性物质；可用于制作电导体及配制合金）	T1			导电材料和高纯度合金
	T2			电力输送用导电材料，用于制作导线、电缆等
	T3			用于制造电动机、电工器材、电器开关、垫圈、铆钉、油管等
铜合金（有较高的强度和硬度，而且塑性很好，容易冷、热成形，易焊接，铸造性能好）	加工黄铜（主要合金元素为锌）	普通黄铜		—
		复杂黄铜	铅黄铜	用于制造轴瓦和衬套
			锡黄铜	广泛用于制造船舶零件
			铝黄铜	用于制造大型蜗杆、海船用螺旋桨
	加工青铜（主要合金元素为铝、硅、铅、铍、锰）	锡青铜、铝青铜、铍青铜		锡青铜在造船、化工、机械、仪表等行业中广泛应用，主要用于制造轴承、轴套等耐磨零件和弹簧等弹性元件，以及耐蚀、抗磁零件等
	加工白铜（主要合金元素为镍）			主要用于制造船舶零件、化工机械零件及医疗器械等；锰含量高的锰白铜可用于制作热电偶丝

（续）

非铁金属材料	类别	用途
钛合金	α 型钛合金	—
	β 型钛合金	一般在 350℃ 以下使用，适于制造压气机叶片、轴、轮盘等重载的回转件等
	α+β 型钛合金	—

4.2.2　金属材料的成形概述

1. 金属的液态成形

将液态金属浇注到与零件形状、尺寸相适应的铸型型腔中，待其冷却凝固，以获得毛坯或零件的生产方法，通常称为金属液态成形或铸造，如图 4-3 所示。

工艺流程：液态金属→充型→凝固收缩→铸件。

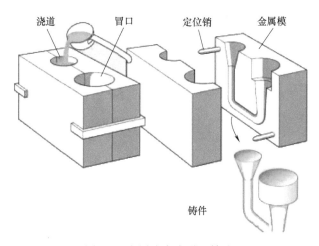

浇道　　冒口　　定位销　　金属模

铸件

图 4-3　金属液态成形（铸造）

金属材料在液态下一次成形，具有很多优点：

1）适应性广，工艺灵活。工业上常用的金属材料，如铸铁、碳素钢、合金钢、非铁合金等，均可在液态下成形，特别是对于不宜采用压力加工或焊接成形的材料，该生产方法具有特殊的优势，并且铸件的大小、形状几乎不受限制，质量从零点几克到数百吨，壁厚从 1~1000mm 均可。

2）最适合成形具有复杂内腔的毛坯或零件，如箱体、机架、阀体、泵体、缸体等。

3）成本较低。铸件与最终零件的形状相似、尺寸相近，可节省材料和加工工时。大多数铸件是毛坯件，需经过切削加工才能成为零件。

铸造可分为砂型铸造和特种铸造两大类。砂型铸件的精度低，表面粗糙。对薄壁非铁合金铸件、高尺寸精度铸件、管状铸件和高温合金飞机叶片等特殊零件，往往难以用砂型铸造方法来生产，或者生产率低。为解决这类零件的制造问题，出现了用砂较少或不用砂、采用特殊工艺装备的铸造方法，如熔模铸造、金属型铸造、压力铸造、低压铸造、离心铸造、陶瓷型铸造和实型铸造等，这些铸造方法统称为特种铸造。

进行铸件结构设计时，不仅要保证其使用性能和力学性能，还必须考虑铸造工艺和合金铸造性能对铸件结构的要求。铸件结构设计合理与否，对铸件的质量、生产率及其成本有很大的影响。因此，进行铸件结构设计时，必须考虑有关造型工艺对铸件结构设计的要求。

（1）砂型铸造（sand casting）

1）砂型铸造：在砂型中生产铸件的铸造方法。钢、铁和大多数有色合金铸件都可用砂型铸造方法获得。

2）工艺流程：砂型铸造工艺流程如图4-4所示。

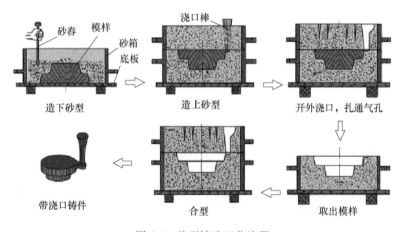

图4-4　砂型铸造工艺流程

3）工艺特点：

① 适于制成形状复杂，特别是具有复杂内腔的毛坯。

② 适应性广，成本低。

③ 对于某些塑性很差的材料，如铸铁等，砂型铸造是其零件或毛坯的唯一的成形工艺。

4）应用：汽车的发动机气缸体、气缸盖、曲轴等，如图 4-5 所示。

图 4-5　砂型铸造的气缸体

（2）熔模铸造（investment casting）

1）熔模铸造：通常是在易熔材料制成的模样表面包覆若干层耐火材料制成型壳，再将模样熔化排出型壳，从而获得无分型面的铸型，经高温焙烧后即可填砂浇注的铸造方案，常称为失蜡铸造。

2）工艺流程：熔模铸造工艺流程如图 4-6 所示。

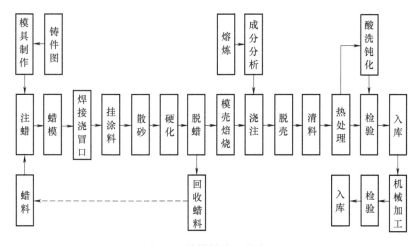

图 4-6　熔模铸造工艺流程

3）工艺特点：

① 尺寸精度和几何精度高。

② 表面粗糙度值低。

③ 能够铸造外形复杂的铸件，而且铸造的合金不受限制。

④ 工序繁杂，费用较高。

4）应用：适于生产形状复杂、精度要求高或很难进行其他加工的小型零件，如涡轮发动机的叶片等。

（3）压力铸造（die casting）

1）压力铸造：利用高压将金属液高速压入一精密金属模具型腔内，金属液在压力作用下冷却凝固而形成铸件。

2）工艺流程：压力铸造工艺流程如图4-7所示。

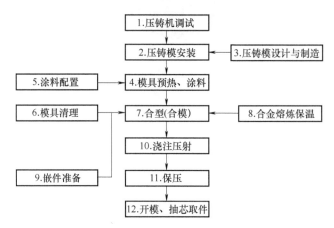

图 4-7　压力铸造工艺流程

3）工艺特点：

① 压铸时金属液体承受压力高，流速快。

② 产品质量好，尺寸稳定，互换性好。

③ 生产率高，压铸模使用次数多。

④ 适合大批大量生产，经济效益好。

⑤ 铸件容易产生细小的气孔和缩松。

⑥ 压铸件塑性低，不宜在冲击载荷及有振动的情况下工作。

⑦ 高熔点合金压铸时，铸型寿命短，影响压铸生产的扩大。

4）应用：压铸件（见图4-8）最先应用在汽车行业和仪表行业，后来逐步扩大到各个行业，如农业机械、机床、电子、国防、计算机、医疗器械、钟表、照相机和日用五金等多个行业。

（4）低压铸造（low pressure casting）

1）低压铸造：使液体金属在较低压力（0.02~0.06MPa）作用下充填铸型，并在压

图 4-8　压铸件

力下结晶以形成铸件的方法，如图 4-9 所示。

2）工艺特点：

① 浇注时的压力和速度可以调节，故可用于各种不同铸型（如金属型、砂型等），铸造各种合金及各种大小的铸件。

② 采用底注式充型，金属液充型平稳，无飞溅现象，可避免卷入气体及对型壁和型芯的冲刷，提高了铸件的合格率。

③ 铸件在压力下结晶，铸件组织致密、轮廓清晰、表面光洁，力学性能较高，对于大薄壁件的铸造尤为有利。

④ 省去补缩冒口，金属利用率为 90%~98%。

⑤ 劳动强度低，劳动条件好，设备简易，易实现机械化和自动化。

3）应用：以传统产品为主（气缸头、轮毂、气缸架等），如图 4-10 所示。

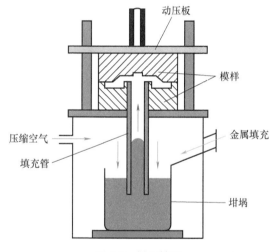

图 4-9 低压铸造

图 4-10 铝合金轮毂

（5）离心铸造（centrifugal casting）

1）离心铸造：将金属液浇入旋转的铸型中，在离心力作用下填充铸型而凝固成形的一种铸造方法，如图 4-11 所示。

2）工艺特点：

① 几乎不存在浇注系统和冒口系统的金属消耗，提高工艺出品率。

② 生产中空铸件时可不用型芯，故在生产长管形铸件时可大幅度地改善金属充型能力。

③ 铸件致密度高，气孔、夹渣等缺陷少，力学性能高。

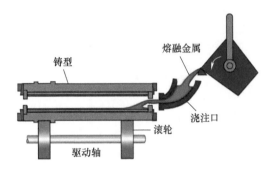 

图 4-11　离心铸造

④ 便于制造筒、套类复合金属铸件。

⑤ 用于生产异形铸件时有一定的局限性。

⑥ 铸件内孔直径不准确，内孔表面比较粗糙，质量较差，加工余量大。

⑦ 铸件易产生比重偏析。

3）应用：离心铸造最早用于生产铸管，国内外在冶金、矿山、交通、排灌机械、航空、国防、汽车等行业中均采用离心铸造工艺来生产钢、铁及非铁碳合金铸件，其中尤以离心铸铁管、内燃机缸套和轴套等铸件的生产最为普遍，如图 4-12 所示。

图 4-12　离心铸造管件

（6）金属型铸造（gravity die casting）

1）金属型铸造：液态金属在重力作用下充填金属铸型并在铸型中冷却凝固而获得铸件的一种成形方法，如图 4-13 所示。

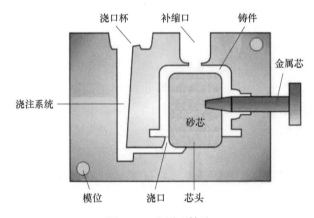

图 4-13　金属型铸造

2) 工艺特点：

① 金属型的热导率和热容量大，冷却速度快，铸件组织致密，力学性能比砂型铸件高 15% 左右。

② 能获得较高尺寸精度和较低表面粗糙度值的铸件，并且质量稳定性好。

③ 因不用和很少用砂芯，可改善环境、减少粉尘和有害气体，降低了劳动强度。

④ 金属型本身无透气性，必须采用一定的措施导出型腔中的空气和砂芯所产生的气体。

⑤ 金属型无退让性，铸件凝固时容易产生裂纹。

⑥ 金属型制造周期较长，成本较高，因此只有在大量成批生产时，才能显示出好的经济效果。

3) 应用：金属型铸造既适于大批量生产形状复杂的铝合金、镁合金等非铁金属材料铸件，也适于生产钢铁材料的铸件、铸锭等，如图 4-14 所示。

2. 金属塑性成形

金属塑性成形是在外力作用下通过塑性变形，获得具有一定形状、尺寸和力学性能的零件或毛坯的加工方法。金属塑性成形可分为自由锻、模锻、板料冲压、挤压、轧制和拉拔等。

塑性成形与其他成形方法比较具有以下特点：

图 4-14　金属型铸造件

1) 改善金属组织、提高力学性能。金属材料经塑性成形后，其组织、性能都得到改善和提高。

2) 提高材料的利用率。金属塑性成形主要靠金属在塑性变形时改变形状，使其体积重新分配，而不需要切除金属，因而材料利用率高。

3) 具有较高的生产率。塑性成形一般是利用压力机和模具进行成形加工的，生产率高。

4) 可获得精度较高的毛坯或零件。塑性成形时坯料经过塑性变形获得较高的精度，可实现少或无切削加工。

根据以上特点可知，重要的、对性能要求很高的零部件一般采用塑性成形方法来生产其毛坯。

由于各类钢和非铁合金都具有一定的塑性，它们可以在冷态或热态下进行塑性成形。

（1）锻造

1）锻造：是一种利用锻压机械对金属坯料施加压力，使其产生局部或全部的塑性变形，以获得具有一定力学性能、一定形状和尺寸锻件的加工方法。

根据成形机理，锻造可分为自由锻、模锻、碾环、特殊锻造。

① 自由锻：一般是在锤锻或水压机上，利用简单的工具将金属锭或块料锤成所需要形状和尺寸的加工方法。

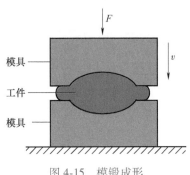

图 4-15　模锻成形

② 模锻：是在模锻锤或热模锻压力机上利用模具使毛坯变形而获得锻件的锻造方法，如图 4-15 所示。

③ 碾环：指通过专用设备碾环机生产不同直径的环形零件，也用来生产汽车轮毂、火车车轮等轮形零件。

④ 特种锻造：包括辊锻、楔横轧、径向锻造、液态模锻等锻造方式，这些方式都比较适于生产某些特殊形状的零件。

2）工艺流程：锻坯加热→辊锻备坯→模锻成形→切边→冲孔→矫正→中间检验→锻件热处理→清理→矫正→检查。

3）工艺特点：

① 锻件质量比铸件高，能承受大的冲击力作用，塑性、韧性和其他方面的力学性能也都比铸件高甚至比轧件高。

② 节约原材料，还能缩短加工工时。

③ 生产率高。

④ 自由锻造适于单件小批量生产，灵活性比较大。

4）应用：大型轧钢机的轧辊、人字齿轮，汽轮发电机组的转子、叶轮、护环，大型水压机的工作缸和立柱，机车轴，汽车和拖拉机的曲轴、连杆等。

（2）轧制

1）轧制：将金属坯料通过一对旋转轧辊的间隙（各种形状），因受轧辊的压缩成形使材料截面减小、长度增加的压力加工方法，如图 4-16 所示。

轧制按轧件运动可分为纵轧、横轧和斜轧。

① 纵轧：轧件在两个旋转方向相反的轧辊之间通过，并在其间产生塑性变形的过程。

② 横轧：轧件变形后的运动方向与轧辊轴线方向一致。

③ 斜轧：轧件做螺旋运动，轧件与轧辊轴线成一定角度。

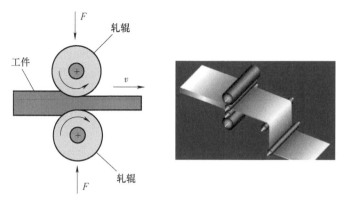

图 4-16　轧制成形

2）应用：主要用于制造金属材料型材、板、管材等，还有一些非金属材料，如塑料制品及玻璃制品。

（3）挤压

1）挤压：坯料在封闭模腔内三向不均匀压应力作用下，从模具的孔口或缝隙挤出，使之横截面积减小、长度增加，成为所需制品的加工方法。坯料的这种加工称为挤压成形，如图 4-17 所示。

2）工艺流程：挤压前准备→铸坯加热→挤压→拉伸、扭拧、矫直→锯切（定尺）→取样检查→人工时效→包装入库。

3）工艺特点：

① 生产范围广，产品规格、品种多。

② 生产灵活性大，适合小批量生产。

③ 产品尺寸精度高，表面质量好。

④ 设备投资少，厂房面积小，易实现自动化生产。

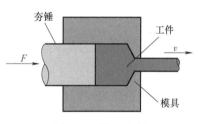

图 4-17　挤压成形

⑤ 几何废料损失大。

⑥ 金属流动不均匀。

⑦ 挤压速度低，辅助时间长。

⑧ 工具损耗大，成本高。

4）应用：主要用于制造长杆、深孔、薄壁、异形断面零件。

（4）拉拔

1）拉拔：金属坯料在牵引力作用下，从小于坯料断面的模孔中拉出，使之产生塑性变形，以获得截面减小、长度增加的工艺，如图 4-18 所示。

2）工艺特点：

① 尺寸精确，表面光洁。

② 工具、设备简单。

③ 连续高速生产断面小的长制品。

④ 道次变形量与两次退火间的总变形量有限。

⑤ 长度受限制。

3）应用：拉拔是金属管材、棒材、型材及线材的主要加工方法。

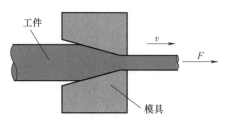

图 4-18 拉拔成形

（5）冲压

1）冲压：靠压力机和模具对板材、带材、管材和型材等施加外力，使之产生塑性变形或分离，从而获得所需形状和尺寸的工件（冲压件）的成形加工方法，如图 4-19 所示。

2）工艺特点：

① 可得到轻量、高刚度的制品。

② 生产性良好，适合大量生产、成本低。

③ 可得到品质均一的制品。

④ 材料利用率高，剪切性及回收性良好。

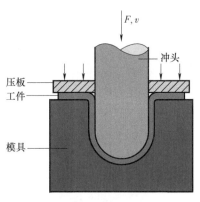

图 4-19 冲压成形

3）应用：全世界的钢材中，有 60% ~ 70%是板材，其中大部分经过冲压制成成品。汽车的车身、底盘、油箱、散热器片，锅炉的汽包，容器的壳体，电动机、电器的铁芯硅钢片等都是通过冲压成形而获得的，仪器仪表、家用电器、自行车、办公机械、生活器皿等产品中也有大量冲压件。

3. 连接成形

在工业生产中，通过连接实现成形的工艺方法多种多样，常见的连接成形工艺主要有焊接、胶接和机械连接等。

（1）焊接　焊接是通过加热或加压，或两者并用，并且用或不用填充材料，使工件达到结合的一种方法。根据焊接过程中加热程度和工艺特点的不同，焊接方法可以分为三大类。

1）熔焊：将工件焊接处局部加热到熔化状态，形成熔池（通常还加入填充金属），冷却结晶后形成焊缝，被焊工件结合为不可分离的整体。

2）压焊：在焊接过程中无论加热与否，均需对工件施加压力，使工件在固态或半固态的状态下实现连接。

3）钎焊：采用熔点低于被焊金属的钎料（填充金属），熔化后填充接头间隙，并与被焊金属相互扩散实现连接。钎焊过程中被焊工件不熔化，且一般没有塑性变形。常见焊接方法的分类如图 4-20 所示。

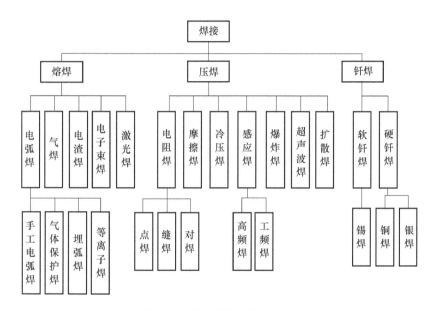

图 4-20　常见焊接方法的分类

焊接的特点主要表现在以下几个方面：

① 节省金属材料，结构重量轻。

② 能以小拼大，化大为小，制造重型、复杂的机器零部件，简化铸造、锻造及切削加工工艺，获得最佳技术经济效果。

③ 焊接接头不仅具有良好的力学性能，还具有良好的密封性。

④ 能够制造双金属结构，使材料的性能得到充分利用。

目前，焊接技术在国民经济各部门中的应用十分广泛，机器制造、造船、建筑工程、电力设备、航空航天等行业都离不开焊接技术。

焊接结构工艺性：焊接结构工艺性主要表现在焊缝布置、焊接接头和坡口形式等几个方面。

1）焊缝布置。在布置焊缝时，应考虑以下几个方面：

① 焊缝位置应便于施焊，有利于保证焊缝质量。其中，施焊操作最方便、焊接质量最容易保证的是平焊，因此在布置焊缝时应尽量使焊缝能在水平位置进行焊接。

② 焊缝布置应有利于减小焊接应力和变形。通过合理布置焊缝来减小焊接应力和变形主要有以下途径：一是尽量减少焊缝数量，通过采用型材、管材、冲压件、锻件和铸钢件等作为被焊材料来实现，这样不仅能减小焊接应力和变形，还能减少焊接材料消耗，提高生产率；二是尽可能分散布置焊缝，两条焊缝的间距一般要求大于三倍或五倍的板厚；三是尽可能对称分布焊缝，焊缝的对称布置可以使各条焊缝的焊接变形相抵消，对减小梁柱结构的焊接变形有明显效果。

③ 焊缝应尽量避开最大应力和应力集中部位。不可避免时，应附加刚性支撑，以减小焊缝承受的应力。

④ 焊缝应尽量避开机械加工面。焊接工序应在机械加工工序之前完成，以防止焊接损坏机械加工表面，此时焊缝的布置也应尽量避开需要加工的表面。因为焊缝的可加工性不好，且焊接残余应力会影响加工精度。如果焊接结构上某部位的加工精度要求较高，又必须在机械加工完成之后进行焊接工序时，应将焊缝布置在远离加工面处，以避免焊接应力和变形对已加工表面精度的影响。

2）焊接接头和坡口形式的选择。

① 焊接接头形式的选择。焊条电弧焊焊接碳素钢和低合金钢的基本焊接接头形式有对接接头、角接接头、T 形接头和搭接接头四种。

焊接接头形式的选择，首先决定于焊缝位置之间的对应关系，一旦结构设计已定，它所需的接头形式也就基本确定了，因而接头形式是不能任意选用的。因此，在结构设计时，设计人员应综合考虑结构形状、使用要求、工件厚度、变形大小、焊接材料的消耗量、坡口加工的难易程度等因素，以确定接头形式和总体结构形式。

② 焊接坡口形式的选择。为保证厚度较大的工件能够焊透，常将工件接头边缘加工成一定形状的坡口。坡口形式的选择主要根据板厚和采用的焊接方法确定。根据 GB/T 985.1—2008 的规定，焊条电弧焊常采用的坡口形式有不开坡口（I 形坡口）、带钝边 V 形坡口、带钝边双 V 形坡口、U 形坡口等，如图 4-21 所示。焊条电弧焊板厚超过 6mm 对接时，一般要开设坡口；对于重要结构，板厚超过 3mm 就要开设坡口。

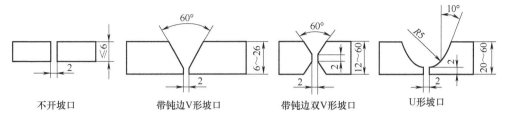

图 4-21 电弧焊常用坡口形式

焊接结构最好采用相等厚度的材料，以便获得优质的焊接接头。如果采用两块厚度相差较大的金属材料进行焊接，则接头处会造成应力集中，而且接头两边受热不均易产生焊不透等缺陷。对于不同厚度钢板对接的承载接头，当两板厚度差（$\delta-\delta_1$）不超过表 4-10 的规定时，焊接接头的基本形式和尺寸按厚度较大的板确定，反之则应在厚板上做出单面或双面斜度，有斜度部分的长度 $L \geqslant 3$（$\delta-\delta_1$），如图 4-22 所示。

表 4-10 不同厚度钢板对接的允许厚度差 （单位：mm）

较薄钢板厚度 δ_1	≥2~5	≥5~9	≥9~12	≥12
允许厚度差 $\delta-\delta_1$	1	2	3	4

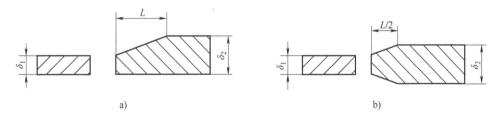

图 4-22 超过允许厚度差时厚板的处理

a）单面斜坡 b）双面斜坡

（2）胶接

1）胶接的特点与应用。胶接，也称粘接，是利用化学反应或物理凝固等作用，使一层非金属的胶体材料具有一定的内聚力，并对与其界面接触的材料产生黏附力，从而由这些胶体材料将两个物体紧密连接在一起的工艺方法。

胶接的主要特点：

① 能连接材质、形状、厚度、大小等相同或不同的制件，特别适用于连接异形、异质、薄壁、复杂、微小、硬脆或热敏制件。

② 接头应力分布均匀，避免了因焊接热影响区相变、焊接残余应力和变形

等对接头的不良影响。

③ 可以获得刚度好、重量轻的结构，且表面光滑，外表美观。

④ 具有连接、密封、绝缘、防腐、防潮、减振、隔热、衰减消声等多重功能，连接不同金属材料时，不产生电化学腐蚀。

⑤ 工艺性好，成本低，节约能源。

胶接也有一定的局限性，存在的主要问题是胶接接头的强度不够高，大多数胶黏剂的耐热性不高，易老化，且对胶接接头的质量尚无可靠的检测方法。

胶接在航空航天工业中是非常重要的连接方法，主要用于钣金及蜂窝结构的连接。此外，在机械制造、汽车制造、建筑装潢、电子、轻纺、新材料、医疗及日常生活中，胶接的应用也非常广泛。

2）胶黏剂。胶黏剂根据其来源不同，有天然胶黏剂和合成胶黏剂两大类。其中，天然胶黏剂的组成较简单，多为单一组分；合成胶黏剂则较为复杂，是由多种组分配制而成的。目前应用较多的是合成胶黏剂，其主要组分有：

① 黏料。是起胶合作用的主要组分，主要是一些高分子化合物、有机化合物或无机化合物。

② 固化剂。其作用是参与化学反应，使胶黏剂固化。

③ 增塑剂。用以降低胶黏剂的脆性。

④ 填料。用以改善胶黏剂的使用性能（如强度、耐热性、耐蚀性、导电性等），一般不与其他组分起化学反应。

3）胶接工艺。在正式胶接之前，先要对被胶接的表面进行处理，以保证胶接质量；然后将准备好的胶黏剂均匀涂敷在被胶接的表面上，胶黏剂扩散、流变、渗透，合拢后在一定的条件下固化，从而完成胶接过程。

胶接的一般工艺过程包括确定部位、表面处理、配胶、涂胶、固化、检验等。

① 确定部位。胶接前需要对胶接的部位有比较清楚的了解，如表面状态、清洁程度、破坏情况、胶接位置等，为实施具体的胶接工艺做好准备。

② 表面处理。表面处理的目的是为了获得最佳的表面状态，有助于形成足够的黏附力，提高胶接强度和使用寿命。主要解决下列问题：去除被胶接表面的氧化物、油污等异物污物层、吸附的水膜和气体，清洁表面；使表面达到适当的表面粗糙度值等。表面处理的具体方法有表面清理、脱脂、除锈、粗化、清洁、干燥、化学处理、保护处理等，依据被胶接表面的状态、胶黏剂的品种、强度要求、使用环境等进行选用。

③ 配胶。对于单组分胶黏剂，一般可以直接使用，但如果有沉淀或分层，则在使用前必须搅拌混合均匀。对于多组分胶黏剂，必须在使用前按规定比例

调配混合均匀，根据胶黏剂的适用期、环境温度、实际用量来决定每次配制量的大小，应当随配随用。

④ 涂胶。涂胶就是以适当的方法和工具将胶黏剂涂布在被胶接的表面，操作正确与否对胶接质量有很大影响。涂胶方法与胶黏剂的形态有关，液态、糊状或膏状的胶黏剂可采用刷涂、喷涂、浸涂、注入、滚涂、刮涂等方法，要求涂胶均匀一致，避免空气混入，达到无漏涂、不缺胶、无气泡、不堆积，胶层厚度控制在 0.08~0.15mm。

⑤ 固化。固化是胶黏剂通过溶剂挥发、乳液凝聚的物理作用或缩聚、加聚的化学作用，变为固体并具有一定强度的过程，是获得良好胶接性能的关键过程。胶层固化应控制温度、时间、压力三个参数。固化温度是固化参数中最为重要的因素，适当提高固化温度可以加速固化过程，并能提高胶接强度和其他性能。加热固化时要求加热均匀，严格控制温度，缓慢冷却。适当的固化压力可以提高胶黏剂的流动性、润湿性、渗透和扩散能力，防止产生气孔、空洞和分离，使胶层厚度更为均匀。

⑥ 检验。对胶接接头的检验方法主要有目测、敲击、溶剂检验、试压、测量、超声检测、X 射线检测等，目前尚无较理想的非破坏性检验方法。

4）胶接接头。胶接接头的受力情况比较复杂，其中最主要的是机械力的作用。作用在胶接接头上的机械力主要有剪切、拉伸、剥离和不均匀扯离。在选择胶接接头的形式时，应考虑以下原则：

① 尽量使胶层承受剪切力和拉伸力，避免剥离和不均匀扯离。

② 在可能和允许的条件下适当增加胶接面积。

③ 采用混合连接方式，如胶接加点焊、铆接、螺栓连接、穿销等，可以取长补短，增加胶接接头的牢固耐久性。

④ 注意不同材料的合理配置，如材料线胀系数相差很大的圆管套接时，应将线胀系数小的套在外面，而线胀系数大的套在里面，以防止加热引起的热应力造成接头开裂。

⑤ 接头结构应便于加工、装配、胶接操作和以后的维修。

胶接接头的基本形式是搭接，常见的胶接接头形式如图 4-23 所示。

4. 金属的切削加工

大多数金属零件都可以采用切削加工的方法来成形。零件的形状虽然多样，但一般而言，它们多数都由外圆面、内圆面（孔）、平面和曲面等组成。外圆面和内圆面（孔）可以看作是一条直线围绕一根中心轴做旋转运动所形成的。这条直线称为母线，因而平面可以看作是一条直线为母线做直线平移运动所形成

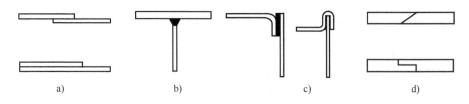

图 4-23　胶接接头形式

a）搭接接头　b）T形接头　c）角接接头　d）对接接头

的，曲面则是以一条曲线为母线做旋转或平移运动所形成的。基于这样的思考，可以把形成这些面所需的母线及其运动转化为加工对象（工件）和加工（切削）工具的相对运动来实现。

加工时，切削工具和工件间有一定的相对运动，切除多余材料，使工件成为具有一定形状、尺寸精度和合格表面质量的机械加工方法称为切削加工。切削加工有较高的生产率，并能获得较高的精度和表面质量，是目前应用最广的加工方法。切削工具与工件间的相对运动称为切削运动，各种切削加工机床都具有特定的切削运动，以满足各类表面的加工需要。

（1）切削加工质量要求　因为每一件产品都由许多互相关联的零部件装配而成，采用合格零件才能使其装配后达到规定的性能要求，并满足零件之间的配合关系和互换性，因此零部件的加工质量是否达到技术要求就变得非常重要。零件的加工质量指标包括加工精度和表面质量（表面粗糙度）两方面。

1）加工精度。加工精度指零件在加工后的尺寸、形状和相互位置等参数的实际数值与设计时确定的数值相符合的程度。加工精度包括尺寸精度、形状精度与位置精度。

2）表面粗糙度。由于切削加工中存在振动及刀刃或磨粒摩擦，工件表面总会留下一些痕迹。即使是看起来光滑如镜的加工表面，若在显微镜下进行放大观察，就会发现其表面仍然有许多坑坑洼洼。这种零件加工表面具有的较小间距和微小峰谷的不平度称为表面粗糙度，它与零件的耐磨性、配合性质、耐蚀性有密切关系，会影响机器的使用性能、寿命和制造成本，是切削加工的重要质量指标之一。

（2）表面切削加工方法

1）外圆表面加工。外圆表面是轴、套、盘等类零件的主要表面或辅助表面。其加工方法主要有车削外圆和磨削外圆两种方法。

由于不同零件上的外圆表面或同一零件上不同的外圆表面，往往具有不同的技术要求，需要结合具体的生产条件拟定合理的加工方案。例如，"粗车—半精车"适于加工中等精度和对表面粗糙度值要求不高的未淬硬工件外圆表面，"粗车—半精车—磨削（粗磨或半精磨）"适于加工精度稍高和对表面粗糙度值要求较低且淬硬的钢件外圆表面。

2）内圆表面加工。内圆表面（孔）也是组成零件的基本表面之一。零件上有多种多样的孔，常见的有：紧固孔，如螺钉孔、螺栓孔等；回转体零件上的孔，如套筒、法兰及齿轮上的孔等；箱体零件上的孔，如主轴箱体上主轴及传动轴的轴承孔等；深孔（$L/D \geqslant 10$ 的孔），如炮筒、空心轴孔等；圆锥孔。此类孔常用来保证零件间配合的准确性，如机床主轴的锥孔等。

内圆表面加工方案常见的有钻孔、扩孔、铰孔、镗孔、拉孔和磨孔等。与外圆表面加工相比，虽然在切削机理上有许多共同点，但具体加工条件却有着很大差异，由于受到加工孔的很大限制，故加工条件差，如受到被加工孔本身尺寸的限制，一般所用刀具呈细长状，刚度较差。此外，孔内排屑、散热、冷却、润滑等相对困难。所以，在选择内圆表面加工方案时，应考虑孔径大小、深度、精度、工件形状、尺寸、重量、材料、生产批量及设备等具体条件，对照实际要求经济地选择。

3）平面加工。平面是盘、板和箱体类零件的主要表面。大致可分为非结合面（属低精度表面，只在外观或防腐蚀需要时才进行加工）、结合面和重要结合面（属中等精度平面，如零部件的固定连接面等）、导向平面（属精度平面，如机床的导轨面等）、精密测量工具的工作面（属精密平面）等。

平面的作用不同，其技术要求也不同，所以采用的加工方案也不一样。平面加工的方法有车削、铣削、刨削、磨削、拉削、研磨、刮研等。应根据工件平面的技术要求，以及零件的结构形状、尺寸、材料和毛坯种类、原材料状况及生产规模等不同条件进行合理选用。

非结合面一般采用粗铣、粗刨或粗车即可，当平面要求光洁美观时，粗加工后仍需要进行精加工或光整加工。结合面和重要结合面经"粗刨（铣）—精刨（铣）"即可。精度要求较高的，如车床主轴箱与床身结合面还需要磨削或刮研。盘类零件的连接平面一般采用"粗车—精车"方案。导向平面常在"粗刨（铣）—精刨（铣）"后进行刮研或宽刃细刨，也常在导轨磨床上磨削。精密测量工具的工作面常采用"粗铣—精铣—磨削—研磨"的加工方案。对于韧性较大的非铁合金平面，刨削时容易扎刀，磨削时容易堵塞砂轮，宜采用"粗铣—精铣—高速精铣"方案，且生产率高。

4）成形面加工。产品中有些零件的表面不是简单的平面、圆柱面、圆锥面或它们的组合，而是复杂曲面。成形面的加工方法较多，一般有车削、铣削、刨削或磨削等，可归纳为两种基本方式：

① 用成形刀具加工。用切削刃形状与零件表面轮廓形状相符合的刀具，即成形刀具直接加工出成形面。用成形刀具加工成形面，机床的运动和结构比较简单，操作也比较简便。工件成形面的精度取决于刀具的精度，能达到 IT10～IT9，表面粗糙度可达 $Ra12.5～Ra6.3\mu m$。用一把成形刀具加工，可以保证各工件被加工表面形状、尺寸的一致性和互换性，加工质量比较稳定，具有较高的生产率。成形刀具可以多次重磨，使用寿命较长，但其设计、制造和刃磨都比较复杂，成本较高。由于这些特点，这种方法适宜在对成形精度要求低、尺寸较小，零件批量较大的场合使用。

② 利用刀具和工件做特定的相对运动加工。利用刀具和工件做特定的相对运动来加工成形面，刀具比较简单，并且加工成形面的尺寸范围较大，但机床的运动和结构都较复杂，成本也高。用靠模装置车削成形面就是其中的一种。此外，还可以利用手动、液压仿形装置或数控装置等来控制刀具与工件之间特定的相对运动。

成形面的加工方法应根据零件的尺寸、形状及生产批量等来选择。

① 小型回转体零件上形状不太复杂的成形面，在大批量生产时，常用成形车刀在自动或半自动车床上加工；批量较小时，可用成形车刀在卧式车床上加工。成形的直槽和螺旋槽等，一般可用成形铣刀在万能铣床上加工。

② 尺寸较大的成形面，在大批量生产时，多采用仿形车床或仿形铣床加工；单件小批量生产时，可借助样板在卧式车床上加工，或者依据划线在铣床或刨床上加工，但这种方法加工的质量和效率较低。为了保证加工质量和提高生产率，在单件小批量生产中，可应用数控机床加工成形面。

③ 大批量生产中，通常设计和制造专用的拉刀或专门化的机床来加工一定的成形面，如用凸轮轴车床、凸轮轴磨床等加工凸轮轴。对于淬硬的成形面或精度高、表面粗糙度值小的成形面，其精加工则要采用磨削甚至光整加工。

(3) 产品的结构工艺性　结构工艺性指产品零部件在保证产品使用性能的前提下，在结构设计方面应符合加工方便、生产率高、劳动量小、材料消耗少、生产成本低的原则。结构工艺性包括切削工艺性、装配工艺性等。

为了使零件具有较好的切削工艺性，设计人员不仅要熟悉传统加工方法的工艺特点、典型和特型表面的加工方案，以及工艺过程的基本知识，还应该了解新材料、新设备、新技术和新工艺的知识。

零件结构设计的一般原则：

1）合理确定零件的技术要求。不需要加工的表面，不要设计成加工面；要求不高的表面不要设计成高精度和较小表面粗糙度值的表面，以免增加材料消耗和制造费用。

2）遵循结构设计的标准化。尽量采用标准化参数、标准化零件等；尽可能减少加工量和精加工面积；零件上作用相同的结构要素应尽量保持一致；零件上孔的轴线应与钻出表面垂直，避免深孔加工；尽量避免内表面加工等。

设计零件时还必须使其具备良好的装配工艺性，使装配和维修便利，保证产品的质量。

4.2.3 冲压件成形及工艺规范

1. 冲压成形工艺

利用冲模在压力机上使板料分离或变形，从而获得冲压件的加工方法称为板料冲压。板料冲压的坯料厚度一般小于 4mm，通常在常温下冲压，故又称为冷冲压。用于冲压的原材料可以是具有塑性的金属材料，如低碳钢、不锈钢、铜或铝及其合金等，也可以是非金属材料，如胶木、云母、纤维板、皮革等。

板料冲压具有以下特点：

1）冲压生产操作简单，生产率高，易于实现机械化和自动化。

2）冲压件尺寸精确，表面光洁，质量稳定，互换性好，可作为零件使用。

3）冲压塑性变形产生冷变形强化，使冲压件具有质量小、强度高和刚度大的优点。

4）冲模结构复杂，精度要求高，制造费用相对较高，冷冲压适合在大批量生产条件下采用。

冲压生产常用的冲压设备主要有剪切机和压力机两大类。剪切机是完成剪切工序，为冲压生产准备原料的主要设备。压力机是进行冲压加工的主要设备，按其床身结构不同，有开式和闭式两类；按其传动方式不同，有机械式与液压式两大类。图 4-24 所示为开式机械压力机的工作原理及实例。电动机通过小带轮、离合器带动曲轴转动，曲轴通过偏心套和连杆带动滑块上下往复运动，冲模的下模部分装在工作台上，冲模的上模部分装在滑块上，操作者通过脚踏板控制操作机构完成对板料的冲压。压力机的主要技术参数是以公称压力来表示的，公称压力（kN）是以压力机滑块在下止点前工作位置所能承受的最大工作压力来表示的。我国常用开式压力机的规格为 63~2000kN，闭式压力机的规格为 1000~5000kN。

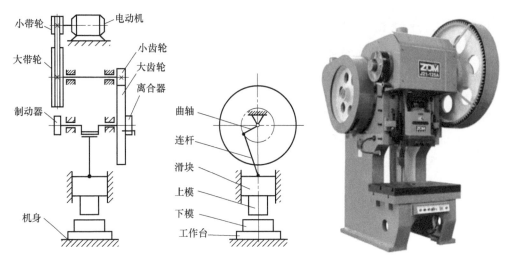

图 4-24　开式机械压力机的工作原理及实例

冲压基本工序可分为分离和变形工序两大类，分离工序包括落料、冲孔、切断等；变形工序包括弯曲、拉深、翻边和胀形等。

（1）分离工序　分离工序统称为冲裁，它是使板料的一部分与另一部分分离的加工工序。使板料按不封闭轮廓线分离的工序称为切断；使板料沿封闭轮廓线分离的工序称为冲孔或落料。落料是从板料上冲出一定外形的零件或坯料，冲下的部分是成品。冲孔是在板料上冲出孔，冲下的部分是废料。冲裁既可直接冲出成品零件，也可为后续变形工序准备坯料，应用十分广泛。

1）冲裁变形过程。冲裁可分为普通冲裁和精密冲裁。普通冲裁的刀口必须锋利，凸模和凹模之间留有间隙，板料的冲裁过程可分为弹性变形、塑性变形和剪切分离三个阶段，如图 4-25 所示。

2）冲裁件的结构工艺性。指冲裁件的结构、形状、尺寸对冲裁工艺的适应性。主要包括以下几方面：

① 冲裁件形状应力求简单、对称，有利于排样时合理利用材料，尽可能提高材料的利用率。

② 冲裁件转角处应尽量避免尖角，以圆角过渡。一般在转角处应有半径 $R \geqslant 0.25t$（t 为板厚）的圆角，以减小角部模具的磨损。

③ 由于受到凸、凹模强度及模具结构的限制，冲裁件应避免长槽和细长悬臂结构。对孔的最小尺寸及孔距间的最小距离等，也都有一定限制。

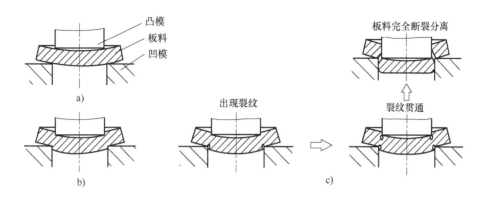

图 4-25　冲裁过程

a）弹性变形　b）塑性变形　c）剪切分离

（2）弯曲　将板料、型材或管材在弯矩作用下弯成具有一定曲率和角度的制件的成形方法称为弯曲。

1）弯曲变形过程与特点。弯曲开始时，凸模与板料接触产生弹性变形，随着凸模的下行，板料产生程度逐渐加大的局部弯曲塑性变形，直到板料与凸模完全贴合，这一过程称为自由弯曲。弯曲变形过程如图 4-26 所示。

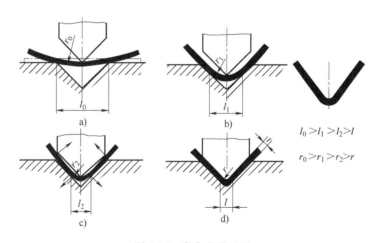

图 4-26　弯曲变形过程

2）弯曲工艺设计。弯曲工艺设计包括弯曲件的结构工艺性分析、弯曲件的毛坯展开尺寸计算、弯曲力的计算和弯曲件的工序安排等。

（3）拉深　拉深是使平面板料成形为中空形状零件的冲压工序。

1）拉深变形过程与质量控制。拉深变形过程如图 4-27 所示。原始直径为

D 的坯料，经过凸模压入凹模孔口中，拉深后变成内径为 d、高度为 h 的筒形件。

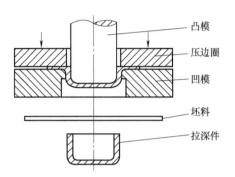

图 4-27　拉深变形过程

拉深过程中的主要缺陷是起皱和拉裂，如图 4-27 所示，生产中常采用加压边圈的方法防止起皱。拉裂一般出现在直壁与底部的过渡圆角处，当拉应力超过材料的抗拉强度时，此处将被拉裂。为防止拉裂，应采取如下工艺措施：

① 拉深系数。拉深系数是衡量拉深变形程度大小的主要工艺参数，它用拉深件直径 d 与毛坯直径 D 的比值 m 表示，即 $m = d/D$。拉深系数越小，表明变形程度越大，拉深应力越大，容易产生拉裂废品。能保证拉深正常进行的最小拉深系数，称为极限拉深系数。

② 凸凹模工作部分必须加工成圆角。一般凸模圆角半径为 $R_凸 = (0.7 \sim 1)t$，凹模圆角半径为 $R_凹 = (5 \sim 10)t$（t 是板料厚度）。

③ 合理的凸凹模间隙。间隙过小，容易拉裂；间隙过大，容易起皱。一般情况下，凸凹模之间的单边间隙 $c = (1.0 \sim 1.2)t$（t 是板料厚度）。

④ 减小拉深时的阻力。例如，压边力要合理，不应过大；凸凹模工作表面要有较小的表面粗糙度值；在凹模表面涂润滑剂来减小摩擦。

2）拉深件毛坯尺寸计算。筒形拉深件毛坯尺寸计算，应根据面积不变和相似原则确定。为了补偿在变形时材料的各向异性引起的变形不均匀，在计算毛坯时应加上修边余量 δ，如图 4-28 所示。筒形拉深件的毛坯形状为圆形，其直径 D 可按下式计算

$$D = \sqrt{d^2 + 4dh - 1.72dr - 0.57r^2}$$

式中，D 是毛坯直径（mm）；d 是工件直径（mm）；h 是工件高度（mm）；r 是工件底部圆角半径（mm）。

当板厚 $t \geqslant 1\text{mm}$ 时，工件直径 d 应按拉深件的中线尺寸计算，修边前的工件

高度 H 应包括修边余量 δ。

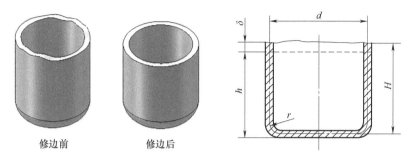

修边前　　　　修边后

图 4-28　修边余量的确定

2. 冲压件结构工艺要求

（1）冲裁件的工艺性要求

1）冲孔时，孔径不宜过小。其最小孔径与孔的形状、材料的力学性能、材料的厚度等有关。其合理数值可参考表 4-11。

表 4-11　孔径与形状、材料和厚度的关系

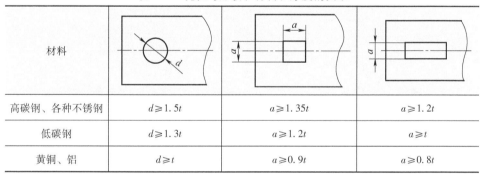

材料			
高碳钢、各种不锈钢	$d \geqslant 1.5t$	$a \geqslant 1.35t$	$a \geqslant 1.2t$
低碳钢	$d \geqslant 1.3t$	$a \geqslant 1.2t$	$a \geqslant t$
黄铜、铝	$d \geqslant t$	$a \geqslant 0.9t$	$a \geqslant 0.8t$

注：t 是板料厚度。

2）冲孔边缘与零件外形的最小距离随零件与孔的形状不同要有一定的限制，如图 4-29 所示。当冲孔边缘与零件外形边缘不平行时，该最小距离应不小于材料厚度，即 $a \geqslant t$；当冲孔边缘与零件外形边缘平行时，应取 $b \geqslant 1.5t$。

3）用模具冲裁的零件，其外形或内孔应避免锐角，做成适当的圆角，可延长模具使用寿命，不易产生裂纹。一般可取 $R \geqslant 0.5t$（t 是坯料厚度），如图 4-30 所示。

（2）数控折弯件的工艺性要求

1）在折弯有撕裂的地方需要留撕裂槽。撕裂槽的宽度一般不小于 $1.5t$。撕裂槽的长度和宽度与壁厚的关系如图 4-31b、c 所示，或者是折弯线让开阶梯线，如图 4-31a 所示。

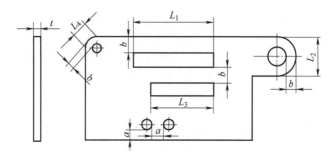

图 4-29　冲孔边缘与零件外形最小距离

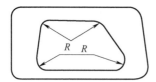 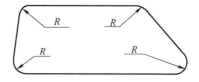

图 4-30　外形或内孔应避免锐角

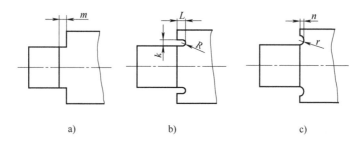

a)　　　　　　　　　b)　　　　　　　　　c)

图 4-31　撕裂槽的长度和宽度与壁厚的关系

a) $m \geqslant 2t$　b) $k \geqslant 1.5t$，$L \geqslant t+R$　c) $r \geqslant 2t$，$n=r$

2）折弯件的直边高度不宜过小，否则不易形成足够的弯矩，很难得到形状准确的零件。其弯曲值 $h \geqslant R+2t$，且 $h \geqslant 3\text{mm}$ 方可，如图 4-32 所示。

3）当折弯边带有斜角时（见图 4-33），斜边的最小高度为 $h=2\text{mm}$ 且 $h \geqslant R+2t$（R 为折弯内角半径）。

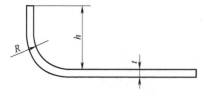 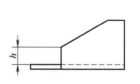

图 4-32　折弯件的直边最小高度　　　　　　　图 4-33　折弯斜边高度

4) 折弯件的孔边距离（见图 4-34）。对于先冲孔后折弯的零件，为了避免折弯时孔变形，从孔边到弯曲半径 r 中心的距离为：当 $t<2mm$ 时，$L \geqslant t$；当 $t \geqslant 2mm$ 时，$L \geqslant 2t$。

5) 对于先折弯再冲孔的零件（主要针对用冲模冲压的零件），其孔边与工件直壁之间应保持一定的距离，距离太小，冲孔时会使凸模受水平推力而折断：从孔边到弯曲半径 R 中心的距离为 $L \geqslant 0.5T$，如图 4-35 所示。

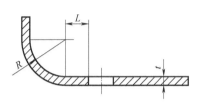

图 4-34　折弯件的孔边距离

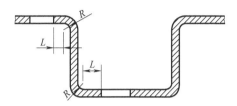

图 4-35　孔边离折弯直壁距离

6) 压死边尺寸要求。压死边的长度与材料的厚度有关，如图 4-36 所示。一般情况下，压死边的最小长度 $L \geqslant R+3.5t$（t 是材料壁厚，R 是压死边前道工序的最小内折弯半径，一般为 0.6mm）。

图 4-36　压死边的尺寸要求

7) 板件折弯时，若弯曲处的圆角过小，则外表面容易产生裂纹，铝板尤其明显；若弯曲圆角过大，因受到回弹的影响，弯曲件的精度不易保证。折弯内圆角与材料厚度和材质有一定的关系，且受折弯刀具规格的限制，一般碳素钢推荐选用折弯内半径 $R=0.6mm$，结构没有特殊要求时，图样上不需要标注具体的尺寸，由工厂选择合适的折弯刀具。

8) 折弯件不得对多个折弯边（如图 4-37 的 L_1、L_2、L_3）同时要求较严的尺寸公差。

（3）模具弯曲件的工艺性要求

1) 弯曲件的直边高度太小时，会影响弯曲件成形后的角度精度，要求 $h \geqslant R+2t$。

2) 在 U 形弯曲件上，两弯曲边最好等长，以免弯曲时产生向一边移位。若不允许，可设一工艺定位孔，如图 4-38 所示。

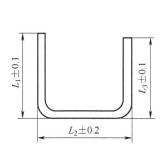

图 4-37　多个折弯尺寸要求不应过严

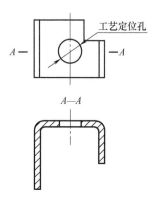

图 4-38　工艺定位孔

3）为了防止零件弯曲后直角的两侧平面产生褶皱，应设计预留切口，如图 4-39 所示。

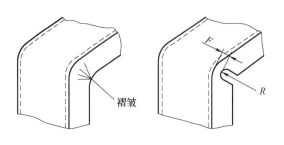

R	F
3	1.6
6	3
10	4.6
20	8
30	11
40	13
50	15

图 4-39　预留切口

4）为了防止零件弯曲后折弯边回弹，建议在对接处设计切口，如图 4-40 所示。

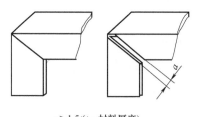

$a \geqslant 1.5t(t—材料厚度)$

图 4-40　对接处设计切口

5）为了防止冲孔后再弯曲的零件在孔边产生裂纹，建议增加切口，如图 4-41 所示。

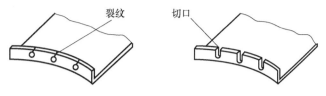

图 4-41　增加切口

6）防止弯曲时一边向内产生收缩，可设计工艺定位孔，或者两边同时折弯，还可用增加幅宽的办法来解决收缩问题，如图 4-42 所示。

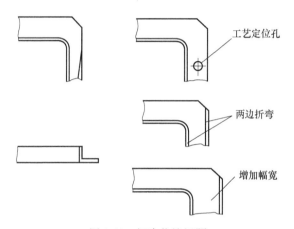

工艺定位孔

两边折弯

增加幅宽

图 4-42　解决收缩问题

7）对弯曲的零件，在弯曲区压制加强筋，如图 4-43 所示。不仅可以提高工件的刚度，也有利于抑制回弹。弯曲区加强筋的结构尺寸见表 4-12。

表 4-12　弯曲区加强筋的结构尺寸　　　　　（单位：mm）

L	筋的类型	R_1	R_2	R_3	h	M	筋的间隔
13	Ⅰ	6	9	5	3	18	64
19	Ⅰ	8	16	7	5	29	76
32	Ⅱ	9	22	8	7	38	89

（4）拉深件的工艺性要求

1）拉深件的形状应尽量简单、对称。

① 拉深件各部分的尺寸比例要恰当，尽量避免设计宽凸缘和深度大的拉深件（$D>3d$，$h \geqslant 2d$），因为这类零件需较多的拉深次数。

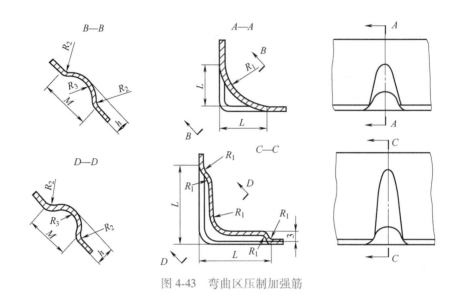

图 4-43　弯曲区压制加强筋

② 拉深件的圆角半径要合适，圆角半径尽量取大些，以利于成形和减少拉深次数。

③ 拉深件要留出合理的圆角半径，如图 4-44 所示。

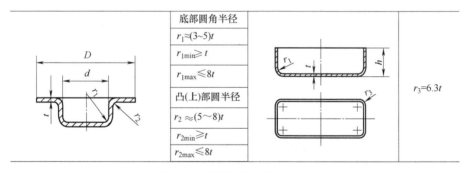

底部圆角半径
$r_1 \approx (3 \sim 5)t$
$r_{1min} \geq t$
$r_{1max} \leq 8t$
凸(上)部圆角半径
$r_2 \approx (5 \sim 8)t$
$r_{2min} \geq t$
$r_{2max} \leq 8t$

$r_3 = 6.3t$

图 4-44　拉深件合理圆角半径

2）拉深件冲孔的合适位置，如图 4-45 所示。

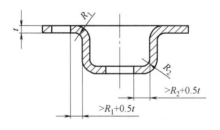

图 4-45　拉深件冲孔的合适位置

3）防止拉深时产生扭曲变形，A、B 宽度应相等（对称）即 $A=B$，如图 4-46 所示。

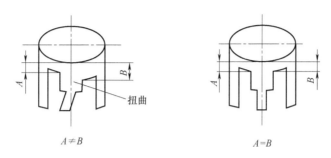

图 4-46　防止拉深时产生扭曲变形

4）定位凸台的高度不能太大，一般 $h \leqslant (0.25 \sim 0.35)t$，如图 4-47 所示。

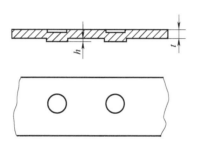

图 4-47　定位凸台的高度不能太大

5）对较长的钣金件，为了提高其强度，有时需要设计加强筋。加强筋的形状、尺寸及适宜间距见表 4-13。此类零件容易变形，因此平面度要求高的零件不推荐采用这种结构。

表 4-13　加强筋的形状、尺寸及适宜间距

半圆形筋	尺寸	h	B	r	R_1
	最小	$2t$	$7t$	t	$3t$
	一般	$3t$	$10t$	$2t$	$4t$

（续）

		尺寸	h	B	r	R_1
梯形筋		最小	$2t$	$20t$	t	$4t$
		一般	$3t$	$30t$	$2t$	$5t$
适宜间距		$L \geqslant 3B$，$K \geqslant (3\sim5)t$				

（5）攻螺纹和翻边的精度和工艺性

1）攻螺纹和翻边孔距的尺寸精度为底孔的尺寸公差附加±0.05mm。

2）翻边攻螺纹的预制底孔直径最好不要小于板厚，尤其对较硬的材料，如不锈钢；对于预制底孔直径小于板厚的情况，建议改用压铆螺母。

（6）冲压件的焊接　常用的焊接种类有点焊、激光焊、CO_2 焊和氩弧焊。点焊适合较薄的材料，焊点对外观影响较小；激光焊适合精密结构的焊接，成本高；CO_2 焊和氩弧焊适用范围较广，主要焊缝形式是连续角焊缝、间断角焊缝和对接焊缝，但氩弧焊的焊接变形较小，焊点外观较好，焊接速度慢，焊接成本稍高。各种焊接结构的工艺性要求推荐如下。

1）点焊（电阻焊）的结构设计要考虑合适的搭接宽度，见表4-14。点焊（电阻焊）应该考虑电极伸入方便，减少制造工装的麻烦。

表 4-14　点焊搭接宽度（推荐）　　　　　（单位：mm）

板件最小厚度	0.5	0.8	1.0	1.2	1.5	2.0	2.5	3.0
搭接宽度	8	9	10	11	12	14	16	18

2）采用 CO_2 焊时，要尽量减少焊缝的数量和缩短焊缝尺寸，尽可能选用间断焊而不选用连续焊，焊缝尽可能对称分布，避免焊缝交叉，以免引起零件变形。

3）角焊缝要使得接头处便于存放焊剂，减少打磨的工作量，如图4-48所示。

4）手工 CO_2 焊和氩弧焊要考虑焊条操作空间，如图 4-49 所示。

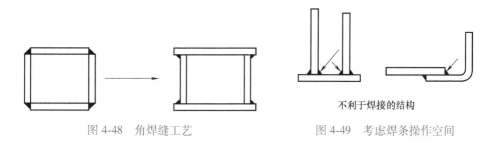

图 4-48　角焊缝工艺　　　　　　　　图 4-49　考虑焊条操作空间

5）有密封要求的组焊钣金件，板厚不能小于 0.8mm，否则容易焊穿，无法保证密封。

6）薄壁且有密封要求的零件建议采用激光焊。

7）常用的焊接定位结构如图 4-50 所示。

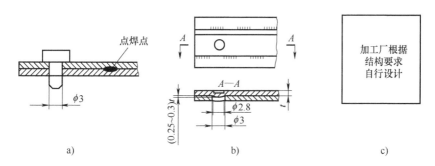

图 4-50　常用的焊接定位结构

a）销钉定位　b）定位凸台定位　c）焊接治具定位

4.2.4　压铸件成形及工艺规范

1. 术语

流痕：指压铸件表面与金属流动方向一致的，无发展趋势且与金属基体颜色明显不一样的微凸或微凹的条纹状缺陷。

冷隔：指在铸件上穿透或不穿透的边缘呈圆角状的缝隙。

铬化：指铸件与铬酸溶液发生化学反应，在铸件表面形成一层薄的铬酸盐膜。

欠铸：指铸件成形不饱满。

网状毛刺：压铸件表面上有网状发丝一样凸起或凹陷的痕迹。

溢流口：指为补偿金属液冷却凝固时收缩所设置的穴。

2. 压铸件设计及工艺

（1）选材　铝合金压铸件的常用材料有：日本工业标准代号，ADC1、ADC3、ADC10 和 ADC12；美国工业标准代号，A360.0 和 A380.0；我国标准合金代号，YL102、YL104、YL112 和 YL113。部分材料的化学成分和力学性能见表 4-15。

表 4-15　部分材料的化学成分和力学性能

合金代号	化学成分（质量分数,%）					抗拉强度/MPa	断后伸长率（%）	硬度 HBW
	Si	Cu	Mg	Fe	Al			
YL112（ADC10、A380.0）	7.5~9.5	3.0~4.0	<0.10	<1.3	余量	320	3.5	85
YL113（ADC12、383.0）	9.5~11.5	2.0~3.0	<0.10	<1.3	余量	230	1.0	80

（2）壁厚　壁厚设计以均匀为佳，不均匀的壁厚易产生缩孔和裂纹，易引起零件变形，同时会影响模具的使用寿命。壁厚很小的铸件内部易产生缩孔，影响材料的力学性能，对大型铝合金压铸件，其壁厚不宜超过 6mm，因壁厚增加，其材料的力学性能将明显下降，因此推荐铝合金压铸件的最小壁厚和正常壁厚见表 4-16。对外侧边缘壁厚，为保证良好的压铸成形，壁厚 $s \geqslant 1/4h$，且 $s \geqslant 1.5$mm，s 是边缘壁厚，h 是边缘壁的高度，如图 4-51 所示。

表 4-16　推荐铝合金压铸件的最小壁厚和正常壁厚

壁的单面面积（$a \times b$）/cm^2（见图 4-51）	≤25	>25~100	>100~500	>500
最小壁厚/mm	0.8	1.2	1.8	2.5
正常壁厚/mm	2.0	2.5	3.0	4.0

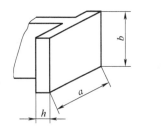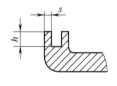

图 4-51　壁厚

（3）加强筋　设计加强筋的目的是增加零件的强度和刚度，避免因单纯依靠加大壁厚而引起的气孔、裂纹和收缩缺陷，同时能使金属流路顺畅，改善压铸的工艺性。筋高以不超过 15 倍壁厚，最大筋宽以不超过 1.5 倍壁厚为宜。对筋高≤30mm 的，起模斜度不小于 3°；对筋高>30mm 的，起模斜度不小于 2°（通常为节省成本，减轻重量，起模斜度通常都很小，一般为 1°；筋高>30mm 的起模斜度为 2°，对于生产批量不大的产品应该也不会有很大问题），特殊情况下加强筋端面的起模斜度可设为 0.5°。

（4）圆角　圆角设计可使金属液流动通畅，气体易排出，有利于铸件成形，并能避免因锐角致使零件和模具产生裂纹，有利于延长模具寿命，因此对过渡处应避免锐角设计，圆角半径以取最大为原则。

对相等壁厚，$1/2h \leqslant r \leqslant h$；对不等壁厚，$1/4(h_1+h_2) \leqslant r \leqslant 1/2(h_1+h_2)$。其中，$r$ 是内圆角半径，h、h_1 和 h_2 是壁厚。

（5）起模斜度　起模斜度的大小与零件的结构、高度、壁厚及表面粗糙度有关，在允许的范围内，应尽可能取大值，有利于起模。内侧壁的起模斜度见表 4-17，外侧壁的起模斜度取表 4-17 中值的一半。

表 4-17　内侧壁的起模斜度

起模高度	≤3	>3~6	>6~10	>10~18	>18~30	>30~50	>50~80	>80~120	>120~180	>180~250
圆形	4°	3°30′	2°30′	2°	1°45′	1°15′	1°	0°45′	0°30′	0°30′
非圆形	5°30′	4°	3°30′	2°30′	1°45′	1°30′	1°15′	1°	0°45′	0°30′

（6）相邻距离　尽量避免窄且深的凹穴设计，以免对应模具处出现窄而高的凸台，因受冲击易弯曲、断裂。如图 4-52 所示，当 a 过小时，易使模具在此处开裂，为使模具在此处有足够的强度，a 值应不小于 5mm。

（7）铸孔　铝合金可铸最小孔径为 2.5mm。可铸孔径大小与深度有关，对盲孔，孔深为孔径的 3~4 倍；对通孔，孔深为孔径的 6~8 倍。对孔径精度或孔距精度要求较高

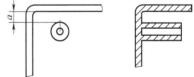

图 4-52　相邻距离

的，一般不直接铸孔，可采用后续机械加工处理，但对壁厚较大的孔，为避免机械加工后表面出现砂眼，一般先铸出底孔，然后用机械加工去除加工余量。

（8）文字和图案　文字大小不小于 5 号字体，凸起高度为 0.3~0.5mm，线宽推荐 0.8mm，起模斜度为 10°~15°。如果外壳表面采用喷粉处理，其外侧面的文字及图案的凸起高度采用 0.5mm，如果凸起高度<0.5mm，喷粉后其字形及图案就会模糊不清。

（9）表面质量　铝合金压铸件的表面粗糙度为 $Ra6.3~3.2\mu m$。

3. 公差

铝合金压铸件的尺寸公差应按 GB/T 6414 的规定执行，铝合金压铸件公差一般取 CT5~CT7。对分型面及活动部位，尺寸公差需低一级，对有严格精度要求的可做到 CT4，对超出要求的可双方协商采用后加工来保证。

压铸件的变形对几何公差和尺寸公差都有一定的影响。变形因素与模具的顶出机构、零件的结构、壁厚不均等有关，变形量见表 4-18。对有特别要求的，须采用后加工来保证。

表 4-18　变形量　　　　　　　　（单位：mm）

名义尺寸（长或宽）	≤25	>25~63	>63~100	>100~160	>160~250	>250~400	>400
整形前	0.2	0.3	0.45	0.7	1.0	1.5	2.2
整形后	0.1	0.15	0.20	0.25	0.3	0.4	0.5

4. 压铸件的后处理

压铸件的一般加工流程：压铸成形→去浇口、溢流口→去飞边抛光→机械加工→清洗→表面处理。

（1）机械加工　模具因受高温冲击，表面比较容易冲蚀，考虑模具寿命，模具上尽量避免使用行位、细长镶针等结构，在允许的情况下可不直接铸出，采用后续 CNC 或普通机床加工而成。同时，因铸件的尺寸精度都比较低，对精度要求高的，也采用 CNC 加工而成，其精度按机械加工精度等级要求。

结构设计时需考虑机械加工定位面，以便能方便装夹，对于有装配要求的接合面，一定需要机械加工来保证其表面粗糙度及尺寸精度。

（2）表面处理

1）喷砂和喷丸。对压铸件表面有外观要求时，可用喷砂处理，能掩盖表面压铸缺陷，一般表面喷砂后再喷油，能形成比较美观的砂纹外观；喷丸除有喷砂功能，同时还能提高铸件的强度。

2）表面氧化。铝合金氧化主要作用是提高其防腐能力，因铝合金中含有比较多的硅，阳极氧化只能为灰色，不能氧化成黑色。对防腐能力要求高的，一般表面先进行铬化处理，再进行涂装处理。表面铬化有无色和黄色铬化两种，主要是在表面形成薄的铬化层，无色铬化层可耐 24h 常规盐雾测试，黄色铬化层可耐 48h 常规盐雾测试。

3）表面电镀或化学镀。铝合金压铸件一般采用镀铬或镀镍，主要用于外观装饰。电镀和化学镀的主要缺陷体现为表面有针孔、气泡、镀层局部脱落、划伤等。电镀对铸件要求很高，铸件必须具有良好的压铸成形性能，表面粗糙度

要达到 $Ra1.6\mu m$，因此结构设计时必须考虑壁厚，壁厚要均匀且不宜太厚，一般不超过 4mm，尽量采用大的圆角过渡，同时对模具要求浇道、溢流口、排气设计必须合理。电镀或化学镀的正常合格率为 80%，如压铸成形较差，合格率可能会低于 50%，这种工艺使用较少，只用于各种堵头及压紧螺母的锌合金铸件。

4）表面喷涂。表面喷涂一般为喷油和喷粉，主要用于外观装饰或防腐蚀，涂层厚度一般为 $60\sim120\mu m$，纹路分光面和砂纹面（撒点）。涂层主要性能检测指标为涂层厚度测试、附着力测试及盐雾测试。

4.3 有机高分子材料及成型工艺

有机高分子材料也称为聚合物材料，是以有机高分子化合物（树脂）为基体，再配以其他添加剂（助剂）所构成的材料。有机高分子材料可分为天然高分子材料、合成高分子材料及高分子复合材料等。天然高分子材料通常指纤维素、棉花、淀粉、蚕丝、皮毛等，合成高分子材料则包括塑料、橡胶、化纤、涂料和黏合剂五大类，通常所说的有机高分子材料指的是合成高分子材料。

有机高分子材料与工业产品设计有着密切关系，材料选用得当可以获得高性价比的产品，取得事半功倍的效果。有机高分子材料具有一些特有的加工性能，如良好的高弹性、耐磨性、化学稳定性等，这些加工性能为有机高分了材料提供了适用多种加工技术的可能性，也是有机高分子材料能够得到广泛应用的重要原因。

塑料、橡胶、化纤是三大合成有机高分子材料。目前，从原料树脂制成种类繁多、用途各异的最终产品，已形成规模庞大、先进的加工工业体系，而且三大合成材料各具特点，又形成各自的加工体系。下面对塑料和橡胶的成型工艺做一简要介绍。

4.3.1 塑料及其成型工艺

1. 常用塑料特性及用途

（1）塑料的特性 塑料之所以发展迅速、应用广泛，是因为相比其他材料而言，它具有以下特性：

1）易成型、成本低。与传统材料相比，塑料可塑性大，加工工艺性好，极易成型。在产品设计中，无论其设计的形态多么复杂，利用注塑都可以一次成型，效率极高。

塑料制品不受其形态和线型的限制，基本上都可以在注射机上实现一次性成型，且批量生产的数量越大，单件成本越低。另外，在成型过程中，通过对工艺过程中废料的回收利用，几乎可实现100%的利用率，因而降低了加工成型的成本。

2）有一定的强度、质量小。玻璃纤维增强塑料的拉伸强度可达到170～400MPa，广泛用于汽车外壳、船体甚至航天飞机；塑料的密度比天然材料低得多（除某些木材，如轻木），只有铝材的一半左右，仅是钢材的1/8～1/4，这也是塑料被大量应用的驱动力之一。

3）耐蚀性、稳定性好。塑料具有抗酸碱腐蚀的能力，保护其他材料用的大多数漆料主要是由塑料（树脂）制成的。其中，聚四氟乙烯塑料的抗化学腐蚀能力甚至比铂还好，因此在有酸碱的工作环境中，应尽量选择塑料制品。

4）透明性好、着色性强。多数塑料具有透明或半透明性质，富有光泽，其中聚苯乙烯和丙烯酸酯类塑料像玻璃一样透明。

绝大多数塑料制品和成型工艺在很大范围内都可实现产品的整体着色性。工程塑料还可以注射出各种形式的纹理，这样不仅可以降低基本的生产成本，而且可以使制品表面呈现各种各样的颜色，或者可仿制出其他材料的质地美，从而提高产品的美观性。

5）绝缘性强、耐磨性高。绝大多数塑料都具有优异的电绝缘性，其性能可与陶瓷媲美，因此电器类产品中的绝缘层（如插座、插头、电线等）及电器壳等都由塑料制成。

大多数塑料均具有良好的减摩、耐磨和自润滑特性，产品中的许多耐磨零件就是利用工程塑料的这些特性制作而成。

6）减振消声、透光保温。某些塑料柔韧而富有弹性，受到外部的机械冲击和振动时，可通过形变吸收转化，不仅延长了产品的整体寿命，而且还可保护产品在运输中遭遇意外碰撞时免受损坏。用工程塑料制作轴承和齿轮可减小噪声，提高加工精度。

许多塑料，如聚氯乙烯、聚乙烯和聚丙烯等具有良好的透光和保温性能，大量用于农用薄膜。塑料还具有多种防护性能，常用于防护包装用品。有机玻璃塑料因韧性和透光性好，被应用于飞机的舷窗上。

（2）塑料的缺陷　塑料与金属材料及其他工业材料相比存在以下缺陷：

1）耐热性差。塑料的耐热性较差，一般塑料仅能在100℃以下使用，少数可在200℃左右使用，在300℃左右就开始变形。有些塑料在燃烧时还会释放出有毒气体，对环境的污染很大，从而使塑料的应用受到很大限制。

2）易变形。塑料的热胀系数大，温度变化时尺寸的稳定性差，成型收缩较大，即使在常温负荷下也容易变形；在载荷作用下，塑料会产生蠕变现象；有些塑料易溶于溶剂，因而会发生尺寸变化。

3）有老化现象。塑料在大气、光、热、辐射、溶剂和微生物等长期的压力或侵蚀下会发生老化，导致塑料的色泽改变、化学结构遭到破坏、力学性能下降、变得脆硬或黏软等，严重影响了塑料的使用。

（3）塑料的类别及其特性　塑料是以合成树脂为主要原料，适量加入填充剂、增塑剂、润滑剂、稳定剂、固化剂、阻燃剂、着色剂等添加剂，在一定温度和压力下塑制成型的一种高分子材料。塑料的品种繁多，性质和用途也各不相同，一般按照热行为和应用对其进行分类。

按照塑料的热行为可将其分为两种：

1）热塑性塑料，指在特定温度范围内能反复加热软化和冷却硬化，其性能也不发生显著改变的塑料。其特点是：具有可塑性，加工成型简便灵活，力学性能较好，但耐热性差、刚度小。常见的热塑性塑料有聚乙烯、聚丙烯、聚氯乙烯、ABS、聚酰胺等。

2）热固性塑料，指在受热或其他条件（如固化剂、紫外线等）下能固化的塑料。其特点是：固化后不再具有可塑性，刚度大，硬度高，尺寸稳定，具有较好的耐热性。常见的热固性塑料有酚醛树脂、环氧树脂、氨基树脂、有机硅塑料等。

按照塑料的应用可将其分为四种：

1）通用塑料，指产量大、用途广、成型性好、价格低廉的塑料。常见的通用塑料有聚乙烯、聚氯乙烯、聚苯乙烯、酚醛树脂和氨基树脂等。

2）工程塑料，指能承受一定的外力作用，并具有良好的力学性能和尺寸稳定性，可用作工程材料或结构材料的塑料。其特点是：密度小、比强度高、稳定性高、电绝缘性好、耐磨、具有自润滑性、耐热和力学性能优良。常见的工程塑料有聚酰胺、聚碳酸酯、ABS、聚甲醛、聚苯醚等。

3）特种塑料，又称为功能塑料，指具有特种功能，能满足特殊使用要求（如航空、航天、医疗等特殊领域）的塑料，其特点是耐高温、具有自润滑性、强度高和缓冲性好。常见的特种塑料有氟塑料、医用塑料、导电塑料等。

4）增强塑料，由树脂和增强材料（如玻璃纤维、碳纤维、石棉纤维等）相结合而成，用来提高塑料机械强度的复合材料。其特点是：质地轻、坚硬和耐蚀，可用作电绝缘材料、装饰材料，也可用于制造机器零件和汽车、船只、游乐设施的外壳。常见的增强塑料有玻璃钢、碳纤维增强塑料、石棉纤维增强塑料、硼纤维增强塑料等。

（4）常用塑料性能及应用

1）丙烯腈/丁二烯/苯乙烯（acrylonitrile/butadiene/styrene，ABS）。

① 理化特性：ABS 是由丙烯腈、丁二烯和苯乙烯三种化学单体合成的，每种单体都具有不同特性：丙烯腈有高强度、热稳定性及化学稳定性；丁二烯具有坚韧性、抗冲击特性；苯乙烯具有易加工、高光洁度及高强度。从形态上看，ABS 是非结晶性材料，三种单体的聚合产生了具有两相的三元共聚物，一个是苯乙烯-丙烯腈的连续相，另一个是聚丁二烯橡胶分散相。ABS 的特性主要取决于三种单体的比率及两相中的分子结构，这就使产品设计具有很大的灵活性，并且由此产生了市场上百种不同品质的 ABS 材料。这些不同品质的材料提供了不同的特性，如从中等到高等的抗冲击性，从低到高的光洁度和高温扭曲特性等。ABS 材料具有超强的易加工性、外观特性、低蠕变性和优异的尺寸稳定性及很高的抗冲击强度。

② 典型应用：汽车（如仪表板、工具舱门、车轮盖、反光镜盒等）、电冰箱、大强度工具（如头发烘干机、搅拌器、食品加工机、割草机等）、电话机壳体、计算机键盘、娱乐用车辆（如高尔夫球手推车、喷气式雪橇车等）。

2）聚苯乙烯（polystyrene，PS）。

① 理化特性：大多数商业用的 PS 都是透明的非晶体材料。PS 具有非常好的几何稳定性、热稳定性、光学透过特性、电绝缘特性及很微小的吸湿倾向。它能够抵抗水、稀释的无机酸，但能够被强氧化酸，如浓硫酸所腐蚀，并且能够在一些有机溶剂中膨胀变形。典型的收缩率为 0.4%~0.7%。

② 典型应用：产品包装、家庭用品（如餐具、托盘等）、电气产品（透明容器、光源散射器、绝缘薄膜等）。

3）聚丙烯（polypropylene，PP）。

① 理化特性：PP 是一种半结晶性材料，它比 PE 更坚硬，并且有更高的熔点。由于均聚物型的 PP 温度高于 0℃以上时非常脆，因此许多商用的 PP 材料是加入质量分数为 1%~4%乙烯的无规则共聚物或更高含量乙烯的嵌段式共聚物。共聚物型的 PP 材料有较低的热扭曲温度（100℃）、低透明度、低光泽度、低刚度，但有更强的冲击强度，PP 的强度随着乙烯含量的增加而增大。PP 的维卡软化温度为 150℃。由于结晶度较高，这种材料的表面刚度和抗划痕特性很好。PP 不存在环境应力开裂问题。通常，采用加入玻璃纤维、金属添加剂或热塑橡胶的方法对 PP 进行改性。PP 的熔体流动速率（MFR）为 1~40g/10min。低 MFR 的 PP 材料的抗冲击特性较好，但延展强度较低。对于相同 MFR 的材

料，共聚物型的强度比均聚物型的要高。由于结晶，PP 的收缩率相当高，一般为 1.8%～2.5%，并且收缩率的方向均匀性比 HDPE 等材料要好得多。加入质量分数为 30% 的玻璃添加剂，可以使收缩率降到 0.7%。均聚物型和共聚物型的 PP 材料都具有优良的抗吸湿性、抗酸碱腐蚀性、抗溶解性。然而，它对芳香烃（如苯）溶剂、氯化烃（如四氯化碳）溶剂等没有抵抗力。PP 也不像 PE 那样在高温下仍具有抗氧化性。

② 典型应用：汽车行业（主要使用含金属添加剂的 PP 制造挡泥板、通风管、风扇等）、家用电器（如洗碗机门衬垫、干燥机通风管、洗衣机框架及机盖、冰箱门衬垫等）、日用消费品（如草坪和园艺设备，如剪草机和喷水器等）。

4）聚乙烯（polyethylene，PE）。

① 高密度聚乙烯（HDPE）理化特性：HDPE 的高结晶度导致了它的高密度、高拉伸强度、高的热扭曲温度及化学稳定性。HDPE 比 LDPE 有更强的抗渗透性，HDPE 的冲击强度较低。HDPE 的特性主要由密度和相对分子质量分布所决定，适用于注塑模的 HDPE 相对分子质量分布很窄。对于密度为 $0.91\sim0.925g/cm^3$ 的，称之为第一类型 HDPE；对于密度为 $0.926\sim0.94g/cm^3$ 的，称之为第二类型 HDPE；对于密度为 $0.94\sim0.965g/cm^3$ 的，称之为第三类型 HDPE。该材料的流动特性很好，MFR 为 0.1～28g/10min。相对分子质量越大，LDPE 的流动特性越差，但有更好的冲击强度。LDPE 是半结晶材料，成型后收缩率较高，为 1.5%～4%。HDPE 很容易发生环境应力开裂现象，可以通过使用很低流动特性的材料以减小内部应力，从而减轻开裂现象。当温度高于 60℃ 时，HDPE 很容易在烃类溶剂中溶解，但其抗溶解性比 LDPE 还要好一些。

② 典型应用：电冰箱容器、存储容器、家用厨具、密封盖等。

③ LDPE 理化特性：商用 LDPE 材料的密度为 $0.91\sim0.94g/cm^3$，对气体和水蒸气具有渗透性。

LDPE 的热膨胀系数很高，不适于加工长期使用的制品。如果 LDPE 的密度为 $0.91\sim0.925g/cm^3$，那么其收缩率为 2%～5%；如果密度为 $0.926\sim0.94g/cm^3$，那么其收缩率为 1.5%～4%。其实际的收缩率还取决于注塑工艺参数。LDPE 在室温下可以抵抗多种溶剂，但芳香烃和氯化烃溶剂可使其膨胀。同 HDPE 类似，LDPE 容易发生环境应力开裂现象。

④ 典型应用：碗、箱柜、管道连接器。

5）聚酰胺（polyamide，PA）（俗称尼龙）。

① PA6 理化特性：PA6 又称尼龙 6，其化学物理特性和 PA66 很相似，但它的熔点较低，而且工艺温度范围很宽。

它的抗冲击性和抗溶解性比 PA66 要好，但吸湿性也更强。因为塑料件的许多品质特性都要受到吸湿性的影响，因此使用 PA6 设计产品时要充分考虑这一点。为了提高 PA6 的机械特性，经常加入各种各样的改性剂，玻璃就是最常见的添加剂，有时为了提高抗冲击性，还加入合成橡胶，如三元乙丙橡胶（EPDM）和丁苯橡胶（SBR）等。对于没有添加剂的产品，PA6 的收缩率为 1%～1.5%；加入玻璃纤维添加剂，可以使收缩率降低到 0.3%（但和流程相垂直的方向还要稍高一些）。成型组装的收缩率主要受材料结晶度和吸湿性的影响，实际的收缩率还和塑料件设计、壁厚及其他工艺参数有关。

② 典型应用：由于有很好的机械强度和刚度，被广泛用于制造结构部件；由于有很好的耐磨损特性，还用于制造轴承。

③ PA12 理化特性：PA12 又称尼龙 12，其聚合的基本原料是丁二烯，是半结晶-结晶热塑性材料。它的特性和 PA11 相似，但晶体结构不同。PA12 是很好的绝缘体，并且和其他聚酰胺一样不会因潮湿影响绝缘性能。它有很好的抗冲击性及化学稳定性。PA12 有许多在塑化特性和增强特性方面的改良品种。和 PA6 及 PA66 相比，这些材料有较低的熔点和密度，具有非常高的回潮率。PA12 对强氧化性酸无抵抗能力。PA12 的黏性主要取决于湿度、温度和储藏时间。它的流动性很好。收缩率为 0.5%～2%，这主要取决于材料品种、壁厚及其他工艺条件。

④ 典型应用：电缆套、机械凸轮、滑动机构及轴承等。

⑤ PA66 理化特性：PA66 又称尼龙 66，在聚酰胺材料中有较高的熔点。它是一种半晶体-晶体材料。PA66 在较高温度也能保持较高的强度和刚度。PA66 在成型后仍然具有吸湿性，其程度主要取决于材料的组成、壁厚及环境条件。在产品设计时，一定要考虑吸湿性对几何稳定性的影响。为了提高 PA66 的机械特性，经常加入各种各样的改性剂，玻璃就是最常见的添加剂，有时为了提高抗冲击性，还加入合成橡胶，如 EPDM 和 SBR 等。PA66 的黏性较低，因此流动性很好（但不如 PA6），这个性质可以用来制造很薄的元件。它的黏度对温度变化很敏感。PA66 的收缩率为 1%～2%，加入玻璃纤维添加剂，可以将收缩率降低到 0.2%～1%。收缩率在流程方向和与流程方向相垂直的方向上的相差较大。PA66 对许多溶剂具有抗溶性，但对酸和其他一些氯化剂的抵抗力较弱。

⑥ 典型应用：同 PA6 相比，PA66 更广泛应用于汽车行业、仪器壳体，以及其他需要有抗冲击性和高强度要求的产品。

6）聚碳酸酯（polycarbonate，PC）。

① 理化特性：PC 是一种非晶体工程材料，具有特别好的冲击强度、热稳定性、光泽度、抑制细菌特性、阻燃特性及抗污染性。PC 的悬壁梁缺口冲击强度（Izod notched impact strength）非常高，并且收缩率很低，一般为 0.1%～0.2%。PC 有很好的机械特性，但流动特性较差，因此这种材料的注塑过程比较困难。在选用何种品质的 PC 材料时，要以产品的最终期望为基准。如果塑料件要求有较高的抗冲击性，那么就使用低熔体流动速率的 PC 材料；反之，可以使用高熔体流动速率的 PC 材料，这样可以优化注塑过程。

② 典型应用：电气设备（如计算机元件、连接器等）、器具（如食品加工机、电冰箱抽屉等）、交通运输行业（如车辆的前后灯、仪表板等）。

7）聚氯乙烯（polyvinyl chloride，PVC）。

① 理化特性：刚性 PVC 是使用最广泛的塑料材料之一。PVC 是一种非结晶性材料，在实际使用中经常加入稳定剂、润滑剂、辅助加工剂、色料、抗冲击剂及其他添加剂。PVC 具有不易燃、高强度、耐气候变化及优良的几何稳定性，对氧化剂、还原剂和强酸都有很强的抵抗力，但它能够被浓氧化酸，如浓硫酸、浓硝酸所腐蚀，并且也不适用与芳香烃、氯化烃接触的场合。在加工时 PVC 的熔化温度是一个非常重要的工艺参数，如果此参数选择不当，将导致材料分解。PVC 的流动特性相当差，其工艺范围很窄，特别是相对分子质量大的 PVC 材料更难于加工（这种材料通常要加入润滑剂以改善流动特性），因此通常使用的都是相对分子质量小的 PVC 材料。PVC 的收缩率相当低，一般为 0.2%～0.6%。

② 典型应用：供水管道、家用管道、房屋墙板、商用机器壳体、电子产品包装、医疗器械、食品包装等。

8）聚甲基丙烯酸甲酯（polymethyl methacrylate，PMMA）。

① 理化特性：PMMA 具有优良的光学特性及耐气候变化特性。白光的穿透性高达 92%。PMMA 制品具有很低的双折射，特别适合制作影碟等。PMMA 具有室温蠕变特性。随着负荷加大、时间增长，可导致应力开裂现象。PMMA 具有较好的抗冲击特性。

② 典型应用：汽车行业（如信号灯设备、仪表盘等）、医药行业（如储血容器等）、光学应用（如影碟、灯光散射器）、日用消费品（如饮料杯、文具等）。

9）聚甲醛（polyoxymethylene，POM）。

① 理化特性：POM 是一种坚韧有弹性的材料，即使在低温下仍有很好的抗蠕变特性、几何稳定性和抗冲击特性。POM 既有均聚物材料也有共聚物材料，

均聚物材料具有很好的延展强度、疲劳强度，但不易于加工；共聚物材料有很好的热稳定性、化学稳定性且易于加工。无论是均聚物材料还是共聚物材料，都是结晶性材料且不易吸收水分。POM 的高结晶程度导致它有相当高的收缩率，为 2%~3.5%。对于各种不同的增强型材料有不同的收缩率。

② 典型应用：POM 具有很低的摩擦因数和很好的几何稳定性，特别适于制造齿轮和轴承。由于它还具有耐高温特性，因此还用于制造管道器件（管道阀门、泵壳体）、草坪设备等。

10）聚对苯二甲酸丁二酯（polybutylene terephthalate，PBT）。

① 理化特性：PBT 是最坚韧的工程热塑性材料之一，它是半结晶材料，有非常好的化学稳定性、机械强度、电绝缘特性和热稳定性。PBT 的吸湿特性很弱。非增强型 PBT 的拉伸强度为 50MPa，玻璃添加剂型的 PBT 拉伸强度为 170MPa。玻璃添加剂过多将导致材料变脆。PBT 的结晶很迅速，这将导致因冷却不均而造成弯曲变形。对于有玻璃添加剂的材料，流程方向的收缩率可以减小，但与流程垂直方向的收缩率基本上和普通材料没有区别。一般材料的收缩率为 1.5%~2.8%，含 30%（质量分数）玻璃添加剂的材料收缩率为 0.3%~1.6%。熔点（225℃）和高温变形温度都比 PET 材料要低。维卡软化温度约为 170℃，玻璃化转变温度（glass transition temperature）为 22~43℃。由于 PBT 的结晶速度很快，因此它的黏性很低，塑料件加工的周期一般也较短。

② 典型应用：家用器具（如食品加工刀片、真空吸尘器元件、电风扇、头发干燥机壳体、咖啡器皿等）、电气元件（如开关、电动机壳、保险丝盒、计算机键盘按键等）、汽车行业（如散热器格窗、车身嵌板、车轮盖、门窗部件等）。

11）聚对苯二甲酸乙二酯（polyethylene terephthalate，PET）。

① 理化特性：PET 的玻璃化转变温度约为 165℃，材料结晶温度范围是 120~220℃。PET 在高温下有很强的吸湿性。对于玻璃纤维增强型的 PET 材料来说，在高温下还非常容易发生弯曲形变。可以通过添加结晶增强剂来提高材料的结晶程度。用 PET 加工的透明制品具有光泽度和热扭曲温度。可以向 PET 中添加云母等特殊添加剂使弯曲变形减到最小。如果使用较低的模具温度，那么使用非填充的 PET 材料也可获得透明制品。

② 典型应用：汽车行业（如反光镜盒、车头灯反光镜等）、电气元件（如电动机壳体、连接器、继电器、开关、微波炉内部器件等）、工业应用（如泵壳体、手工器械等）。

12）聚醚酰亚胺（polyetherimide，PEI）。

① 理化特性：PEI 具有很强的高温稳定性，即使是非增强型的 PEI，仍具有

很好的韧性和强度，因此可用来制造高温耐热器件。PEI 还有良好的阻燃性、抗化学反应及电绝缘特性，玻璃化转变温度很高，达 215℃。PEI 还具有很低的收缩率及良好的等方向机械特性。

② 典型应用：汽车行业（如发动机配件，如温度传感器、燃料和空气处理器等），电气及电子设备（如连接器、印制电路板、芯片外壳、防爆盒等），产品包装，飞机内部设备，医药行业（如外科器械、工具壳体、非植入器械等）。

13）聚苯醚（polyphenylene oxide，PPO）

① 理化特性：通常，商业上提供的 PPO 材料一般都混入了其他热塑性材料，如 PS、PA 等。这些混合材料一般仍称之为 PPO。混合型 PPO 比纯净材料有好得多的加工特性。特性的变化依赖于混合物，如 PPO 和 PA 或 PS 的比率，混入了 PA 66 的混合材料在高温下具有更强的化学稳定性，这种材料的吸湿性很小，其制品具有优良的几何稳定性。混入了 PS 的材料是非结晶性的，而混入了 PA 的材料是结晶性的。加入玻璃纤维添加剂可以使收缩率减小到 0.2%。这种材料还具有优良的电绝缘特性和很低的热膨胀系数。其黏性取决于材料中混合物的比率，PPO 的比率增大将导致黏性增加。

② 典型应用：家庭用品（如洗碗机、洗衣机等）、电气设备（如控制器壳体、光纤连接器等）。

14）苯乙烯/丁二烯（styrene/acrylonitrile，SA）

① 理化特性：SA 是一种坚硬、透明的材料。苯乙烯使 SA 坚硬、透明并易于加工；丙烯腈使 SA 具有化学稳定性和热稳定性。SA 具有很强的承受载荷的能力、抗化学反应能力、抗热变形特性和几何稳定性。SA 中加入玻璃纤维添加剂，可以提高强度和抗热变形能力，减小热膨胀系数。SA 的维卡软化温度约为 110℃，载荷下挠曲变形温度约为 100℃。

② 典型应用：电气设备（如插座、壳体等）、日用商品（如厨房器械、冰箱装置、电视机底座、卡带盒等）、汽车行业（如车头灯盒、反光镜、仪表盘等）等。

15）PC/ABS

① 理化特性：PC/ABS 具有 PC 和 ABS 两者的综合特性，如 ABS 的易加工特性及 PC 的优良机械特性和热稳定性。二者的比率将影响 PC/ABS 材料的热稳定性。PC/ABS 这种混合材料还显示出优异的流动特性。

② 典型应用：计算机和商业机器的壳体、电气设备、草坪和园艺机器、汽车零件（如仪表板、内部装饰及车轮盖等）。

16）PC/PBT

① 理化特性：PC/PBT 具有 PC 和 PBT 二者的综合特性，如 PC 的高韧性和

几何稳定性及 PBT 的化学稳定性、热稳定性和润滑特性等。

② 典型应用：齿轮箱、汽车保险杠，以及要求具有抗化学反应和耐蚀性、热稳定性、抗冲击性、几何稳定性的产品。

2. 塑料件的成型

塑料件的成型加工一般包括原料的配制和准备、成型及制品后加工等几个过程。在大多数情况下，成型是通过加热使塑料处于黏流态的条件下，经过流动、成型和冷却硬化，将塑料制成各种形状产品的方法。塑料制品成型的方法很多，包括注射成型、挤出成型、压制成型、吹塑成型、压注成型、发泡成型、铸塑成型、真空成型等。机械加工则是在成型后的制件上进行车、刨、铣、钻等工作，它是用来完成成型过程中所不能完成或完成得不够准确的工作。

（1）注射成型　注射成型是将粉粒状的塑料原料先在加热料筒中均匀塑化，然后由柱塞或移动螺杆将黏流态塑料用较高的压力和速度注入预先合模的模具中冷却硬化而成所需制品的成型方法。注射成型是一个循环过程，完成注射过程一般包括预塑阶段、注射阶段、冷却定型阶段，如图 4-53 所示。

1）预塑阶段。注射机的螺杆旋转，将加料斗中落下的塑料沿螺旋槽向前方输送，在注射料筒中加热。塑料在高温和剪切力的作用下均匀塑化达到黏流态或塑化态。已经塑化的塑料向螺杆前端聚集，当料筒前端的塑料聚集达到一定的压力时，使得螺杆边转动边后退；当料筒前端的塑料熔体逐渐增多达到一定量时，螺杆停止转动和后退，准备注射。与此同时，锁模机构后退开模，并利用注射机的顶出机构使塑料件脱模，取出前一次注射成型的塑料件，如图 4-53a 所示。

2）注射阶段。注射机合模机构将模具闭合后，注射料筒中经过加热达到良好塑化状态的塑料流体，由注射液压缸推动螺杆，经过注射头将熔融的塑料压入已经闭合的模具型腔中使之成型，如图 4-53b 所示。

3）冷却定型阶段。塑料充满型腔后，需要保压一定时间，使塑料件在型腔中得到冷却、硬化和定型，如图 4-53c 所示。压力撤销后，螺杆转动开始下一件的预塑，同时锁模机构后退开模，整个过程周期性重复进行。

注射成型是塑料件最重要的成型方法之一，适用于绝大多数热塑性塑料。近年来，随着技术的发展，也用于某些热固性塑料的成型。日常生活中常用的盆、桶、药盒等塑料制品，都采用注射成型的方法生产。

注射成型的优点：产品性能高，成型周期短；适应性强，生产率高，能一次成型外形复杂、尺寸精确及带嵌件的制品，而且可实现自动化或半自动化作

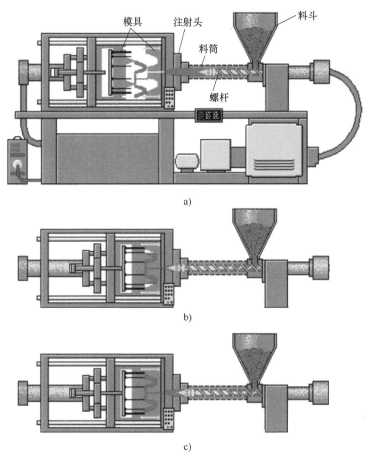

模具　注射头　料斗
料筒
螺杆

a)

b)

c)

图 4-53　注射过程

a）预塑阶段　b）注射阶段　c）冷却定型阶段

业；原材料损耗小，操作方便，成型的同时容易着色。缺点：要有专用设备
（如注射机、模具）、工艺复杂、周期长，因此小批量生产时经济性较差，一般
注射成型的最低批量为 5 万件左右。

（2）挤出成型　挤出成型又称挤压模塑或挤塑成型，是在挤出机中通过加
热、加压而使物料以流动状态连续通过挤出模成型的方法，主要适合热塑性塑
料的成型，也适合部分流动性较好的热固性塑料和增强塑料的成型。挤出成型
主要用于生产连续的型材制品，如管、棒、丝、板、薄膜、电线电缆等。图 4-54
所示为挤出成型原理。

挤出成型法的优点：生产率高；操作流程简单，容易控制，便于连续自动
化生产；设备成本低，占地面积小，生产环境整洁；产品质量稳定；可一机多

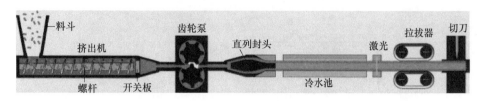

图 4-54   挤出成型原理

用，进行综合性生产。缺点是形状复杂的产品所用的挤出模具费用较高，成型有一定难度。

（3）压制成型   压制成型是热固性塑料的主要成型方法之一，又分为模压法和层压法两种。

1）模压法。将热固性树脂预热后置于开放的模腔中，然后闭模加热加压，直至材料硬化为止。模压法的特点是制品质地致密、尺寸精确、外表平整光洁，但成形效率较低，主要用来加工电器开关、插座、餐具、厨具等形状和结构比较简单的日用品。

2）层压法。将由玻璃纤维或其他纤维做出的薄片填料布用热固性液态树脂浸渍，然后将其叠成所需厚度，在高压和高温下使其固化而成。层压法的特点是制品强度高、表面平整光洁、生产率高、用途广，常用于加工增强塑料板材、管材、棒材和胶合板等。

（4）吹塑成型   又称中空成型，是将挤塑机挤出的熔融热塑性树脂坯料送入模具，然后向坯料内吹入空气，在空气压力的作用下，熔融的坯料膨胀与模具贴合，冷却后开模取出，形成定型产品的方法。该方法主要用于生产瓶状的中空薄壁产品，如包装容器、生活用塑料瓶、喷壶、农药罐、装纯净水的桶等。比较优良的中空吹塑材料有聚乙烯、聚氯乙烯、聚丙烯、聚苯乙烯、聚酰胺、聚碳酸酯、醋酸纤维素和聚缩醛树脂等，其中以聚乙烯应用得最多。图 4-55 所示为吹塑成型过程。

吹塑成型的特点是材料成本较低，设备、模具简单，可生产大型制品。缺点是不易保证制品厚度的均匀性，无法制造形状复杂的制品，但通过采取一定的辅助措施，也可以生产一些形状复杂的中空产品，如把手与桶体整体成型的产品，以及具有"合页"结构的双重壁面结构的箱体等。吹塑成型又可分为注射吹塑成型、挤出吹塑成型、拉伸吹塑成型和吹塑薄膜法等。

（5）压注成型   又称传递成型，是热固性塑料的主要成型方法之一。是将塑料颗粒装入模具的加料室内，在加热、受压下熔融的塑料通过模具加料室底部的浇注系统充满型腔，然后固化成型的方法。压注成型的特点是兼具压制成

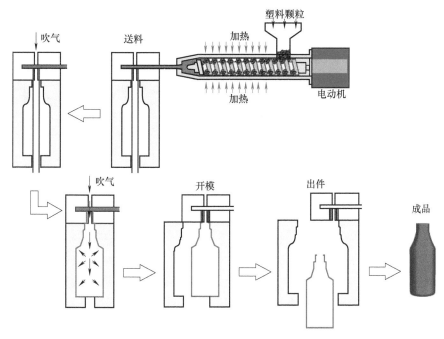

图 4-55 吹塑成型过程

型和注射成型的优点，制品尺寸精确，生产周期短，模具结构复杂，适于成型形状复杂和带嵌件的产品。常用的原料有酚醛塑料、氨基塑料、环氧塑料等。

（6）发泡成型 又称蒸汽成型，是先将塑料颗粒预发泡，经过一定时间的熟成后，将其装入铝合金制作的模具中，使用蒸汽加热而成型的方法。目前广泛应用的是聚乙烯、聚苯乙烯和聚氨酯等热固性树脂泡沫塑料，主要用于生产水杯、冰淇淋盒、周转箱、包装箱中的减振材料，家具用夹心材料及建筑用隔热材料等。

（7）铸塑成型 又称浇铸成型，是将加有固化剂和其他辅助剂的液态树脂混合物料倒入成型模具中，在常温或加热条件下使其固化成为具有一定形状制品的方法。铸塑成型的优点是工艺简单，成本低，制品尺寸不受限制，可生产形状简单、尺寸精度不高的大型产品，适用于流动性大同时又具有收缩性的塑料，如有机玻璃、聚酰胺、酚醛树脂、环氧树脂等。缺点是成型周期长，制品尺寸的精确性较差等。

（8）真空成型 将热塑性塑料片置于模具中压紧，借助加热器将塑料片加热，使之软化，然后将模具型腔抽取真空，借助大气的压力将软化的塑料片压入模内并使之紧贴模具，冷却后得到所需的塑料制品的成型方法。该方法是热塑性塑料最简单的成型方法之一，主要用于成型杯、盘、箱壳、盒、罩、盖等薄壁敞口制品。其优点是对模具材料及加工要求较低，缺点是制品厚度不太均匀，无法制造形状复杂的产品。图 4-56 所示为真空成型过程。

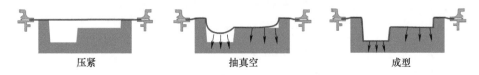

| 压紧 | 抽真空 | 成型 |

图 4-56　真空成型过程

3. 塑料件的加工、表面装饰和装配

塑料件的生产系统是由成型、机械加工、表面装饰和装配四个连续的生产过程所组成的。通常所说的塑料件的加工是塑料制品成型后的二次加工。

（1）塑料件的机械加工　对有较高尺寸精度和表面质量要求的塑料件，需在成型后对其进行机械加工以保证质量；对于某些形状简单的塑料件，可用棒材、管材和板材等塑料型材直接进行机械加工来简化生产程序；对于带有小孔、深孔和螺纹的塑料件，用后续机械加工比直接成型更经济实用。

塑料件的机械加工与金属件的切削加工大致相同，一般包括锯切、钻孔、车削、铣削、攻螺纹、铰孔、滚花等，但在切削加工时，应充分考虑塑料与金属材料的性能差异，如塑料的散热性差、热膨胀系数大、弹性大，加工时易变形、软化、分层、开裂和崩落等。因此，要采用前、后角较大的锋利刀具、较小的进给量和较高的切削速度；正确地装夹和支承工件，减小切削力引起的工件变形，同时采用水冷或风冷的方式加快散热。

（2）表面装饰　塑料件表面装饰可分为两类：一类是着色；另一类是镀饰、烫印、贴膜、涂饰、丝网印刷等在成型后进行的二次装饰。

1）着色。它是将色母加入塑料原料中，搅拌均匀后与原料熔化挤出。该方法的特点是方便，不易褪色；可遮挡紫外线，防止材料老化；黑色产品可防静电。但该方法也存在一些不足，如浅色产品容易在强太阳光下褪色，不同的着色材料可引起材料的收缩变形等。

2）镀饰。它是在塑料件表面镀覆金属的一种加工工艺，它能改善塑料件的表面性能，达到防护、装饰和美化的目的。镀覆后的塑料件外表呈金属光泽，导电性、表面硬度和耐磨性都得到了提高。同时，具有防老化、防潮和防溶剂侵蚀的性能。

3）烫印。它是将刻有图案或文字的热模，通过一定的压力，使烫印材料上的彩色锡箔转移到塑料件表面来获得精美图案和文字的加工方法。家电产品外壳上的银色标志、化妆品瓶盖上的商标及透明丙烯树脂上的金色厂名等，都是采用这种方法获得的。该方法操作简单、成本低，特别适于产品局部的金属着色。

4）贴膜。它是将预先印有图案或花纹的塑料膜紧贴在模具上，在挤塑、吹塑或注射成型时，依靠熔融树脂的热量将塑料膜熔合在产品上。圆珠笔、脸盆、浴盆等产品上的花卉或动物图案就是采用该方法获得的。

5）涂饰。它是塑料二次加工中应用最为普遍、用量最大的一种加工方式。塑料涂饰的目的：掩盖其成型中的缺陷及划伤；防止塑料件老化；改善外观装饰性；赋予优良质感及特殊性能，以及降低成本（如色母粒着色加工成本太高、同一部件要求不同颜色等）等。同时，对塑料件进行表面涂饰，可提高其附加值。

6）丝网印刷。它是将设计好的文字或图案，在特制的丝网上腐蚀制版，然后把制好的丝网版放在塑料件的合适位置，用刮板刮涂颜料来印刷文字和图案。塑料件上的产品型号、装饰带等均采用该方法制作而成。

（3）塑料件的装配　在塑料件的装配中经常采用将两种塑料件或塑料件与金属件相互连接的方式。常用的连接方式有机械连接、热熔粘接、溶剂粘接和胶黏剂粘接四种方式，其中机械连接的主要方式包括铆接和螺栓连接，其方法与金属件的连接相同。

1）热熔粘接。对塑料件需粘接处进行加热，使其熔化后加以叠合，在足够的压力下，塑料件冷却凝固后就连成了一个整体。加热方法可采用摩擦加热和热风加热，通常采用后者。该方法类似于金属件连接中的气焊，有时也采用焊条。这种方法适用于大部分热塑性塑料连接，不过其连接表面比较粗糙。

2）溶剂粘接。在两个被粘接塑料件表面涂以适当的溶剂，使其表面熔胀、软化，然后加上适当的压力使粘接面紧贴，等到溶剂挥发后，两个塑料件就粘接成一体了。大多数热塑性塑料都可以采用这种方法，但不同品种的塑料、某些化学稳定性高的塑料和不溶的热固性塑料不宜采用该种方法。

3）胶黏剂粘接。在两个被粘接的塑料件表面涂以适当的胶黏剂，形成一层胶层，在胶层的黏结作用下，两个塑料件就粘接在一起。胶黏剂粘接既适用于相同塑料之间的连接，也适用于不同塑料间、塑料与金属间的连接。大多数塑料都可以采用这种方法粘接，但聚乙烯、聚丙烯、尼龙和聚缩醛等不能采用该种方法。

4. 注塑件结构工艺要求

（1）形状 注塑件的形状应易于成形，即在开模取出注塑件时尽量避免采用复杂的分型与侧面抽芯。因此，注塑件的内外表面形状要尽可能地避免出现侧凹部分，否则会使模具结构复杂、制造周期长，同时还会在注塑件上留下毛边，增加注塑件的整修工作量，影响注塑件的外观。

（2）壁厚 注塑件的壁厚不仅与产品的强度和刚度有关，还与产品质量、大小、尺寸稳定性、绝缘、隔热、成型方法、成型材料及产品的成本等有关。一般的热塑性塑料件壁厚的设计上限不超过 4mm，最小壁厚不得小于 0.4mm，壁厚差尽量控制在基本壁厚的 25% 以内。注塑件的最小壁厚及常见壁厚推荐值见表 4-19。

表 4-19　注塑件的最小壁厚及常见壁厚推荐值　（单位：mm）

工程塑料	最小壁厚	小型件常见壁厚	中型件常见壁厚	大型件常见壁厚
尼龙（PA）	0.45	0.76	1.50	2.40~3.20
聚乙烯（PE）	0.60	1.25	1.60	2.40~3.20
聚苯乙烯（PS）	0.75	1.25	1.60	3.20~5.40
聚甲基丙烯酸甲酯（PMMA）	0.80	1.50	2.20	4.00~6.50
聚丙烯（PP）	0.85	1.45	1.75	2.40~3.20
聚碳酸酯（PC）	0.95	1.80	2.30	3.00~4.50
聚甲醛（POM）	0.45	1.40	1.60	2.40~3.20
聚砜（PSU）	0.95	1.80	2.30	3.00~4.50
ABS	0.80	1.50	2.20	2.40~3.20
PC+ABS	0.75	1.50	2.20	2.40~3.20

塑料的成型工艺及使用要求对注塑件的壁厚都有重要的限制，最理想的壁厚分布无疑是截面在任何一个地方都均匀一致。注塑件的壁厚过大，不仅会因用料过多而增加成本，也会给工艺带来一定的困难，如延长成型时间（硬化时间或冷却时间），容易产生气泡、缩孔、凹陷；注塑件壁厚过小，则熔融塑料在模具型腔中的流动阻力就大，尤其是形状复杂或大型注塑件，成型困难，同时因为壁厚过小，塑件的强度也差。在保证注塑件壁厚的情况下，还要使壁厚均匀，否则在成型冷却过程中会造成收缩不均，不仅会出现气泡、凹陷和翘曲现象，同时在注塑件内部存在较大的内应力。设计注塑件时，要求厚壁与薄壁交界处避免有锐角，过渡要缓和，厚度应沿着塑料流动的方向逐渐减小。图 4-57所示为注塑件壁厚设计参考示例。

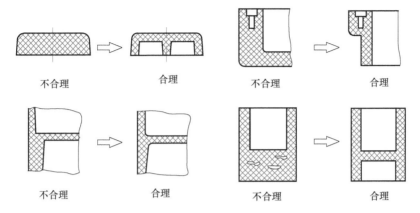

图 4-57　注塑件壁厚设计参考示例

（3）分模线　凹模与凸模的接合线称为分模线（PL），位于产品外围且截面积最大的地方。设计分模线时应注意，尽量设计在不明显的位置，以便隐藏产品表面分模线的痕迹；尽量设计在产品最外侧的棱边上，以便清除飞边；尽量设计形状简洁的分模线，以便提高模具闭合时的配合精度。

（4）脱模斜度　在设计上，为了能够轻易地使产品从模具中脱离出来，通常会在产品边缘的内侧和外侧各设有一个倾斜角，即脱模斜度。如果产品有垂直外壁且与开模方向相同，则模具在塑料成型后需要很大的开模力才能打开，并且在模具开启后，产品脱离模具的过程也十分困难。要使产品易于脱模，在产品设计的过程中必须考虑脱模斜度的问题。

脱模斜度的大小还没有统一的准则，多数是凭经验和依照产品的深度来决定。此外，成型的方式、注塑件的壁厚和塑料类型的选择也在考虑之列。一般来讲，对模塑产品的任何一个侧壁，都需有一定量的脱模斜度，以便产品能顺利地从模具中取出。脱模斜度的大小可为 0.2° 至数度，一般以 0.5°~1° 比较理想。具体选择脱模斜度时应注意以下几点：

1）斜度的取向，一般内孔以小端为准，符合图样，斜度由扩大方向取得；外形以大端为准，符合图样，斜度由缩小方向取得，如图 4-58 所示。

2）塑料件收缩率大的，应选用较大的脱模斜度值。

3）塑料件壁厚较大时，会使成型收缩增大，脱模斜度应采用较大的数值。

4）透明件脱模斜度应加大，以免引起划伤。一

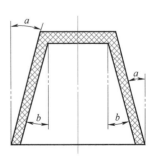

图 4-58　斜度的取向

般情况下，PS 塑料的脱模斜度应大于 3°，ABS 及 PC 塑料的脱模斜度应大于 2°。

5）纹、喷砂等外观处理的注塑件侧壁应加 3°~5° 的脱模斜度，视具体的咬花深度而定，一般的晒纹版上已清楚列出可供参考用的脱模斜度。

6）插穿面的脱模斜度一般为 1°~3°。

7）外壳面的脱模斜度应大于或等于 3°。

8）除外壳面，壳体其余特征的脱模斜度以 1° 为标准脱模斜度，特别的也可以按照下面的原则选取：加强筋高度小于 3mm 的脱模斜度取 0.5°，3~5mm 的取 1°，其余的取 1.5°；腔体高度小于 3mm 的脱模斜度取 0.5°，3~5mm 的取 1°，其余的取 1.5°。

（5）圆角　在设计注塑件时，不能将制件设计成具有尖锐的边角，通常将制件的棱边、棱角、加强筋、支撑底面、平面等处设计成圆角。圆角的设计具有以下优点：

1）可提高制件的成型性。圆角有利于树脂的流动、防止乱流，可减小成型时的压力损失，因此在制件的拐角处设计圆角，可有效提高制件的成型性。

2）可增加制件的强度。在制件的各个部位，尤其是棱角、棱边和拐角处设计圆角，可以减小应力集中某个角或某条边，从而增强制件的强度。

3）可防止制件变形。在制件的内、外角处设计圆角，可缓和制件的内部应力，防止制件向内或向外弯曲变形。当然，采用这种方法无法完全防止由平面组成的箱形制件的扭曲变形，因此就要通过模具的设计来做出相应消除制件变形的结构。

（6）支柱　支柱主要用于装配产品、隔开物件及支撑承托其他零件。空心支柱可用来嵌入镶件、收紧螺钉等，这些应用均要有足够强度支持而不至于破裂。

支柱尽量不要单独使用，应尽量连接至外壁或与加强筋一同使用，目的是加强支柱的强度及使塑料流动更顺畅。此外，因过高的支柱会导致注塑胶部件成型时困气，所以支柱高度一般不会超过支柱直径的两倍半。

一个好的支柱设计取决于螺钉的机械特性及支柱孔的设计，一般塑料产品的厚度不足以承受大部分紧固件产生的应力。因此，从装配的角度来看，局部增加材料厚度是有必要的，但这会导致产生缩痕、空穴或内应力增加等缺陷。因此，支柱的设计需要从这两方面取得平衡。

1）支柱的位置，如图 4-59 所示。

2）支柱的基本设计要点和两种支柱的设计要点如图 4-60 和图 4-61 所示。

3）支柱孔的设计。用于自攻螺钉支柱孔的设计原则是：其外径应该是自

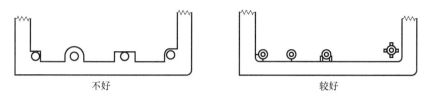

图 4-59　支柱的位置

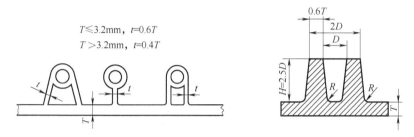

图 4-60　支柱的基本设计要点

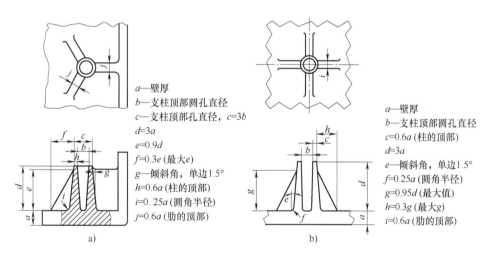

图 4-61　两种支柱的设计要点

a）支柱靠近外壁时　b）支柱远离外壁时

攻螺钉外径的 2.0~2.4 倍；其内径尺寸因材料而异，对于 ABS、ABS+PC 类材料，其内径=自攻螺钉外径-0.40mm；对于 PC 类材料，其内径=自攻螺钉外径-0.30mm 或-0.35mm（可以先按 0.30mm 来设计，待测试通不过再修模加胶）；两壳体支柱面之间距离取 0.05mm。不同材料、不同螺钉的支柱孔设计值见表 4-20。

表 4-20　不同材料、不同螺钉的支柱孔设计值

工程塑料	普通牙螺丝											
	φ2.0		φ2.3		φ2.6		φ2.8		φ3.0		φ3.5	
	孔径	极限偏差	孔径	极限偏差	孔径	极限偏差	孔径	极限偏差	孔径	极限偏差	孔径	极限偏差
ABS	1.70	0 / −0.05	1.90	+0.05 / 0	2.20	0 / −0.05	2.40	0 / −0.05	2.50	+0.05 / 0	2.90	+0.05 / −0.05
PC	1.70	+0.05 / 0	2.00	0 / −0.05	2.30	0 / −0.05	2.40	+0.05 / 0	2.60	0 / −0.05	3.00	+0.05 / −0.05
POM	1.60	+0.05 / 0	1.80	+0.05 / 0	2.10	+0.05 / 0	2.30	0 / −0.05	2.40	+0.05 / 0	2.80	+0.10 / 0
PA	1.60	+0.05 / 0	1.80	+0.05 / 0	2.10	+0.05 / 0	2.30	0 / −0.05	2.40	+0.05 / 0	2.80	+0.10 / 0
PP	—	—	—	—	2.00	+0.10 / 0	2.20	+0.05 / −0.05	2.30	+0.10 / 0	2.70	+0.10 / 0
PC+ABS	1.70	+0.05 / 0	2.00	0 / −0.05	2.30	0 / −0.05	2.40	+0.05 / 0	2.60	0 / −0.05	3.00	+0.05 / −0.05
工程塑料	快牙螺丝											
	φ2.0		φ2.3		φ2.6		φ2.8		φ3.0		φ3.5	
	孔径	极限偏差	孔径	极限偏差	孔径	极限偏差	孔径	极限偏差	孔径	极限偏差	孔径	极限偏差
ABS	1.60	+0.05 / 0	1.90	0 / −0.05	2.10	+0.05 / 0	2.30	0 / −0.05	2.50	0 / −0.05	2.90	+0.05 / −0.05
PC	1.60	+0.05 / 0	1.90	+0.05 / 0	2.20	+0.05 / 0	2.40	0 / −0.05	2.60	0 / −0.05	3.00	+0.05 / −0.05
POM	1.60	0 / −0.05	1.80	+0.05 / 0	2.00	+0.05 / 0	2.20	+0.05 / 0	2.40	+0.05 / 0	2.80	+0.05 / 0
PA	1.60	0 / −0.05	1.80	+0.05 / 0	2.00	+0.05 / 0	2.20	+0.05 / 0	2.40	+0.05 / 0	2.80	+0.05 / 0
PP	—	—	—	—	2.00	+0.05 / 0	2.10	+0.10 / 0	2.30	+0.05 / −0.05	2.70	+0.05 / −0.05
PC+ABS	1.60	+0.05 / 0	1.90	+0.05 / 0	2.20	+0.05 / 0	2.40	0 / −0.05	2.60	0 / −0.05	3.00	+0.05 / −0.05

（7）洞孔　在注塑件上开设洞孔使其和其他部件相接合，或者增加产品功能上的组合是常用的做法。洞孔的大小及位置应尽量不对产品的强度构成影响，或者增加生产的复杂性。以下是设计洞孔时需要考虑的几个因素。

相连洞孔的距离或洞孔与相邻产品直边之间的距离不可小于洞孔的直径，如孔离边位或内壁边的设计要点如图 4-62 所示。若洞孔内附有螺纹，则螺孔边缘与产品边缘的距离必须大于螺孔直径的三倍。

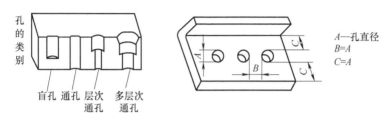

图 4-62　孔离边位或内壁边的设计要点

侧孔往往增加模具设计上的困难，特别是当侧孔的方向与开模的方向呈直角时，因为侧孔容易形成塑料产品上的倒扣部分。一般的解决方法是使用角针及活动侧模，或者使用油压抽芯。这样模具的结构较为复杂、成本比较高，应尽量避免。这时可从增加侧孔壁位的角度，或者以两级的孔取代原来的侧孔以消除侧孔导致的倒扣，如图 4-63 所示。

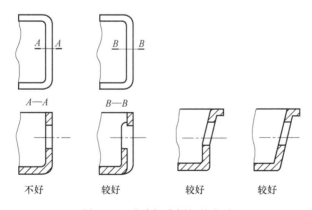

图 4-63　消除侧孔倒扣的方法

（8）镶件　注塑件内的镶件通常是作为紧固件或支撑件的一部分。此外，当产品在设计上考虑便于返修、易于更换或重复使用等要求时，镶件是常用的一种装配方式。无论是作为功能或装饰用途，镶件的使用应尽量减少，因使用镶件需要额外的工序配合，增加生产成本。镶件通常是金属材料，其中以铜为主。

镶件的设计必须使其稳固地嵌入注塑件内，避免旋转或拉出。镶件的设计也不应附有尖角或锋利的边缘，因为尖角或锋利的边缘会使制件出现应力集中的情况。

镶件的成型方式包括同步成型嵌入和成型后嵌入两种。

1）同步成型嵌入：同步成型嵌入是在制件成型前将镶件放入模具中，在合模成型时塑料会将镶件包围起来同时成型。若要使塑料把镶件包合得好，必先将镶件预热后再放入模具，这样可降低塑料的内应力和减少收缩现象，如图 4-64 所示。

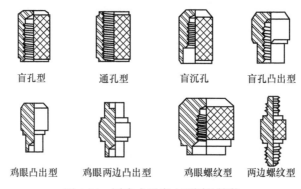

盲孔型　　　　　通孔型　　　　　盲沉孔　　　　盲孔凸出型

鸡眼凸出型　　鸡眼两边凸出型　　鸡眼螺纹型　　两边螺纹型

图 4-64　同步成型嵌入不同的镶件

2）成型后嵌入：成型后嵌入是将镶件用不同方法压入成型件中，如图 4-65 所示。所采用的方法有热式和冷式，其原理都是利用塑料的可塑特性。热式是将镶件预先加热至该注塑件融化的温度，然后迅速地将镶件压入制件上特别预留的孔中冷却后成型。冷式一般是使用超声波焊接方法把镶件压入。用超声波焊接方法所得到的结果比较一致和美观，而热式方法在工艺上要控制得好才有好的效果，否则会出现镶件歪斜、位置不正、塑料包裹不均匀等现象。

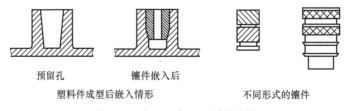

预留孔　　　　　镶件嵌入后

塑料件成型后嵌入情形　　　　　　　不同形式的镶件

图 4-65　成型后嵌入不同的镶件

3）铜螺母的设计：为了便于产品的拆装和维修，一般是在注塑件的支柱内压入铜螺母。常用的铜螺母规格有 M1.6、M2、M2.5、M3，铜螺母的长度选择1.5mm、2.0mm、2.5mm、3.0mm、3.5mm、4.0mm，根据螺母的规格来选择长度。一般螺纹需要有 3 个有效牙，如果在空间允许的情况下，最好是 3.5~4 个有效牙。

塑料柱的内径与外径的大小是根据铜螺母的外形尺寸来定的，一般塑料柱的单边厚度为 0.8~1.0mm。例如，对于 M2XOD3.6 的铜螺母，塑料柱的内径设计为 3.2mm，外径设计值 5.6mm。铜螺母规格与塑料柱的设计要求见表 4-21。

表 4-21　铜螺母规格与塑料柱的设计要求　　　（单位：mm）

序号	铜螺母规格	铜螺母外径	铜螺母长度	塑料柱内径	塑料柱外径
1	M1.6×0.35	2.7	1.5/2.0	2.2	4.5
2	M2×0.4	3.6	2.5/3.0	3.2	5.6
3	M2.5×0.45	4.2	2.5/2.9	3.6	6
4	M3×0.5	5.0	2.5/3.0	4.2	7

（9）卡扣　卡扣提供了一种方便快捷且经济实用的产品装配方法，因为卡扣的组合部分在生产成品时同时成型，装配时无须配合其他锁紧配件，只需组合的两边卡扣互相配合扣上即可。

1）卡扣的作用原理。卡扣的形状多种多样，但其作用原理大致相同。当两个零件相互扣合时，其中一个零件的钩形伸出部分被另一零件的凸缘部分顶开，直至完全滑过凸缘；随后，借助塑料的弹性，钩形伸出部分回弹复位，其后面的凹槽部分被相接零件的凸缘部分嵌入，形成互相咬合的状态，如图 4-66 所示。

2）卡扣的分类。若以功能来分，卡扣位的设计可分为永久型和可拆卸型两种。永久型卡扣的设计方便装上但不容易拆下，可拆卸型卡扣的设计则装上、拆下均十分方便。其原理是，可拆卸型卡扣的钩形伸出部分附有适当的导入角及导出角，方便扣上及分离的动作，导入角及导出角的大小直接影响扣上及分离时所需的力度；永久型卡扣为只有导入角而没有导出角的设计，所以一经扣上，相接部分即形成自我锁上的状态，不容易拆下，如图 4-67 所示。

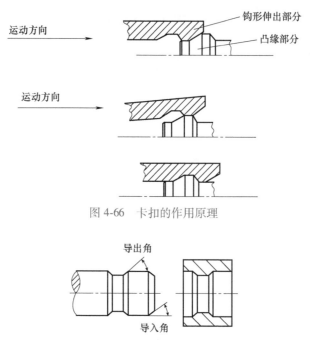

图 4-66　卡扣的作用原理

图 4-67　永久型及可拆卸型卡扣的原理

若以卡扣的形状来分，则大致上可分为环形卡扣、单边卡扣、球形卡扣等，如图 4-68 所示。

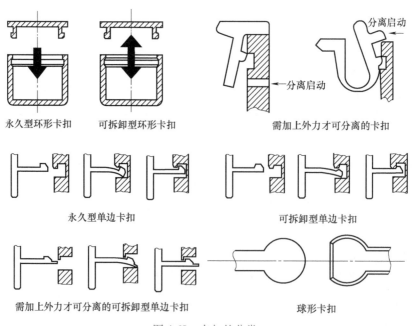

图 4-68　卡扣的分类

3）卡扣配合设计。卡扣配合尺寸关系如图 4-69 所示。

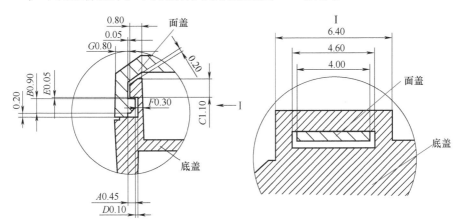

图 4-69 卡扣配合尺寸关系（对于小型一般产品）

尺寸 A 为卡扣的卡合量。当卡扣为活卡时，其取值范围为 $0.40 \sim 0.60$mm，具体选用时要参考一些实际因素，如卡扣的疏密、与支柱的距离、上下壳静电墙的间隙及整体重量。当卡扣为死卡时，卡合量一般为 $0.8 \sim 1.0$mm。

尺寸 B、C 均为卡扣的厚度。该尺寸不宜过小，主要是为了避免强度不够而折断。尺寸 B 一般要大于 0.90mm，而尺寸 C 一般要大于 1.0mm。

尺寸 D、E 为装配后卡扣间的间隙。尺寸 E 为主要配合面的间隙，通常该数值为 0.05mm。尺寸 D 为卡扣侧面间隙，一般需大于 0.10mm，但设计时因需考虑卡合量 A 的增加，所以尺寸 D 往往留有一定的余量。

尺寸 F 为扣槽侧壁的厚度。此侧壁一般保持 0.30mm 以上的厚度，太薄则塑料成型会有难度，太厚则有可能使塑料壳的整体变厚出现缩水情况。如果出现卡扣整体强度不够，可以在背面施加一定数量的加强筋。

尺寸 G 为子扣侧壁的厚度。对于死卡，因为卡合量大而承受较大的力，因此该厚度尽量与塑料壳侧壁的厚度保持一致，如果实在无法保持一致，也不可以相差过多。对于活卡，此厚度保持在 0.80mm 以上。

卡扣设计时一些需注意的问题：

① 卡扣的结构形式与正反扣：要考虑组装、拆卸的方便，考虑模具的制作。

② 数量与位置：设在转角处的扣位应尽量靠近转角。

③ 卡扣在卡合时是靠两者的变形来实现的，因此需要考虑卡扣变形时是否有足够变形的空间，与其他部件是否存在干涉。

④ 对于卡合量 A 的设定，虽然较大的卡合量可以使结构更加稳定，但不方

便拆卸，因此在保证结构功能的前提下，卡合量应小一点。在设计初期，卡合量可以设置小一点，然后再逐渐增加。为了配合卡合量的增加和修模的方便，设计时应人为地放大尺寸 D，用于给卡合量的增加留有一定的余量。

⑤ 卡扣处应注意防止缩水与熔接痕。朝向壳体内部的卡扣，斜销运动空间不小于5mm。

⑥ 通常面盖设置跑滑块的卡扣，底盖设置跑斜顶的卡扣。因为面盖的筋条比底盖多，而且面盖的壁常比底盖深，以避免斜顶无空间脱出。

（10）止口 止口是在两个壳体结合面处所设计的具有定位及止位功能的插接结构。其作用是阻隔灰尘和静电等的进入，保护产品内部电路等，因此也称为静电墙。

如图4-70所示，对于前壳（F/HSG）和后壳（B/HSG）静电墙，其有效配合深度为0.8mm左右，并且要有足够的壁厚以保证其强度及表面不出现喷漆缺陷。

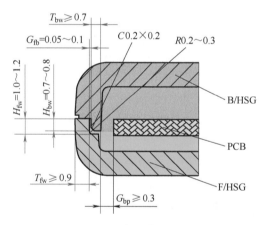

图4-70 止口及各配合部分尺寸关系

$T_{fw} = 0.9 \sim 1.1$mm（一般保证在0.9mm以上，视空间结构及壁厚适当调整）；$T_{bw} = 0.7 \sim 1.0$mm（一般保证在0.7mm以上，视空间结构及壁厚适当调整）；$G_{fb} = 0.05 \sim 0.1$mm（前、后壳静电墙配合间隙，一般单边取0.1mm为宜）；$H_{fw} = 1.0 \sim 1.2$mm（一般取1.0mm以上，以保证配合深度在0.8mm以上）；$H_{bw} = 0.7 \sim 0.8$mm（建议取0.8~1.0mm，根据 H_{fw} 值，保证垂直方向上有0.3mm以上安全间隙，以满足配合深度在0.8mm以上）；$G_{bp} \geqslant 0.3$mm（注意，G_{bp} 为塑料壳内壁到PCB边缘的间隙，一般要保证在0.3mm以上）；对于在前、后壳边缘有卡扣存在的位置处，还要留出卡扣卡合时的变形长度，即 $G_{bp} \geqslant 0.3 + L$（卡扣变形）。

为了便于装配，一般在 B/HSG 凸缘上做 0.2mm×0.2mm 的倒角；为便于成型，一般在 F/HSG 静电墙配合内部凹槽上倒 R 角，一般取 R 为 0.2~0.3mm（要与 B/HSG 上的 C 角配合制作，以便满足上下 0.3mm 间隙的要求）。

脱模斜度分析：一般情况下，配合位置的脱模斜度为 5°。注意，F/HSG 和 B/HSG 的脱模方向及大小和脱模基准面要一致，以保证配合间隙和配合面积。

静电墙朝向分析：如图 4-71 所示，当 PCB 的装配位置偏向一边时，静电墙的朝向应设计为图 4-71a 所示的样式，因为图 4-71a 所示的样式从外部到 PCB 的距离要大于图 4-71b 所示的样式，这样可以更加有效地防止静电放电。

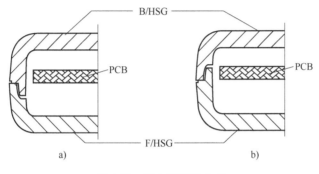

图 4-71　静电墙朝向分析

（11）加强筋　加强筋在注塑件上是不可或缺的功能部分。加强筋能有效地增加产品的刚度和强度而无须大幅度增加产品截面面积，对一些经常受到压力、扭力、弯曲的塑料产品尤其适用。此外，加强筋还可充当内部流道，有助模腔充填，对帮助塑料流入部件的枝节部分起到很好的作用。

加强筋最简单的形状是一条长方形的柱体附在产品的内表面上，为了满足生产或结构上的要求，加强筋的形状及尺寸必须改变以易于生产，如图 4-72 所示。

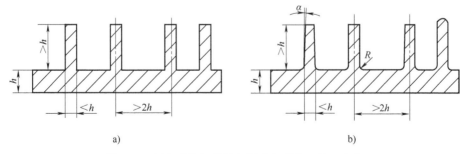

图 4-72　长方形的加强筋必须改变形状以易于生产

a）长方形筋　b）增加斜度和圆角的筋

加强筋的两侧必须设计脱模斜度，以减小脱模顶出时的摩擦力；底部相接产品的位置必须加上圆角，以消除应力集中的现象，圆角的设计也利于模腔充填。过高过厚的加强筋设计容易产生缩水纹、空穴、变形挠曲及夹水纹等问题，此时可使用两条或多条矮的加强筋代替一条高的加强筋。

加强筋的间隔距离和数量在设计时应尽量留有余量，当试模时发现产品的刚度及强度不足时，可适当地增加加强筋数量，因为在模具上去除钢料比使用烧焊或加上插入件等增加钢料的方法要简单及便宜，如图4-73所示。

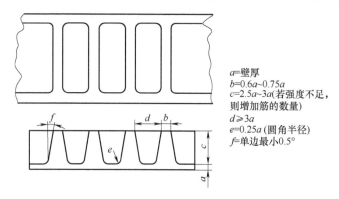

$a=$壁厚
$b=0.6a\sim0.75a$
$c=2.5a\sim3a$(若强度不足，则增加筋的数量)
$d\geqslant3a$
$e=0.25a$(圆角半径)
$f=$单边最小0.5°

图4-73 加强筋增强塑胶料强度的方法

4.3.2 橡胶及其成型工艺

1. 橡胶及用途

橡胶是具有高弹性的高分子材料，也被称为弹性体。橡胶在外力作用下具有很大的变形能力，拉断伸长率为500%~1000%，外力除去后又能很快恢复到原始尺寸。橡胶在工业上的应用相当广泛，不仅可用于制作轮胎、密封件、减振片、防振件等，还常用于制作输送带、电缆及电线的外绝缘材料。

（1）常用橡胶的分类

1）按其来源分类，可分为天然橡胶（natural rubber，NR）和合成橡胶（synthetic rubber，SR）。

① 天然橡胶指直接从植物（主要是三叶橡胶树）中获取胶汁，经去杂、凝聚、滚压、干燥等步骤加工而成的橡胶。

② 合成橡胶相对于天然橡胶而言，是从石油、天然气、煤、石灰石及农副产品中提取原料，制成单体物质，然后经过复杂的化学反应而人工合成的高分子聚合物，又被称为人造橡胶。

2）按使用范围分类，可分为通用橡胶和特种橡胶。

① 通用橡胶指性能和用途都与天然橡胶相似的丁苯橡胶、顺丁橡胶、聚异戊二烯橡胶、氯丁橡胶、乙丙橡胶、丁腈橡胶、丁基橡胶。由于价格低、产量大、来源广，主要用于日用生活和生产中，如制作轮胎、胶带、胶管等。

② 特种橡胶指具有某些特殊性能，如耐热、耐寒、耐蚀、耐油的橡胶，包括氟橡胶、硅橡胶、聚硫橡胶、聚丙烯酸酯橡胶、氯醚橡胶和卤化聚乙烯橡胶等。

3）根据橡胶的物理形态分类，可分为生橡胶、软橡胶、硬橡胶、混炼胶和再生胶。

① 生橡胶简称生胶，是由天然采集、提炼或人工合成、未加配合剂而制成的原始胶料。生胶是一种不饱和的橡胶烃，未经配合的生胶性能较差，不能直接使用。

② 软橡胶指在生胶中加入各种配合剂，经过塑炼、混炼、硫化等加工过程而制成的具有高弹性、高强度和其他实用性能的橡胶制品。在不同性能的天然橡胶或合成橡胶中加入各种不同比率的配合剂，就可以制成不同硬度和具有特殊性能的橡胶制品。

③ 硬橡胶又称硬质橡胶，是含有大量硫黄（质量分数为 25%～50%）的生胶经过硫化而制成的硬质制品。这种橡胶具有较高的硬度和强度，优良的绝缘性，以及对某些酸、碱和溶剂的高度稳定性，广泛用于制作电绝缘制品和耐化学腐蚀制品。

④ 混炼胶指在生胶中加入各种配合剂，经过炼胶机的混合作用后，使其具有所需物理、力学性能的半成品，俗称胶料。

⑤ 再生胶是以废轮胎和其他废旧橡胶制品为原料，经过一定的加工过程而制成的具有一定塑性的循环可利用橡胶。它是橡胶工业中的主要原料之一，可以部分地代替生胶。

（2）橡胶的特性

1）高弹性。橡胶的弹性模量低，伸长变形大，拉断伸长率高达 1000% 时仍可恢复变形，并能在很大的温度范围内（−50～150℃）保持弹性。

2）黏弹性。橡胶材料在产生形变和恢复形变时受温度和时间的影响，表现有明显的应力松弛和蠕变现象，在振动或交变应力作用下，产生滞后损失。

3）电绝缘性。一方面，通用橡胶是优异的电绝缘体，天然橡胶、丁基橡胶、乙丙橡胶和丁苯橡胶都有很好的介电性能，所以在绝缘电缆等方面得到广泛应用；另一方面，在橡胶中配入导电炭黑或金属粉末等导电填料，会使它有足够的导电性来分散静电荷，甚至成为导电体。

4）隔热性。橡胶是热的不良导体，是一种优异的隔热材料。如果将橡胶做成微孔或海绵状态，其隔热效果会进一步增强。任何橡胶制品在使用过程中都可能会因滞后损失产生热量，因此应注意散热。

5）可燃性。大多数橡胶具有程度不同的可燃性，而分子中含有卤素的橡胶，如氯丁橡胶、氟橡胶等，则具有一定的阻燃性。如果在胶料中配入磷酸盐或含卤素物质的阻燃剂，可提高其阻燃性。

6）温度依赖性。橡胶受温度的影响较大，低温时处于玻璃态，易变硬变脆，高温时则发生软化、熔融、热氧化、热分解以致燃烧。

7）具有老化现象。与金属腐蚀、木材腐朽、岩石风化一样，橡胶也会因为环境条件的变化而产生老化现象，使性能变坏，寿命缩短。

8）必须硫化。橡胶必须加入硫黄或其他能使橡胶硫化（或称交联）的物质，使橡胶大分子交联成空间网状结构，才能得到具有使用价值的橡胶制品，但热塑性橡胶可不必硫化。

此外，橡胶密度小，质量小；硬度低，柔软性好；透气性较差，可用作气密性材料；防水性好，是优良的防水材料。这些特性使得橡胶材料和橡胶制品的应用范围特别广泛。

（3）常用橡胶及应用

1）天然橡胶（NR）以橡胶烃（聚异戊二烯）为主，含少量蛋白质、水分、树脂酸、糖类和无机盐等。其特点是弹性大，拉伸强度高，抗撕裂性和电绝缘性优良，耐磨性和耐寒性良好，加工性能佳，易于与其他材料黏合。缺点是耐氧和耐臭氧性差，容易老化变质，耐油和耐溶剂性不好，抵抗酸碱的腐蚀能力低，耐热性不高。常用于制作轮胎、胶鞋、胶管、胶带、电线电缆的绝缘层和护套及其他通用制品。

2）丁苯橡胶（SBR）是丁二烯和苯乙烯的共聚体，性能接近天然橡胶，是目前产量最大的通用合成橡胶。其特点是耐磨性、耐老化性和耐热性较好，质地均匀。缺点是弹性较低，抗屈挠、抗撕裂性能较差，加工性能差，特别是自黏性差，生胶强度低。主要用来代替天然橡胶制作轮胎、胶板、胶管、胶鞋及其他通用制品。

3）丁二烯橡胶（BR）是由丁二烯聚合而成的顺式结构橡胶。其特点是弹性与耐磨性优良，耐老化性好，耐低温性优异，在动态负荷下发热量小，以及易于与金属黏合。缺点是强度较低，抗撕裂性差，加工性能与自黏性差。一般多和天然橡胶或丁苯橡胶并用，主要用于制作轮胎胎面、输送带和特殊耐寒制品。

4）异戊橡胶（IR）由异戊二烯单体聚合而成。化学组成、立体结构与天然橡胶相似，性能也非常接近天然橡胶，故有合成天然橡胶之称。它具有天然橡胶的大部分优点，耐老化性优于天然橡胶，弹性和强度比天然橡胶稍低，加工性能差，成本较高，使用温度范围为−50～100℃。可代替天然橡胶制作轮胎、胶鞋、胶管、胶带及其他通用制品。

5）氯丁橡胶（CR）是由氯丁二烯作单体乳液聚合而成的聚合体。其特点是具有优良的抗氧和抗臭氧性，不易燃，耐油、耐溶剂、耐酸碱及耐老化，气密性好等；其物理、化学性能也比天然橡胶好，可用作通用橡胶，也可用作特种橡胶。缺点是耐寒性较差，密度较大，相对成本高，电绝缘性不好，加工时易粘滚，易焦烧及易粘模。主要用于制造要求抗臭氧、耐老化性高的电缆护套及各种防护套、保护罩，耐油、耐化学腐蚀的胶管、胶带和化工衬里，耐燃的地下采矿用橡胶制品，以及各种模压制品、密封圈、垫、黏结剂等。

6）丁基橡胶（IIR）是异丁烯和少量异戊二烯或丁二烯的共聚物。其特点是气密性好，耐臭氧及耐老化性能好，耐热性较高，能耐无机强酸（如硫酸、硝酸等）和一般有机溶剂，吸振和阻尼特性良好，电绝缘性优异。缺点是弹性差、加工性能差、硫化速度慢、黏着性和耐油性差。主要用于制作内胎、水胎、气球、电线电缆绝缘层、化工设备衬里及防振制品、耐热输送带、耐热老化的胶布制品。

7）丁腈橡胶（NBR）是丁二烯和丙烯腈的共聚物。其特点是耐汽油和脂肪烃油类的性能特别好，耐热性好，气密性、耐磨及耐水性等均较好，以及黏结力强。缺点是耐寒及耐臭氧性较差，强度及弹性较低，耐酸性差，电绝缘性不好及耐极性溶剂性能也较差。主要用于制造各种耐油制品，如胶管、密封制品等。

8）乙丙橡胶（EPM/EPDM）是乙烯和丙烯的共聚体，一般分为二元乙丙橡胶（EPM）和三元乙丙橡胶（EPDM）。其特点是抗臭氧、耐紫外线、耐气候性和耐老化性优异，居通用橡胶之首；电绝缘性、耐化学性、冲击弹性很好；耐酸碱；密度小，可进行高填充配合；耐热可达150℃；耐极性溶剂，如酮、酯等；其他物理、力学性能略次于天然橡胶而优于丁苯橡胶。缺点是自黏性和互黏性很差，不易黏合。主要用作化工设备衬里、电线电缆包皮、蒸汽胶管、耐热输送带、汽车用橡胶制品及其他工业制品。

9）硅橡胶为主链含有硅、氧原子的特种橡胶，其中起主要作用的是硅元素。其特点是耐寒和耐高温性能好，电绝缘性优良，对热氧化和臭氧的稳定性很高，化学惰性大。缺点是机械强度较低，耐油、耐溶剂和耐酸碱性差，较难硫化，价格较贵。主要用于制作耐高低温制品（胶管、密封件等）、耐高温电线电缆绝缘层。由于其无毒无味，还用于食品及医疗行业。

10）氟橡胶是由含氟单体共聚而成的有机弹性体。其特点是耐高温（可达300℃）、耐酸碱、耐油性、抗辐射、耐高真空，电绝缘性、力学性能、耐化学腐蚀性、耐臭氧、耐大气老化性均优良。缺点是加工性能差，价格昂贵，耐寒性差，弹性、透气性较低。主要用于制造飞机、火箭上的耐真空、耐高温、耐化学腐蚀的密封材料、胶管或其他零件，以及汽车零部件。

2. 橡胶的成型

橡胶的成型加工是用生胶和各种配合剂，通过炼胶机混炼而成混炼胶（又称胶料），再根据需要加入能保持制品形状和提高其强度的各种骨架材料，混合均匀后置于一定形状的模具中，经加热、加压（即硫化处理）获得所需形状和性能的橡胶制品。

橡胶的成型方法与塑料成型方法类似，主要有注射成型、压制成型、挤出成型和压铸成型等。

（1）注射成型　注射成型又称注压成型，是利用注射机的压力，将预加热成塑性状态的胶料通过注射模的浇注系统注入模具型腔中硫化定型的方法。该方法的特点是成型周期短、生产率高、劳动强度小。由于该方法加工的产品质量稳定、精度较高，因此常用来生产大型、薄壁及具有复杂几何形状的产品，如耐油垫圈、油槽衬套、高密封件等。

橡胶注射成型设备有螺杆式注射和柱塞式注射两种，图4-74为柱塞式注射机成型原理。

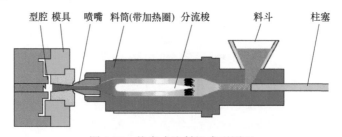

型腔　模具　喷嘴　料筒(带加热圈)　分流梭　　　料斗　　　柱塞

图4-74　柱塞式注射机成型原理

（2）压制成型　压制成型是将经过塑炼和混炼预先压延好的胶料，按一定规格和形态下料后，加入压制模中，合模后在液压机上按规定的工艺条件进行压制，使胶料在受热受压下以塑性流动充满型腔，经过一定时间完成硫化，再进行脱模、清理毛边，最后检验得到所需制品的成型方法。该方法模具结构简单、通用性强、实用性广、操作方便，是橡胶制品生产中应用最早而又最广泛的加工方法。

（3）挤出成型　又称压出成型，是橡胶制品生产中的一种基本成型方法。它是将在挤出机中预热与塑化后的胶料，通过螺杆的旋转，使胶料不断推进，在螺杆尖和机筒筒壁强大的挤压力下，挤出各种断面形状的橡胶型材半成品的加工方法。挤出成型的优点是成品密度高；成型模具简单，便于制造、拆装、保管和维修；成型过程易实现自动化。不足之处在于只能挤出形状简单的直条型材或预成型半成品，无法生产精度高、断面形状复杂或带有金属嵌件的橡胶制品。

（4）压铸成型　又称传递法成型或挤胶法成型，是将混炼过的、形状简单的、限量的胶条或胶块半成品放入压铸模的型腔中，通过压铸塞的压力挤压胶料，并使胶料通过浇注系统进入模具型腔中硫化定型的方法。压铸成型适用于制作普通压制成型不易压制的薄壁、细长制品，以及形状复杂难于加料的橡胶制品，所生产的制品致密性好，质量优越。图 4-75 所示为压铸成型原理。

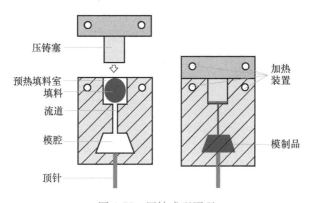

图 4-75　压铸成型原理

3. 橡胶的加工

橡胶加工的基本过程包括塑炼、混炼、压延或压出、成形和硫化等基本工序，每个工序针对制品有不同的要求，分别配合以若干辅助操作。为了能将各种所需的配合剂加入橡胶中，生胶首先需经过塑炼提高其塑性；然后通过混炼将炭黑及各种橡胶助剂与橡胶均匀混合成胶料；胶料经过压出制成一定形状坯料，再使其与经过压延挂胶或涂胶的纺织材料（或金属材料）组合在一起成形为半成品；最后经过硫化又将具有塑性的半成品制成高弹性的最终产品。

（1）塑炼　将生胶在机械力、热、氧等作用下，从强韧的弹性状态转变为柔软而具有可塑性的状态，即增加其可塑性（流动性）的工艺过程称为塑炼。塑炼的目的是通过降低相对分子质量，降低橡胶的黏流温度，使生胶具有足够的可塑性，以便使后续的混炼、压延、压出、成形等工艺操作能顺利进行。同时，通过塑炼也可以起到调匀作用，使生胶的可塑性均匀一致。塑炼过的生胶称为塑炼胶。如果生胶本身具有足够的可塑性，则可免去塑炼工序。

塑炼的方法按所用的设备主要分为开炼机塑炼、密炼机塑炼和螺杆塑炼机塑炼。

（2）混炼　混炼是将塑炼胶或已具有一定可塑性的生胶，与各种配合剂经机械作用使之均匀混合的工艺过程。混炼过程是将各种配合剂均匀地分散在橡胶中，以形成一个以橡胶为介质，或者以橡胶与某些能和它相容的配合组分（配合剂、其他聚合物）的混合物为介质，以与橡胶不相容的配合剂（如粉体填料、氧化锌、颜料等）为分散相的多相胶体分散体系的过程。对混炼工艺的具体技术要求：配合剂分散均匀，使配合剂特别是炭黑等补强性配合剂达到最好的分散度，以保证胶料性能一致。混炼后得到的胶料称为混炼胶，其质量对进一步加工和制品质量有重要影响。

混炼也可根据所用设备分为开炼机混炼和密炼机混炼。

（3）压延或压出　混炼好的胶可以用来成型，压延的目的是将胶料压成薄胶片（板材或片材），或者在胶片上压出某种花纹，也可以用压延机在帘布或帆布的表面挂上一层胶，或者把两层胶片贴合起来。

（4）成型　由于橡胶制品的形状一般都比较复杂，因此就必须根据制品（如胶鞋、轮胎等）的形状把压延或压出的各种胶片、胶布等裁剪成不同规格的部件，然后进行贴合制成半成品，这一过程被称为橡胶的成型。

（5）硫化　在加热条件下，胶料中的生橡胶与硫化剂发生化学反应，使橡胶由线型结构的大分子交联成立体网状结构的大分子，从而使胶料的物理、力学性能和其他性能有明显的改变，由塑性橡胶转化为弹性或硬质橡胶的过程，称为硫化。硫化是橡胶加工的主要工序之一，其目的是使橡胶具有足够的强度、耐久性及抗剪切和其他变形能力，减小橡胶的可塑性。

硫化工艺对橡胶性能有很大影响，大多数橡胶制品（如轮胎、胶管、胶带等）的硫化都要经过加热、加压和一定时间，有的则是利用自然硫化胶浆，在常温下进行硫化，制造大型制品，如橡皮船。

4. 橡胶制品的结构工艺性

橡胶制品的结构设计应当符合橡胶成型工艺和模具设计的要求。

（1）脱模斜度　橡胶制品在硫化中的化学作用和开启模具后温度急剧下降的物理作用的共同影响下，会使刚成型的制品体积收缩，使其紧紧包覆在成型芯棒及其他模具零件上。为了脱模方便，在设计橡胶制品时，必须设计一定的脱模斜度。

橡胶制品脱模斜度的设计可参考以下原则：制品的轴向尺寸越大、壁厚越薄、直径越小，脱模斜度越大，在不影响制品使用的前提下，脱模斜度可设计得大一些。

（2）壁厚　为减小橡胶制品的内应力和收缩变形，制品的壁厚应均匀，通常不小于 1mm。设计壁厚时，在确保制品强度要求的前提下，尽可能使壁薄一些以减轻制品的质量，减少胶料的消耗。

（3）圆角　橡胶制品各个部分的交接处应尽量设计成圆角，这样既有利于成型时胶料的流动，又可提高制品模具的使用寿命。橡胶制品的圆角设计不像塑料制品那样严格，在一些部位可以设计成非圆角结构，从而简化模具的设计和制作。

（4）孔　对于橡胶制品而言，一般孔洞的成型比较容易。如果孔洞较深，则型芯应设计有一定的脱模斜度。因此，对于各种类型的孔洞，都应当给定并明确指出脱模斜度的方向和大小。如果不允许有较大的脱模斜度，则应注明。小的深孔较难成型，一般孔径以大于深度的 1/5 为宜。

（5）嵌件　出于使用功能、工作条件及工作环境的需要，橡胶制品中常常镶有各种不同结构形式和材料的嵌件，如金属和非金属嵌件、硬体嵌件和软体嵌件等。嵌件材料的选择和形状的设计，取决于橡胶制品的使用功能与要求。在设计时，应对各种因素综合分析和研究，以便设计出结构和尺寸均较合理的嵌件。

（6）文字与图案　橡胶制品上的文字和图案分为凸型和凹型两类，制品上呈凸型的文字及图案在模具上则为凹型，比较容易加工成型，所以将橡胶制品上的文字及图案设计成凸型为好。

4.4　无机非金属材料成形概述

非金属材料是金属材料以外的一切材料，范围广、种类多，并具有许多优良的独特性能，已在机械工程材料中占据重要地位，它的应用遍及国民经济的各个领域。下面主要介绍陶瓷、玻璃在产品设计中的应用。

陶瓷是无机非金属材料的主体，新型陶瓷更是一类具有发展前途的新型工程材料。它具有金属和有机合成高分子材料所没有的高硬度、绝缘、磁性、透光、半导体，以及压电、铁电、光电、超导、生物相容性等特殊性能。目前已从日用、化工、建筑、装饰发展到微电子、能源、交通及航天等领域，是继金属材料、有机合成材料之后的第三大类材料。

玻璃是一种非晶形无机非金属固体材料，在常温范围内属脆性材料。玻璃具有优良的透明性和折光性等光学性能，硬度高，抗压强度高，冲击振动易破坏，抗热震性差，化学稳定性佳，耐酸性能高（氢氟酸除外），耐碱性能较差，在干燥大气条件下，玻璃是良好的电绝缘体。特种工艺制造的玻璃具有防弹、耐热、防辐射等特殊性能。玻璃在日用器皿、建筑工程、机械、光学仪表、化工、通信、国防等领域获得了广泛的应用，是一种重要的工程材料。

玻璃成形方法分为两类，即热塑成形和冷成形。冷成形包括物理成形（研磨和抛光等）和化学成形（高硅氧质的微孔玻璃）。通常把冷成形归属到玻璃冷加工中，这里所说的玻璃成形是指热塑成形。

4.4.1 陶瓷成型概述

在传统上，陶瓷是以天然或人工合成的无机非金属物质为原料，经过成型和高温烧结而制成的固体材料和制品。陶瓷的种类很多，一般将其分为普通陶瓷和特种陶瓷两大类。

普通陶瓷是利用天然硅酸盐矿物（如黏土、石英、长石等）为原料制成的陶瓷，又称传统陶瓷。按照性能特点和用途，可分为日用陶瓷、建筑陶瓷、电工陶瓷、化工陶瓷和多孔陶瓷等。

特种陶瓷是采用高纯度人工合成原料（如氧化物、氮化物、碳化物、硅化物、硼化物等）制成的具有各种独特的力学、物理或化学性能的陶瓷，又称新型陶瓷或现代陶瓷。按照性能特点和用途，可分为工程陶瓷（如超硬陶瓷、高强陶瓷等）和功能陶瓷（如电子陶瓷、超导陶瓷、磁性陶瓷、光学陶瓷和生物陶瓷等）。按照化学组成又分为氧化物陶瓷、非氧化物陶瓷、复合陶瓷、金属陶瓷和纤维增强陶瓷等。金属陶瓷和纤维增强陶瓷实质上应属于复合材料，但习惯上也被看作是陶瓷的一部分。

陶瓷的生产工艺流程：原料配制→坯料成型→制品烧成三大步骤。原料在一定程度上决定着陶瓷的质量和工艺条件的选择。传统陶瓷的主要原料有黏土、石英、长石。按照不同的制备过程，坯料可以是可塑泥料、粉料或浆料，以适应不同的成型方法。成型的目的是将坯料加工成一定形状和尺寸的半成品，使坯料具有必要的强度和一定的致密度。干燥后的坯件加热到高温进行烧成或烧结，目的是通过一系列的物理、化学变化成瓷，并获得要求的性能（强度、致密度等）。

陶瓷的成型过程取决于坯料的成型性能及工艺方法。坯料在加入水后，可形成一种特殊状态，具有了所需要的工艺性能。加入大量的水（质量分数为28%~35%），可使坯料颗粒形成稠厚的悬浮液，为注浆坯料；加入少量的水，则形成能捏成团的粉料。水含量（质量分数）为3%~7%时是干压坯料；水含量（质量分数）为8%~15%时是半干压坯料；水含量适中时（质量分数为18%~25%）则形成可塑坯料。

同一产品可以用不同的方法来成型，对于某一类产品采用什么样的成型方法是可以选择的。生产中可从以下几个方面来考虑：

1）产品的形状、大小、厚薄等。形状复杂或较大、壁较薄的产品，多采用注浆成型；具有简单回转体形状的器皿，可采用旋压、液压法等可塑成型。

2）坯料的性能。可塑性好的坯料适于可塑成型，可塑性较差的坯料可采用注浆或干压法成型。

3）产品的产量和质量要求。产量大的产品可采用可塑法的机械成型，产量小的产品可采用注浆成型，产量小、质量要求也不高的产品可采用手工可塑成型。

1. 注浆成型

注浆成型是将泥浆注入具有吸水性能的模具中而得到坯体的一种成型方法。适于形状复杂、薄壁的、体积较大且对尺寸精度要求不高的制品。注浆成型后的坯体结构较均匀，但含水量大，干燥与烧成收缩较大。注浆成型具有适应性强、不需专用设备、易投产的优点，故在陶瓷生产中应用普遍。传统的注浆成型是利用石膏的毛细作用，吸去泥浆中黏土的水分而成坯的过程；现在的注浆成型泛指具有流动性的坯料成型过程。成型的过程也不再局限于石膏模型的自然脱水，而可以通过人为施加外力来加速脱水。注浆成型与金属铸造时的浇注有相似之处，故适用于造型复杂的制品。

（1）空心注浆　空心注浆指采用的石膏模型没有型芯，故也称为单面注浆。泥浆注满模型后放置一段时间，待模型内壁吸附沉积形成一定厚度的坯体后，将剩余在中心部位的浆液倒出，然后带模干燥，当注件干燥收缩脱离模型后，即可脱模取出坯体。其外形取决于模型的工作面，厚度取决于吸浆时间，同时还与模具的温度、湿度及泥浆的性质有关。为防止坯体表面出现不光滑现象，要求泥浆的密度相对要小些，稳定性要高些，粒度要细些。这种方法适于薄壁类小型坯件的成型，如图4-76所示。

（2）实心注浆　实心注浆是将泥浆注入带有型芯的模型中，泥浆在外模与型芯之间同时向两侧脱水，浆料需不断补充，直至硬化成坯，也称为双面注浆。为缩短吸浆时间，可用较浓的泥浆，粒度也可粗些。坯体外形取决于外模的工作表面，内形由型芯的工作表面决定。适于内外表面形状、花纹不同的厚壁、大件的成型，如图 4-77 所示。

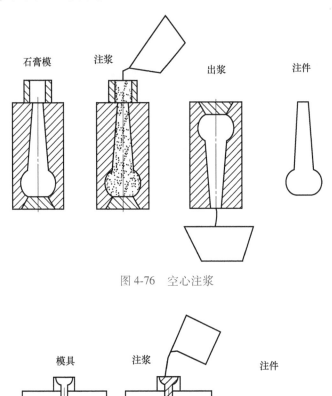

图 4-76　空心注浆

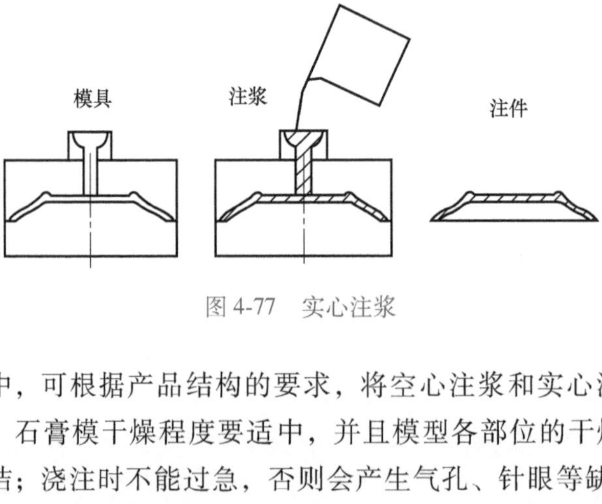

图 4-77　实心注浆

　　实际生产中，可根据产品结构的要求，将空心注浆和实心注浆结合起来。操作中需注意，石膏模干燥程度要适中，并且模型各部位的干燥程度需一致，模型表面要清洁；浇注时不能过急，否则会产生气孔、针眼等缺陷；原料不宜过细，以免引起坯体变形和塌落。这两种均属传统工艺，有成型周期长、劳动强度大的缺点，不适于连续化、自动化生产，如今的陶瓷注浆已进入了新的阶段，采用强化注浆的方法可缩短生产周期，提高坯体质量。

　　（3）真空注浆　真空注浆是利用在模外抽取真空或将紧固的模型放入负压的空气中，以降低模外压力，增加模型内外的压差，从而提高注浆成型的质量和速度，增加致密度，缩短吸浆时间。例如，当用传统浇注方法形成 10mm 厚的坯体时，瓷器泥浆需用 8h，精陶泥浆需用 10h；当采用真空度为 533Pa 的真空浇注时，较之传统方法可节省 5~6h，瓷器泥浆只需用 2.5h，精陶泥浆需 3.5h；而当真空度增加至 933Pa 时，则分别仅需 1h 和 1.5h 即可。可见真空注浆可显著提高吸浆速度，但操作时要注意缓慢抽真空和进气，模型强度会更高。

（4）离心注浆　离心注浆指向旋转模型中注入泥浆，利用旋转模型产生的离心力作用，加速泥浆脱水过程的工艺。此过程同时还可减少气泡，因气泡较轻，模型旋转时可聚于心部而破裂消失。该方法具有厚度均匀、坯体致密的优点，但颗粒尺寸波动不能太大，否则会出现大颗粒集中在模型表面且不均匀分布，造成坯体组织不均匀、收缩不一致的现象。模型转速要视产品大小而定，一般小于 100r/min。此方法适于旋转体类模型注浆。

（5）压力注浆　将施有一定压力的泥浆通过管道压入模型内，待坯体成型后再取消压力，对于空心注浆的坯体，要倒出多余泥浆。所施压力可根据产品的形状、大小及模型的强度确定。根据泥浆压力的大小，压力注浆可分为微压注浆，注浆压力小于 0.03MPa；中压注浆，压力为 0.15~0.4MPa；高压注浆，压力可高达 3.9MPa 以上。压力不同对模型的要求也不同，微压可采用传统的石膏模型，中压需采用高强度的石膏模型或树脂模型，高压则必须采用高强度的树脂模型。

1）微压注浆。泥浆的压力可通过提高泥槽高度，利用泥浆自身的势能提供。特点是较普通注浆可缩短成型时间一半以上，同时能提高质量，减少坯体缺陷（如气泡、塌坯等），并且设备改造小，投资少，对石膏模型无特殊要求。

2）中、高压注浆。泥浆的压力通过压缩空气引入，压力越大，成形速度越快，生坯强度也越高，但需考虑模型的承受能力。注浆前要将模型密封，并根据注浆压力和坯件的大小施以一定的合模压力（略大于注浆压力）后，将具有一定压力的泥浆注入模型内，并逐渐加压至最高压力。其特点是较微压注浆有更高的效率，并且生坯致密度增加，强度大，干燥收缩率小，对泥浆无特殊性能要求，劳动强度小，但设备、模型的成本高，一次性投资大。

此外，还有热压铸成型、流延法成型等成型方法，多用于特种陶瓷成型。

注浆成型操作注意事项：

1）新制成的泥浆至少需存放（陈腐）一天以上再使用，用前须搅拌 5~10min。

2）浇注泥浆温度不宜太低，否则会影响泥浆的流动性。

3）石膏模型应按顺序轮换使用，使模型湿度保持一致。

4）注入泥浆时，为使模型内的空气充分逸出，应沿漏斗徐徐不断地一次注满；最好将模型置于转盘上，一边注一边用手使之回转，借助离心力的作用，促使泥层均匀，减少坯体内气泡，减小烧成变形。

对于实心注浆，在泥浆注入后，可将模型稍微振动，促使泥浆充分流动将各处填满，并有利于泥浆内的气泡排出。

5）石膏模型内壁在注浆前最好喷一层薄釉或撒一层滑石粉，以防粘模。

6）从空心注浆倒出的余浆和修整后的剩余废浆，在回收使用时，要先加水搅拌，洗去从模上混入的硫酸钙等可溶性盐类，再过筛压滤后与浆料配用。

7）注浆坯体脱模后需轻拿轻放，放平放稳防止振动。特殊形状的坯体最好放在托板上。

2. 可塑成型

可塑成型是对具有一定可塑能力的泥料，如可塑坯料，进行加工成型的工艺过程。可塑成型工艺在传统陶瓷中应用较多，方法也很多，但一些手工的传统工艺已逐渐被机械化的现代工艺取代，仅存在于小批量生产或少量复杂的工艺品生产中。现常用的成型工艺，按使用外力的操作方法不同，可分为以下几种。

（1）雕塑与拉坯　这些都是古老的可塑成型方法，由于简便、灵活，一些量少且形状特殊的器物目前仍在使用这些方法。

1）雕塑。凡产品形状为人物、鸟兽或方形、多角形器物，多采用手捏或雕塑法成型，制造时视器物形状而异，仅用于某些工艺品制作，技术要求高，效率低。

2）拉坯。具有熟练操作技术的人员在人力或动力驱动的辘轳上完全用手工制出生坯的成型方法。要求坯料的屈服值不宜太高，而最大变形量要大些，因此坯料水分较大。特点是设备简单，劳动强度大，操作人员需有熟练的操作技术，尺寸精度低。适于小型、复杂制品的小批量生产。

（2）旋压成型　旋压成型是利用旋转的石膏模型与样板刀成型。将经真空炼泥的泥团放在石膏模中（模型的含水率为4%~14%），将石膏模放在辘轳机上，使其转动，然后慢慢放下样板刀（型刀）。由于样板刀的压力，泥料均匀地分布在模型的内表面，多余的泥料则粘在样板刀上被清除。这样，模壁和样板刀转动所构成的空隙被泥料填满而旋制成坯件。样板刀口的工作弧线形状与模型工作面的形状构成了坯件的内外表面，样板刀口与模型工作面的距离即为坯件的壁厚。

旋压成型方式有两种，凸模成型时，石膏模壁形成坯件的内形，样板刀旋压出坯件的外形；凹模成型时则相反。

旋压成型的优点是设备简单，适应性强，可以旋制大型深孔制品。缺点是成型质量不高，劳动强度大，要有一定的操作技术，效率低。

（3）滚压成型　滚压成型是在旋压成型基础上发展起来的一种新的可塑成型方法，它与旋压成型的不同之处是将扁平的样板刀改为回转型的滚压头。成型时，盛放泥料的模型和滚压头分别绕自己的轴线以一定速度同方向旋转。滚压头在旋转的同时逐渐靠近盛放泥料的模型，对坯泥进行滚压作用而成型。由于坯泥是均匀展开，受力由小到大比较和缓、均匀，因此坯体组织结构均匀，且滚压头与坯泥的接触面积较大，压力也较大，受压时间较长，坯体较致密，强度也大。另外，成型是靠滚压头与坯体相"碾"而成型，故表面光滑，克服了旋压成型的弱点而得到广泛应用。其与旋压成型一样，也可采用两种成型方式，由滚压头决定坯体外形的称为外滚压，也称凸模滚压，适于扁平状宽口器皿和内表面有花纹的坯体成型；由滚压头形成坯体内表面的称为内滚压，适于口小而深的制品成型。滚压成型过程如图 4-78 所示。

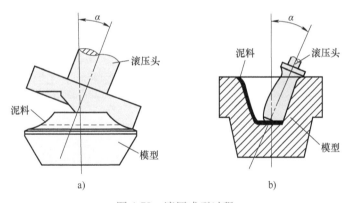

图 4-78　滚压成型过程

a）外滚压成型　b）内滚压成型

滚压成型对泥料的要求与成型方式有关。凸模滚压时，因泥料在模外，需泥料的可塑性要好，水分较少；凹模滚压时，要求可降低。冷滚压时，泥料水分要少，可塑性要好；而热滚压时，要求又可降低。

滚压成型具有坯体质量好、产量大、适于自动化生产的特点。

（4）挤压与车坯成型

1）挤压成型是由真空挤泥机等将坯泥挤压成各种管状、棒状及截面一致的产品，具有产量大、操作简单、可连续化生产的特点，但坯体形状简单，有些尚需经车坯成型，并且形体较软易变形。

2）车坯成型是在车床上将挤压成型的泥段再加工成外形复杂的柱状制品，

可分为干车，泥段含水 6%～11%（质量分数）；湿车，泥段含水 16%～18%（质量分数）。干车坯体尺寸精确，但粉尘大、效率低、刀具磨损大，已逐渐被湿车替代，但湿车精度低，有变形。

（5）塑压成型　也称为兰姆成型，是将泥料放在模型内，常温下压制成坯。上、下模一般由石膏制成，模型内盘绕一根多孔性纤维管，以便通压缩空气或抽真空。成型时，将泥团置于下模上，压下上模后，对上、下模抽真空挤压成型；脱模时，先对下模通压缩空气，使坯体与下模脱离，上模同时要抽真空吸附坯体，再将坯体放在托板上，对上模通压缩空气，使坯体脱模；最后对上、下模通压缩空气，便模内水分渗出擦去后待用。成型压力由坯料的含水量决定，含水量为 28%（质量分数）时，压力为 15MPa；含水量降为 23%（质量分数）时，压力可增至 35MPa。此法特点：适于非旋转对称的盘、碟类制品，坯体致密，自动化程度高，但模寿命短、成本高。目前国外有采用多孔树脂模。

（6）注射成型　是瘠性物料与有机添加剂混合加压挤制成型的方法，由塑料行业移植而来，可用于复杂形状的大型制品的成型；成本高，多用于特种陶瓷。

（7）轧模成型　坯料多由特性物料和有机黏合剂构成，在轧模机上反复混炼反复粗轧，以保证坯料均匀并排除气泡；然后逐渐减小轧辊间距进行精轧，直至轧成所需薄膜的厚度。特点是工艺简单，炼泥与成型同时进行，膜片表面光滑、均匀、致密，适于电容器坯片等薄片状制品。

3. 压制成型

压制成型是在坯料中加入少量水或塑化剂，然后再在金属模具中经较高压力压制成型的工艺过程。可用于对坯料可塑性要求不高的生产，具有生产过程简单、坯体收缩小、致密度高、产品尺寸精确的优点，但传统的压制工艺不利于形状复杂的制品成型，而等静压成型则可以。

（1）干压或半干压成型　干压或半干压成型是以坯料的含水量来划分的，干压成型压力较大时，要求粉料的含水率要低，反之应高些。成型时将坯料置于钢模中，由压力机加压即可，但需注意加压速度。

由于坯料中存在着空气，故开始加压时压力宜小些，以利于空气排出，然后短时内释放此压力，使受压气体逸出。初压时坯体疏松，空气易排出，可以稍快加压；当加至高压颗粒紧密靠拢时，需放慢加压速度，以免残余空气无法排出，否则在释放压力后会出现空气膨胀，回弹而产生层裂。若坯体较厚、深径比较大，或者粉料颗粒较细、流动性较差时，也要减慢加压速度，并延长加压时间，以保证坯体达到规定的密度要求。

生产上常用的压力机有摩擦压力机，其特点是对施压的坯料加压速度快，卸压也快，保压时间短，因此不宜用于压制厚坯。液压机的特点是每次加压时施加的压力是恒定的，施压时间随压力大小而变化，可有足够的保压时间，适用于压制厚坯。也可采用摩擦压力机与液压机结合的压力机。

为改善压力的均匀性，通常采用多次加压。例如，采用摩擦压力机压制地砖时，通常加压 3~4 次。开始稍加压力，然后压力加大，可不致封闭空气排出的通路，最后一次提起上模时要轻些、缓些，防止残留空气急速膨胀产生裂纹。这是生产者总结的"一轻、二重、慢提起"的操作方法。对于液压机等，这个原则也同样适用。当对坯体密度要求非常严格时，可在某固定压力下多次加压或多次换向加压。在加压的同时振动粉料（振动成型），效果会更好。

（2）等静压成型 等静压成型是近几十年来发展起来的新型压制成型方法。它是利用液体或气体等的不可压缩性和均匀传递压力的特性来实现均匀施压成型，成型坯料含水量一般小于 3%（质量分数），克服了单向压制坯体压力分布不均的缺点，具有结构均匀、坯体密度大、生坯强度高、制品尺寸精确、烧成收缩小，可不用干燥直接上釉或烧成，粉料中可不加或少加黏合剂，模具制作方便等优点。可制取形状复杂、深径比大的坯体。不足的是设备费用高，投资大，成形速度慢且在高压下操作，须有保护措施。

根据成型温度的不同，等静压成型可分为热等静压成型和冷等静压成型。热等静压成型属热压烧结，是一种使坯体成型与烧成同时进行的工艺，多用于先进陶瓷材料。

冷等静压根据成型模块结合形式的不同，可分为湿袋法和干袋法两种。若传递压力的介质是液体，则称为液等静压；若传递压力的介质是气体或弹性体（如橡胶等），则称为均衡压制成型。

湿袋法采用的模具与高压容器互不相连，故可将几个模具同时放入成型弹性模具。先装满坯料，密封后置于高压容器内，由高压泵压入液体介质，使粉料均匀受压（通常使用压力为 100~600MPa），最后放出液体减压，取出坯模。此法适于试验研究或小批量生产，或者压制形状复杂、特大制品等，但操作较费时。

干袋法是将弹性模具直接固定在高压容器内，加料后密封模具就可以升压成型。成型后取出，不必移动模具，因此节省了在高压容器内取放模具的时间，加快了成型速度。此法只是模具周围受压，模具的底部和顶部无法加压，制品的致密性和均匀性不及湿袋法，仅适于成批生产形状简单的制品。

4.4.2 玻璃及其成形工艺

1. 玻璃的分类

按化学成分可将玻璃分为钠玻璃、钾玻璃、铅玻璃、硼玻璃、石英玻璃及铝镁玻璃等；按用途和性能可将玻璃分为建筑玻璃、日用玻璃、技术玻璃和玻璃纤维等。

（1）建筑玻璃 包括平板玻璃、控制声光热玻璃、安全玻璃、装饰玻璃及特种玻璃。

1）平板玻璃包括普通平板玻璃和高级平板玻璃（浮法玻璃）。

2）控制声光热玻璃包括热反射镀膜玻璃、低辐射镀膜玻璃、导电镀膜玻璃、磨砂玻璃、喷砂玻璃、压花玻璃、中空玻璃、泡沫玻璃、玻璃空心砖等。

3）安全玻璃包括夹丝玻璃、夹层玻璃、钢化玻璃等。

4）装饰玻璃包括彩色玻璃、压花玻璃、磨花玻璃、喷花玻璃、刻花玻璃、镜面玻璃、玻璃马赛克、玻璃大理石等。

5）特种玻璃包括防辐射玻璃（铅玻璃）、防盗玻璃、电热玻璃、防火玻璃等。

（2）日用玻璃 包括瓶缸玻璃、器皿玻璃，工艺美术玻璃等。

1）瓶缸玻璃包括啤酒瓶、饮料瓶、食品瓶、试剂瓶、化妆瓶、牛奶瓶等。

2）器皿玻璃包括玻璃杯、保温瓶、钢化器皿等。

3）工艺美术玻璃包括晶制玻璃、刻花玻璃、光珠、玻璃球、各种饰品和工艺品。

（3）技术玻璃 包括光学玻璃、仪器和医疗玻璃、电真空玻璃、照明器具玻璃及特种技术玻璃。

1）光学玻璃包括镜头、反射镜、玻璃眼镜片、滤片、紫外线用玻璃等。

2）仪器和医疗玻璃包括仪器玻璃、温度计、体温计、玻璃管、医疗用玻璃等。

3）电真空玻璃包括灯泡壳、荧光灯、水银灯、显像管、电子管、汽车灯、杀菌灯等。

4）照明器具玻璃包括灯罩、反射器、信号灯、反射性微珠、感光玻璃等。

5）特种技术玻璃包括半导体玻璃、导电玻璃、磁性玻璃、防辐射玻璃、耐高温玻璃、荧光玻璃、高介质玻璃、激光玻璃等。

（4）玻璃纤维及制品 包括玻璃棉、毡、棉板、纤维纱、纤维带、纤维布等。

2. 玻璃的性能

（1）光学性能

1）透光性。材料能使光线透过的性能称为透光性。评定玻璃的透光性能用透光率（或称透明度）来衡量。所谓透光率，是某一物体能透过的光能量和射到它表面的光的总能量之比，以%表示。对一般玻璃来说，光线透过的越多，被吸收的越少，其质量越好。例如，良好的窗用平板玻璃（厚2mm），其透光率可达90%，反射约8%，吸收约2%。

2）折光性。材料能使透过的光线偏离入射方向的性能称为折光性。玻璃制品折光性能的好坏以折射率来表示。对于光学玻璃，其折射率是一个很重要的性能，每种光学仪器玻璃都要求具有一定的折射率。玻璃的折射率因成分不同而异，普通玻璃为 1.48~1.53，晶质玻璃（即铅玻璃）为 1.61~1.96。

（2）力学性能

1）抗拉强度。抗拉强度是玻璃最重要的力学性能之一，一般玻璃的抗拉强度不高，为 59~79MPa。在玻璃组成中增加 CaO 含量可使抗拉强度显著提高，玻璃表面存在微小的裂痕会降低其强度，淬火玻璃的抗拉强度比退火玻璃可提高 5~6 倍。

玻璃抗拉强度的大小与其状态密切相关，块状、棒状玻璃的抗拉强度较低，而玻璃丝的抗拉强度则很高，为块状、棒状玻璃的 20~30 倍。玻璃纤维的直径越小，其抗拉强度越高。

2）抗压强度。玻璃有很高的抗压强度，一般比抗拉强度高 14~15 倍。各种玻璃的抗压强度与其化学成分有关，同时取决于其结构和制造工艺。SiO_2 含量高的玻璃有较高的抗压强度，而 CaO、Na_2O 及 K_2O 等氧化物是降低抗压强度的因素。玻璃在运输、保管中，要考虑其抗拉强度小、抗压强度大这一特性，以避免因破碎而造成损失。

3）脆性。玻璃在冲击和动负荷作用下很容易破碎，是一种典型的脆性材料，因而限制了它的应用范围。脆性取决于玻璃制品的形状和厚度（冲击韧度随着玻璃厚度的增加而增加）。玻璃退火不良和化学成分均匀性差，均会降低玻璃的冲击韧度而增加其脆性；玻璃淬火后则可显著提高其冲击韧度。因此，为了改善玻璃的脆性，可以通过夹层、夹丝、微晶化和淬火钢化等方法来提高玻璃的冲击韧度和抗弯强度。

4）硬度。玻璃的硬度很高，为莫氏硬度 6~8，比一般金属硬，仅次于金刚石、刚玉、碳化硅等磨料，所以加工研磨玻璃要用金刚砂，切割玻璃要用金刚石刀具。

玻璃硬度的大小主要取决于化学组成。石英玻璃及一些含有 $w(B_2O_3)$ 为 10%~12%的硼硅酸盐玻璃硬度较高，含碱性氧化物（Na_2O、K_2O）多的玻璃硬度较低，含 PbO 的玻璃硬度最低。

（3）热学性能

1）热膨胀。玻璃受热后的膨胀大小一般以线胀系数或体胀系数来表示。玻璃的热胀系数在实际应用方面非常有用，如不同成分玻璃的焊接或熔接、叠层套料玻璃的制造，都要求具有近似的热胀系数；电真空玻璃需将玻璃和金属熔封，也要考虑其热胀系数。玻璃热胀系数的大小取决于它的化学组成。石英玻璃的热胀系数最小，含 Na_2O 及 K_2O 多的玻璃制品的热胀系数最大。

2）导热性。玻璃的导热能力差，其导热性只有钢的 1/400。玻璃导热能力虽然也和化学组成有关，但主要取决于密度。密度相同的玻璃，虽然成分不同，热导率却相差极小，一般来说，透明石英玻璃的导热性最好，普通钠钙玻璃的导热性最差。

3）热稳定性。玻璃能经受急剧的温度变化而不致破裂的性能，称为热稳定性或耐热性。玻璃是热稳定性很差的物质，在急冷急热情况下很容易炸裂，这是由于温度急变时，玻璃内部产生的内应力超过了玻璃强度的缘故。

玻璃的热稳定性由各种物理性质来决定，其中影响最大的是热胀系数，其次是拉伸强度、弹性模量和热导率。石英玻璃具有最小的热胀系数，因此热稳定性极高，耐热最大温差可达 1000℃ 而不破裂。除上述因素，玻璃的热稳定性还和玻璃的化学组成、生产工艺、制品结构有关。

（4）化学稳定性　化学稳定性即玻璃抵抗气体、水、酸、碱或各种化学试剂的能力，可分为耐水、耐酸与耐碱。化学稳定性不仅对玻璃的使用，而且对玻璃的加工，如磨光、镀银、酸蚀等也有重要的影响。初看玻璃好像完全不受化学溶液侵蚀，其实酸、碱及水都能与玻璃起化学作用，仅是程度上的大小不同而已。当水、酸、碱的溶液作用于玻璃时，置于溶液中的玻璃的某些部分会遭受破坏，使光亮的玻璃表面呈现出粗糙发毛的现象。

碱性溶液对玻璃的作用要比酸性溶液、水或潮气强烈得多。因此，在日常生活中，按照玻璃的用途对化学稳定性提出了各种不同的要求。若窗玻璃的化学稳定性低，在其长期经受大气、雨水的侵蚀作用后，在其表面将产生斑点、发毛和出现晕色。有时，当化学稳定性不良的窗玻璃成垛堆放，经受潮气的侵蚀作用后，会溶合成一个整体。因此，玻璃的化学稳定性是非常重要的一项性能指标。

（5）导电性　玻璃有传导电流的能力，一般属于离子导电类型，如有些玻璃（含钒酸盐、硫、硒化合物等）具有电子导电性，已作为玻璃半导体应用于实际，但大部分团状硅酸盐玻璃在常温下具有较高的电阻率，可作绝缘材料使用。因此，玻璃可以用来制造电话和其他电学仪器上的绝缘器材，玻璃织物可以作为导线和各种电机上的绝缘材料。

3. 常用玻璃的特性和用途

常用玻璃有十多种，分别是普通平板玻璃、浮法玻璃、压花玻璃、磨砂玻璃及喷砂玻璃、夹丝玻璃、夹层玻璃、钢化玻璃、中空玻璃、电热玻璃、石英玻璃等。

（1）普通平板玻璃　普通平板玻璃有较好的透明度，表面平整。用于建筑物采光、商店柜台、橱窗、制镜、仪表、农业温室、暖房，以及加工其他产品等。

（2）浮法玻璃　浮法玻璃表面特别平整光滑，厚度非常均匀，光学畸变较小。用于高级建筑门窗、橱窗、指挥塔窗、夹层玻璃原片、中空玻璃原片、制镜玻璃，以及汽车、火车、船舶的风窗玻璃等。

（3）压花玻璃　由于玻璃表面凹凸不平，当光线通过玻璃时即产生漫反射，因此从玻璃的一面看另一面的物体时，物像就模糊不清，形成了这种玻璃透光不透明的特点。另外，又具有各种花纹图案，各种颜色，艺术装饰效果甚佳。用于办公室、会议室、浴室、厨房、卫生间，以及公共场所分隔室的门窗和隔断等。

（4）磨砂玻璃及喷砂玻璃　两者均具有透光不透视的特点。由于光线通过这种玻璃后形成漫反射，它们还具有避免眩光的特点。用于需要透光不透视的门窗、隔断、浴室卫生间及玻璃黑板、灯具等。

（5）夹丝玻璃　具有均匀的内应力和一定的韧性，当玻璃受外力而破裂时，由于碎片粘在金属丝网上，故可裂而不碎，碎而不落，不致伤人，具有一定的安全作用及防振、防盗作用。用于高层建筑、天窗、振动较大的厂房及其他要求安全、防振、防盗、防火之处。

（6）夹层玻璃　这种玻璃受剧烈振动或撞击时，由于衬片的黏合作用，玻璃仅呈现裂纹而不落碎片，具有防弹、防振、防爆性能。用于高层建筑门窗、工业厂房门窗、高压设备观察窗、飞机和汽车风窗及防弹车辆、水下工程、动物园猛兽展窗、银行等。

（7）钢化玻璃　具有弹性好、冲击韧度高、抗弯强度高、热稳定性好及光洁、透明的特点，在遇超强冲击破坏时，碎片呈分散细小颗粒状，无尖锐棱角，因此不致伤人。用于建筑门窗、幕墙、船舶、车辆、仪器仪表、家具、装饰等。

（8）中空玻璃　具有优良的保温、隔热、控光、隔声性能，若在玻璃与玻璃之间充以各种漫射光材料或介质等，则可获得更好的声控、光控、隔热等效果。用于建筑门窗、幕墙、采光顶棚、冰柜门、细菌培养箱、防辐射透视窗及车船风窗玻璃等。

（9）电热玻璃　具有透光、隔声、隔热、电加温、表面不结霜、结构轻便等特点。用于严寒条件下的汽车、电车、列车、轮船和其他交通工具的风窗玻璃，以及室外作业的瞭望、探视窗等。

（10）石英玻璃　具有各种优异性能，有"玻璃王"之称。它具有耐热性能高、化学稳定性好、绝缘性能优良、能透过紫外线和红外线等特点。此外，它的力学强度比普通玻璃高、质地坚硬，但抗冲击性能差，同时具有较好的耐辐照性能。用于各种视镜、棱镜和光学零件、高温炉衬、坩埚和烧嘴、化工设备和试验仪器、绝缘材料，以及部分在耐高压、耐高温、耐强酸及耐热稳定性等方面有一定要求的玻璃制品。

4. 玻璃成形工艺

玻璃的成形是将熔融的玻璃液转变为具有固定几何形状制品的过程。主要成形方法有吹制法（空心玻璃制品）、压制法（某些容器玻璃）、压延法（压花玻璃）、浇铸法（光学玻璃等）、焊接法（仪器玻璃）、浮法（平板玻璃）、托制法（平板玻璃）等。

（1）日用玻璃的成形　日用玻璃主要包括瓶罐玻璃、器皿玻璃等，这类玻璃的成形方法有人工成形和机械成形两种。

1）人工成形。人工成形是一种比较原始的成形方法，但目前在一些特殊的玻璃制品成形中仍在沿用，如仪器玻璃的成形等。

这种方法目前最常用的是人工吹制法。由操作人员用空心吹管的一端挑起熔制好的玻璃液，然后依次均匀收成小泡、吹制、加工等，使玻璃制品成形。这种成形方法要求操作人员具有丰富的工作经验和熟练的操作手法。

2）机械成形。玻璃制品的机械成形起源于19世纪末，其雏形是模仿人工操作的半机械化方法成形。19世纪八九十年代发明的压-吹法和吹-吹法，使玻璃制品的成形完全实现了机械化。

一般空心制品的成形机大多采用压缩空气作为动力，用压缩空气推动气缸动作。压缩空气容易向各个方向运动，可以灵活地适应操作制动，而且也便于防止制动事故。除压缩空气，也有一部分空心制品的成形机是采用液压传动的。

空心制品的机械成形包括供料与成形两大部分。

供料：如何将玻璃液供给成形机是机械成形的主要问题。不同的成形机要求的供料方法不同，主要有以下三种：

① 液流供料。利用窑池中玻璃液本身的流动进行连续供料。

② 真空吸料。在真空作用下将玻璃液吸出窑池进行供料的方法，主要用于罗兰特和欧文斯成形机。它的优点是料滴的形状、重量和温度均匀性比较稳定，成形的温度较高，玻璃分布均匀，产品质量好。

③ 滴料供料。滴料供料是使窑池中的玻璃液流出，达到所要求的成形温度，由供料机制成一定重量和形状的料滴，经一定的时间间隔顺次将料滴送入成形机的模型中。

成形：空心玻璃制品的成形通常有压制法与吹制法两种。

① 压制法。压制法所用的主要机械部件有模型、凸模和口模，采用供料机供料和自动压力机成形，如图 4-79 所示。

压制法能生产多种多样的实心和空心玻璃制品，如玻璃砖、透镜、电视显像管、耐热餐具、水杯、烟灰缸等。压制法的特点是制品的形状比较精确，能压制出外面带花纹的制品，工艺简便，生产率较高。

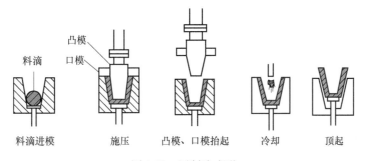

图 4-79　压制法成形

② 吹制法。机械吹制法可分为压-吹法、吹-吹法和带式吹制法。

a）压-吹法。该方法的特点是先用压制法制成制品的雏形，然后再移入成形模中吹成制品。因为雏形是压制的，制品是吹制的，所以称为压-吹法。

成形时口模放在雏形模上，由滴料供料机送来的玻璃液料滴落入雏形模后，凸模开始向下压制成口部和雏形；然后将口模连同雏形移入成形模中，经重热、伸长并放下吹气头，用压缩空气将雏形吹成制品；最后将口模打开取出制品，送往退火，如图 4-80 所示。

压-吹法主要用于生产广口瓶、小口瓶等空心制品。

b）吹-吹法。该方法的特点是先在带有口模的雏形模中制成口部和吹成雏形，再将雏形移入成形模中吹成制品。因为雏形和制品都是吹制的，所以称为吹-吹法。

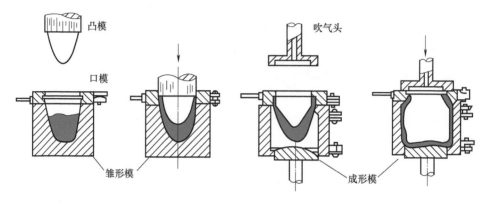

图 4-80　压-吹法成形

吹-吹法主要用于生产小口瓶。根据供料方式不同又分为翻转雏形吹制法、真空吸料吹制法和转吹法。

翻转雏形吹制法是用雏形倒立的办法使滴料供料机送来的玻璃液料滴落入带有口模的雏形模中，用压缩空气将玻璃液向下压实形成口部（俗称扑吹）。在口模中心有一特制的型芯，称为顶芯子，以便使压下的玻璃液做出适当的凹口部形状后，口模中的顶芯子即自行下落；用压缩空气向形成的凹口吹气（倒吹）形成雏形，然后将雏形翻转移入正立的成形模中，经重热、伸长、吹气，最后吹成制品，如图 4-81 所示。

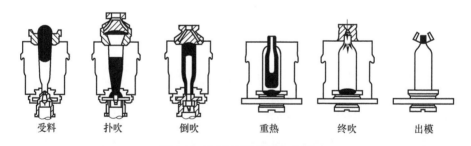

受料　　　扑吹　　　倒吹　　　重热　　　终吹　　　出模

图 4-81　翻转雏形吹制法成形

真空吸料吹制法是将袋式供料机或窑池中的玻璃液直接吸入正立的雏形模中。雏形模下端开口，上端为口模。模的下端浸入玻璃液中，借助真空的抽吸作用，将模内空气从口模排出，使整个雏形模和口模吸满玻璃液；然后将雏形模提高使之离开玻璃液面，并用滑刀沿模型下端切断玻璃液；打开雏形模，使雏形自由地悬挂在口模中，微吹气并进行重热和伸长，接着移入成形模，用压缩空气吹成制品。

转吹法是吹-吹法的一种，只是在吹制时料泡不停地旋转。所用模型是用水冷却的衬炭模。转吹法主要用于吹制薄壁器件，如电灯泡、热水瓶胆等。

c）带式吹制法。带式吹制法是以液流供料的方式，使玻璃液从料碗中不断向下流泻，经过用水冷却的辊被压成带状。依靠玻璃本身的重力和扑吹，在有孔的链带上形成料泡，再由旋转的成形模抱住料泡，吹成制品。带式吹制法主要用于生产电灯泡和水杯。

（2）平板玻璃成形　平板玻璃的成形方法主要有浮法、垂直引上法、平拉法、压延法。

1）浮法成形。浮法成形是熔窑熔融的玻璃液流入锡槽后，在熔融金属锡液的表面上成形平板玻璃的方法，如图 4-82 所示。

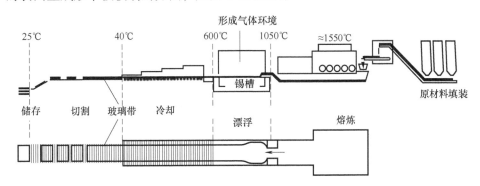

图 4-82　浮法成形

熔窑的配合料经熔化、澄清均化、冷却成 1100～1150℃ 的玻璃液，通过熔窑与锡槽相接的流槽，流入熔融的锡液面上，在自身重力、表面张力及拉引力的作用下，玻璃液摊开成为玻璃带，在锡槽中完成抛光与拉薄，在锡槽末端的玻璃带已冷却到 600℃ 左右，把即将硬化的玻璃带引出锡槽，通过过渡辊台进入退火窑。

2）垂直引上法成形。垂直引上法成形可分为有槽垂直引上法和无槽垂直引上法两种。

① 有槽垂直引上法。有槽垂直引上法是使熔融玻璃液通过槽子砖缝隙成形平板玻璃的方法，如图 4-83a 所示。

玻璃液经大梁的下部进入引上室，进入引上机的玻璃液在静压作用下，通过槽子砖的长形缝隙上升到槽口，此时玻璃液的温度为 920～960℃。在表面张力的作用下，槽口的玻璃液形成葱头状板根，板根处的玻璃液在引上机的石棉辊拉引下不断上升与拉薄形成原板，玻璃原板在引上后受到冷却器的冷却而硬化。槽子砖是成形的主要设备。

② 无槽垂直引上法。有槽与无槽垂直引上法的主要区别：有槽垂直引上法采用槽子砖成形，而无槽垂直引上法采用沉入玻璃液中的浮砖作为引砖并在玻璃液表面的自由液面成形，如图 4-83b 所示。

无槽垂直引上法采用自由液面成形，槽口不平整（如槽口玻璃液析晶、槽唇侵蚀等）引起的波筋就不再产生，其质量优于有槽垂直引上法，但无槽垂直引上法的技术操作难度大于有槽垂直引上法。

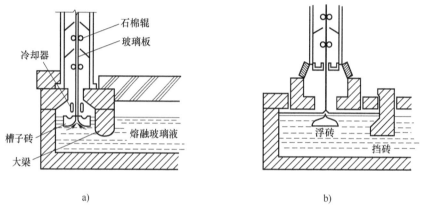

图 4-83　垂直引上法
a）有槽垂直引上法　b）无槽垂直引上法

③ 平拉法成形。平拉法与无槽垂直引上法都是在玻璃液的自由液面上垂直拉出玻璃板，但平拉法垂直拉出的玻璃板在 500~700mm 高度处，经转向辊转成水平方向，由平拉辊牵引。当玻璃板温度降到退火上限温度后，进入水平辊道退火窑退火。玻璃板在转向辊处的温度为 620~690℃。

④ 压延法成形。用压延法生产的玻璃品种有压花玻璃（2~12mm 厚的各种单面花纹玻璃）、夹丝网玻璃（制品厚度为 6~8mm）、波形玻璃（有大波、小波之分，其厚度为 7mm 左右）、槽形玻璃（分无丝和夹丝两种，其厚度为 7mm）、熔融法玻璃马赛克、熔融微晶玻璃花岗岩板材（厚度为 10~15mm）等。目前，压延法已不再用来生产光面的窗用玻璃和制镜用的平板玻璃。压延法有单辊压延法和对辊压延法两种。

单辊压延法是一种古老的方法，它是把玻璃液倒在浇铸平台的金属板上，然后用金属压辊滚压而成平板（见图 4-84a），再送入退火炉退火。这种成形方法无论在产量、质量或成本上都不具有优势，属于淘汰的成形方法。

对辊压延法是玻璃液由窑池工作池沿流槽流出，进入成对的用水冷却的中空辊，经滚压而成平板，再送到退火炉退火。采用对辊压制的玻璃板两面的冷却强度大致相近。由于玻璃液与压辊成形面的接触时间短，即成形时间短，故采用温度较低的玻璃液。对辊压延法的产量、质量、成本都优于单辊压延法。几种压延法成形如图 4-84 所示。

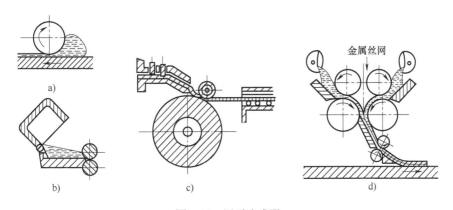

图 4-84 压延法成形

a）平面压延 b）辊间压延 c）连续压延 d）夹丝压延

4.5 复合材料成形概述

复合材料是将两种或两种以上成分不同、性质不同的材料组合在一起，构成性能比各组成材料优异的一类新型材料。复合材料由两类物质组成：一类为形成几何形状并起粘连作用的基体材料，如树脂、陶瓷、金属等；另一类为提高强度或韧性的增强材料，如纤维、颗粒、晶须等。

根据基体的不同，复合材料可分为树脂基复合材料、金属基复合材料和陶瓷基复合材料等。在同一基体的基础上，还可按照增强材料的不同进行分类，如金属基复合材料又可分为纤维增强金属基复合材料和颗粒增强金属基复合材料等。复合材料中基体材料与增强材料的综合优越性只有通过成形工艺才能体现出来，复合材料具有的可设计性及材料制品一致性的特点，都是由不同的成形工艺赋予的，因此应当根据制品的结构形状和性能要求来选择成形工艺。

复合材料的成形工艺主要取决于复合材料的基体，一般情况下，其基体材料的成形工艺也常常适用于以该类材料为基体的复合材料，特别是以颗粒、晶须及短纤维为增强体的复合材料。例如，金属材料的各种成形工艺多适用于颗粒、晶须及短纤维增强的金属基复合材料，包括压力铸造、熔模铸造、离心铸造、挤压、轧制、模锻等，而以连续纤维为增强体的复合材料的成形则完全不同，或者需要进行特殊工艺处理。在形成复合材料的过程中，增强材料通过其表面与基体粘接并固定于基体之中，增强材料的性状结构不发生变化，而基体材料则要经历性状的巨大变化。

4.5.1 树脂基复合材料成形

用作树脂基复合材料的基体有热固性树脂与热塑性树脂两类，其中以热固性树脂最为常用。

1. 热固性树脂基复合材料的成形

热固性树脂基复合材料以热固性树脂为基体，以无机物、有机物为增强材料。常用的热固性树脂有不饱和聚酯树脂、环氧树脂、酚醛树脂等，常用的增强材料有碳纤维（布）、玻璃纤维（布、毡）、有机纤维（布）、石棉纤维等。其中，碳纤维常用来增强环氧树脂，玻璃纤维常用来增强不饱和聚酯树脂。热固性树脂基复合材料的成形方法主要有以下几种。

（1）手糊成形　手糊成形是先在涂有脱模剂的模具上均匀涂覆一层树脂混合液，再将裁剪成一定形状和尺寸的纤维增强织物按制品要求铺设到模具上并使其平整。多次重复以上步骤逐层铺贴，直至所需层数，然后固化成形，脱模、修整获得坯件或制品，如图 4-85 所示。

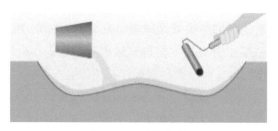

图 4-85　手糊成形

手糊成形的特点：工艺简单，操作方便，生产成本低，其制品的形状和尺寸不受限制，适于多品种、小批量生产。但是，该成形方法生产率低，劳动条件差且劳动强度大；制品的质量、尺寸精度不易控制，性能稳定性差，强度较其他成形方法低。通常用于制造船体、储罐、储槽、大口径管道、风机叶片、汽车壳体、飞机蒙皮、机翼、火箭外壳等要求不高的大中型制件。

（2）喷射成形　利用压缩空气将经过特殊处理而雾化的树脂胶液与短切纤维同时通过喷射机的喷枪均匀喷射到模具上沉积，经过滚压、浸渍及排除气泡等步骤后，再继续喷射，直至完成坯件制作，最后固化成制品的一种成形方法，如图 4-86 所示。

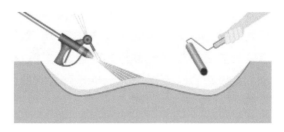

图 4-86　喷射成形

喷射成形的特点：生产率高，劳动强度低，适于大尺寸制品的批量生产；制品无搭接缝，形状和尺寸大小所受限制较小，适用于异形制品的成形。但是，该成形方法场地污染严重，制件承载能力不高，可用于成形船体、汽车车身、机器外罩、大型板等制品。

（3）层压成形　将纸、棉布、玻璃布等片状增强材料在浸胶机中浸渍树脂，经干燥制成浸胶材料，然后按层压制品的大小对浸胶材料进行裁剪，并根据制品要求的厚度（或质量）计算所需浸胶材料的张数，逐层叠放在多层压力机上，进行加热、层压、固化、脱模后获得层压制品。为使层压制品表面光洁美观，叠放时可于最上和最下两面放置 2~4 张含树脂量较高的面层用浸胶材料。

（4）铺层法成形　用手工或机械手将预浸材料按预定方向和顺序在模具内逐层铺贴至所需厚度或层数，获得铺层坯件，然后将坯件装袋，经加热、加压、固化、脱模、修剪获得制品的成形方法。

铺层法成形有真空袋法、压力袋法、热压罐法等，它们均可与手糊成形、喷射成形或层压成形配套使用，用于坯件的加压固化成形，常作为复合材料坯件的后续成形加工法。铺层法成形的特点是制品强度较高，铺贴时纤维的取向、铺贴顺序与层数可按受力需要，根据材料的优化设计来确定。常用于成形飞机机翼、舱门、尾翼、壁板、隔板等薄壁件和工字梁等型材。

（5）缠绕法成形　采用预浸纱带、预浸布带等预浸料，或者将连续纤维、布带浸渍树脂后，在适当的缠绕张力下按一定规律缠绕到一定形状的芯模上至一定厚度，经固化脱模获得制品的一种方法。与其他成形方法相比，缠绕法成形可以保证按照承力要求确定纤维排布的方向、层次，充分发挥纤维的承载能力，体现了复合材料强度的可设计性及各向异性，因而制品结构合理，比强度高；纤维按规定方向排列整齐，制品精度高、质量好；易实现自动化生产，生产率高。但是，缠绕法成形需要配备缠绕机、高质量的芯模和专用的固化加热炉等，投资较大。

主要用途：大批量成形需承受一定内压的中空容器，如固体火箭发动机壳体、压力容器、管道、火箭尾喷管、导弹防热壳体、储罐、槽车等。制品外形除圆柱形、球形，也可制成矩形、鼓形及其他不规则形状的外凸形和某些复杂形状的回转形。图 4-87 所示为缠绕法成形。

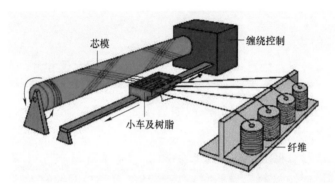

图 4-87　缠绕法成形

（6）模压成形　将模塑料、预浸料及缠绕在芯模上的缠绕坯料等放在金属模具中，在压力和温度作用下，经过塑化、熔融流动、充满模腔、成形、固化而获得制品。

模压成形方法可用于异形制品的成形，生产率高，制品的尺寸精确、重复性好，表面粗糙度值小、外观好，材料质量均匀、强度高，适于大批量生产；结构复杂制品可一次成形，无须进行有损制品性能的辅助机械加工。其主要缺点是模具设计制造复杂，一次投资费用高，制件尺寸受压力机规格的限制，一般限于中小型制品的批量生产。

模压成形又可分为压制模压成形、压注模压成形与注射模压成形。

1）压制模压成形。将模塑料、预浸料等放入由凸模和凹模组合成的金属对模内，由液压机将压力作用在模具上，通过模具直接对模塑料、预浸料进行加压，同时加温，使其流动充模，固化成形。压制模压成形工艺简便，应用广泛，可用于成形船体、机器外罩、冷却塔外罩、汽车车身等制品。

2）压注模压成形。将模塑料在模具加料室中加热成熔融状，然后通过流道压入闭合模具中成形固化，或者先将纤维、织物等增强材料制成坯件置入密闭模腔内，再将加热成熔融状态的树脂压入模腔，浸透其中的增强材料，然后固化成形。压注模压成形主要用于制造尺寸精确、形状复杂、薄壁、表面光滑、带金属嵌件的中小型制品，如各种中小型容器及各种仪器、仪表的表盘、外壳等，还可用于制作小型车船外壳及零部件等。

3）注射模压成形。将模塑料在螺杆注射机的料筒中加热成熔融状态，通过喷嘴小孔，以高速、高压注入闭合模具中固化成形，是一种高效自动化的模压工艺，适于生产小型复杂形状零件，如汽车及列车配件、纺织机械零件、泵壳体、空调机叶片等。

（7）离心浇注成形　利用筒状模具旋转产生的离心力将短切纤维连同树脂同时均匀喷洒到模具内壁形成坯件，或者先将短切纤维毡铺在筒状模具的内壁上，再在模具快速旋转的同时向纤维层均匀喷洒树脂液以浸润纤维形成坯件，坯件达到所需厚度后通热风固化。该成形方法的特点是制件壁厚均匀、外表光洁，适于大直径筒、管、罐类制件的成形。

（8）挤拉成形　如图 4-88 所示，将浸渍过树脂胶液的连续纤维束或带，在牵引机构拉力作用下，通过成形模定形，再进行固化，连续引拔出长度不受限制的复合材料管、棒、方形、工字形、槽形及非对称形的异形截面等型材，如飞机和船舶的结构件、矿井和地下工程构件等。挤拉工艺只限于生产型材，设备复杂。

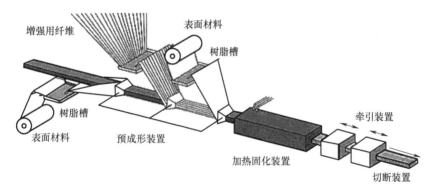

图 4-88　挤拉成形

除以上所述的常用成形工艺，成形工艺还可进行复合，即用几种成形工艺同时完成一件制品。例如，成形一种特殊用途的管子，在采用纤维缠绕法的同时，还可用布带缠绕法或喷射法进行复合成形。

2. 热塑性树脂基复合材料的成形

热塑性树脂基复合材料由热塑性树脂和增强材料组成。热塑性树脂基复合材料成形时，基体树脂不发生化学变化，而是靠树脂物理状态的变化来完成。

其过程主要由加热熔融、流动成形和冷却硬化三个阶段组成。已成形的坯件或制品，在加热熔融后还可以二次成形。粒子及短纤维增强的热塑性树脂基复合材料可采用挤出成形、注射成形和模压成形。其中，挤出成形和注射成形占主导地位。

4.5.2 金属基复合材料成形

金属基复合材料是以金属材料为基体，以纤维晶须、颗粒、薄片等为增强材料的复合材料。基体金属材料多采用纯金属及其合金，如铝、铜、银、铅、铝合金、铜合金、铁合金、钛合金、镍合金等，增强材料常采用陶瓷颗粒、碳纤维、石墨纤维、硼纤维、陶瓷纤维、陶瓷晶须、金属纤维、金属晶须、金属薄片等。

由于金属基复合材料的加工温度高、工艺复杂、界面反应控制困难、成本较高，故应用范围远小于树脂基复合材料。目前，主要应用于航空、航天领域。

1. 颗粒增强金属基复合材料成形

对于以各种颗粒、晶须及短纤维增强的金属基复合材料，其成形通常采用以下方法：

（1）粉末冶金法　先将金属粉末或合金粉末和增强相均匀混合，然后压制成锭块或预制成坯体，再通过挤压、轧制、锻造等二次加工制成型材或零件的方法，是制备金属基复合材料，尤其是颗粒增强金属基复合材料的主要工艺方法。

（2）铸造法　一边搅拌金属或合金熔融体，一边向熔融体逐步投入增强体，使其分散混合，形成均匀的液态金属基复合材料，然后采用压力铸造、离心铸造和熔模铸造等方法制成零件的成形方法。

（3）加压浸渍法　将颗粒、短纤维或晶须增强体制成含一定体积分数的多孔预成形坯体，将预成形坯体置于金属型腔的适当位置，浇注熔融金属并加压，使熔融金属在压力下浸透预成形坯体（充满预成形坯体内的微细间隙），冷却凝固形成金属基复合材料制品。采用此法已成功制造了陶瓷晶须局部增强铝活塞。

（4）挤压或压延成形法　将短纤维或晶须增强体与金属粉末混合后进行热挤或热轧，获得棒材、型材和管材的方法。

2. 纤维增强金属基复合材料成形

对于以长纤维增强的金属基复合材料，其成形方法主要有：

（1）扩散结合法　按制件形状及增强方向要求，将基体金属箔或薄片及增强纤维裁剪后交替铺叠，然后在低于基体金属熔点的温度下加热、加压并保持一定时间，基体金属产生蠕变和扩散，使纤维与基体间形成良好的界面结合，获得制件的成形方法，是连续长纤维增强金属基复合材料最具代表性的复合工艺。图 4-89 所示为硼纤维增强铝扩散结合工艺。

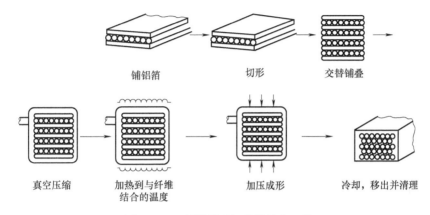

图 4-89　硼纤维增强铝扩散结合工艺

该方法的特点：易于精确控制，制件质量好，但由于加压的单向性，使该方法限于制作较为简单的板材、某些型材及叶片等制件。

（2）熔融金属渗透法　在真空或惰性气体介质中，使排列整齐的纤维之间浸透熔融金属的方法。常用于连续制取圆棒、管子和其他截面形状的型材，而且加工成本低。

（3）等离子喷涂法　在惰性气体保护下，等离子弧向排列整齐的纤维喷射熔融金属微粒子。其特点是熔融金属微粒子与纤维结合紧密，纤维与基体材料的界面接触较好，而且微粒子在离开喷嘴后是急速冷却的，因此几乎不与纤维发生化学反应，不损伤纤维。此外，还可以在等离子喷涂的同时，将喷涂后的纤维随即缠绕在芯模上成形。喷涂后的纤维经过集束层叠，再用热压法压制成制品。

3. 层合金属基复合材料的成形

层合金属基复合材料是由两层或多层不同金属相紧密结合组成的材料，可根据需要选择不同的金属层。其形成方法有轧合、双金属挤压、爆炸焊合等。

（1）轧合　将不同的金属层通过加热、加压轧合在一起，形成整体结合的层压包覆板。包覆层金属的厚度范围一般是层压板厚度的 2.5% ~ 20%。

（2）双金属挤压　将由基体金属制成的金属芯置于由包覆用金属制成的套

管中，组装成挤压坯，在一定的压力、温度条件下挤压成无缝包覆层的线材、棒材、矩形和扁形材等。

（3）爆炸焊合　利用炸药爆炸产生的脉冲高压对材料进行复合成形的方法，通常用于将两层或多层的异种金属板、片、管与增强体结合在一起形成复合板材或管材。

4.5.3　陶瓷基复合材料成形

陶瓷基复合材料的成形方法分为两类：一类是针对陶瓷短纤维、晶须、颗粒等增强体，复合材料的成形工艺与陶瓷基本相同，如料浆浇铸法、压制烧结法等；另一类是针对碳、石墨、陶瓷连续纤维等增强体，复合材料的成形工艺常采用料浆浸渗法、料浆浸渍热压成形法和化学气相渗透法。

（1）粉末冶金法　又称压制烧结法或混合压制法，广泛用于制备特种陶瓷及某种玻璃陶瓷。方法是将作为基体的陶瓷粉末、增强材料及黏结剂混合均匀后，冷压制成所需形状，然后进行烧结或直接热压烧结制成陶瓷基复合材料。前者称为冷压烧结法，后者称为热压烧结法。热压烧结法中，在压力和高温的同时作用下，致密化速度可得到提高，从而获得无气孔、细晶粒、具有优良力学性能的制品。用粉末冶金法进行成形加工的难点在于基体与增强材料不易混合；同时，晶须和纤维在混合或压制过程中，尤其是在冷压情况下容易折断。

（2）料浆浸渗法　将纤维增强体编织成所需形状，用陶瓷浆料浸渗，干燥后进行烧结。该方法与粉末冶金法的不同之处在于混合体采用浆料形式。其优点是不损伤增强体，工艺较简单，无需模具；缺点是增强体在陶瓷基体中的分布不太均匀。

（3）料浆浸渍热压成形法　将纤维或织物增强体置于制备好的陶瓷粉体浆料里浸渍，然后将含有浆料的纤维或织物增强体布成一定结构的坯体，干燥后在高温、高压下热压烧结成制品。

浆料浸渍热压成形法的优点是加热温度比晶体陶瓷低，不易损伤增强体，层板的堆垛次序可任意排列，纤维分布均匀，气孔率较低，获得的强度高，而且该方法采用的工艺比较简单，无需成形模具，能生产大型零件。缺点是不能制作形状太复杂的零件，基体材料必须是低熔点或低软化点的陶瓷。

（4）化学气相渗透法　又称 CVI 法，是将增强纤维编织成所需形状的预成形体，并置于一定温度的反应室内；然后通入某种气源，在预成形体孔穴的纤维表面上产生热分解或化学反应，沉积出所需陶瓷基质，直至预成形体中各孔穴被完全填满，获得高致密度、高强度、高韧性的制件。

CVI 法的优点是可制备硅化物、碳化物、氮化物、硼化物和氧化物等多种陶瓷基复合材料，并可获得优良的高温力学性能；由于所需制备温度较低且无须外加压力，因此材料内部残余应力小，纤维几乎不受损伤；成分均匀，并可制作多相、均匀和厚壁的制品。其缺点是生产周期长、生产率低、生产成本高，不适于制作形状复杂的制品。

第 **5** 章

表面工程技术及方法

表面工程是经表面预处理后，通过表面涂覆金属或非金属，以改善表面性能的系统工程。其目的是在物体表面获得高装饰性、耐蚀性、抗高温氧化、减摩、耐磨、抗疲劳性能及光、电、磁等多种表面特殊功能。在工程上，针对产品典型服役条件，应用表面加工、表面涂覆、表面改性等单一或复合技术，实现基体、界面及表面三者的优化组合，获得最佳的表面性能。

对产品的表面进行一系列形、色、质、光等处理，使之更加宜人、更加完美、更能满足人们多方面的使用要求，是产品设计中必不可少的重要方面。常用的表面工程技术有电镀、化学镀、涂装、热浸镀、热喷涂、高能束、化学转化膜技术等。这些表面工程技术的应用，可以提高产品的外观质量，并且给产品带来更高的附加值。

表面工程按照功能分类如下：

1）表面装饰。不同光亮、色泽、花纹的组合，使外观精美、多样化，增加美感与耐用性。

2）耐蚀。耐环境腐蚀，耐淡水、海水腐蚀，耐化学介质侵蚀腐蚀等。

3）耐磨。耐微动磨损、磨粒磨损等。

4）热功能。耐热、抗高温氧化、热绝缘、热辐射等。

5）光、电、磁等特种功能。反光、消光、超导、导电、绝缘、半导体、电磁屏蔽、吸波、红外反射、太阳能吸收、辐射屏蔽功能等。

5.1 电镀技术

电镀是通过电解方法在固体表面上获得金属沉积层的过程。其目的在于改变固体材料的表面特性，改善外观，提高耐蚀、耐磨及减摩性能，制成特定成分和性能的金属覆盖层，提供特殊的电、磁、光、热等表面特性和其他物理性能等。

将待镀工件和直流电源的负极相连，将电镀金属和直流电源的正极相连，然后把它们一起放入盛有含欲镀覆金属离子的盐溶液的镀槽中，当在工件和电镀金属间通入直流电时，镀液中的金属离子将移向阴极，在阴极金属离子获得电子发生还原反应，沉积在工件表面上。作为阳极的电镀金属将逐渐溶解，不断补充镀液中的金属离子，使电镀继续下去。

1. 镀层的主要特性及用途

（1）防护性镀层　电镀金属有锌、镉、锡及其合金，如锌镍、锌铁、锌锡、锌钛、锡镍等，主要用于钢铁件在大气和其他环境中的防锈及防腐蚀。其作用和涂装相似，但镀层有金属感，而且具有导电性和可摩擦性，如螺纹类产品只能用电镀而不能用油漆来防腐蚀，这类镀层大都为阳极镀层，有较好的防锈能力。随着光亮电镀的实现，这类镀层经处理后也具有一定的装饰性。防护性镀层占全部电镀层的 60% 以上，主要用作标准紧固件、仪器仪表底板和零件等的镀层。

（2）装饰性镀层　这类电镀除要求有较高的耐蚀性，对表面装饰性也有较高要求，如在汽车、摩托车、机床、日用品等表面电镀铜镍铬、镍铬、双层镍铬、三层镍铬和在镍镀层上镀仿金等。最终的镀层必须带有装饰性，而其本身要在大气中具有稳定性和一定的耐磨性。除镀铬层、镀金层和少数贵金属及少量合金层，最后一层往往是有机覆盖层。防护装饰性镀层在电镀产品中约占 30%。

（3）功能性镀层　这类镀层除具有一定的耐蚀性和装饰性，主要是利用镀层本身的特殊性质和功能，因此称为功能性镀层。它主要有以下几种：

1）耐磨和减摩镀层。前者采用电镀硬铬镀层、电镀及化学镀镍磷镀层和复合镀镍镀层等提高工件表面硬度以增加抗磨损能力，如气缸、活塞环、轴、模具和量具等的镀层；后者多用于滑动接触面，在这些接触面上镀上能起固体润滑剂作用的韧性金属（减摩合金）就可以减小滑动摩擦，这种镀层多用在轴瓦或轴套上，常使用锡、铅锡合金、银铅合金及铅锡锑三元合金等。

2）导电性镀层。在无线电及通信技术中大量使用提高表面导电性能的镀层，一般有镀铜、镀银，同时要求耐磨的则镀银锑合金、银金合金、金钴合金等。

3）磁性镀层。用于提高某些金属工件的磁性要求，一般镀以镍铁、镍钴、镍钴磷等合金镀层。

4）高温抗氧化镀层。用于保护金属工件在高温下不被氧化，如转子发动机内腔用镀铬来防护，喷气发动机转子叶片也采用铬合金镀层，在更特殊的场合下甚至采用铂铑合金镀层作为耐高温抗氧化层。

5）修复性镀层。用于重要机械零部件的修复，如汽车、拖拉机的曲轴、键，纺织机的压辊等都可进行电镀修复。用于修复性的镀层有铜、铁、硬铬等。

2. 常用金属表面装饰电镀

（1）镀铬　铬在大气中有强烈的钝化能力，能经久不变色；铬又有极高的硬度和优良的耐磨性及耐热性，加热到 500℃ 时，其外观和硬度仍无明显变化；铬镀层的反光能力仅次于银镀层，它在碱液、硫酸、硝酸和有机酸中很稳定，但能溶于盐酸、氢氟酸和加热的浓硫酸中。

根据使用要求，铬层可分为防护装饰性镀铬和镀硬铬两种类型。

1）防护装饰性镀铬是在预先经过抛光的镀件表面上镀铬，可以获得结晶细致，具有美丽光泽的镀层，广泛应用于自行车、汽车、机床等各种机械零件的装饰层。经过抛光的镀铬层，具有良好的反光性能，因此很多反光镜都采用铬镀层。适当改变电解液成分及电解操作条件，可以镀出黑铬，是一种装饰性镀层。黑铬镀层具有硬度高和耐磨及耐温性好的特点，可用作光学仪器、照相机、天线杆等轻工业产品和太阳能集热器的防护装饰性镀层。

2）镀硬铬是在各种镀件表面上镀较厚的铬层，镀层厚度一般在 20μm 以上。由于镀层较厚，能发挥镀铬层硬度高、耐磨性好的特点，镀硬铬可用于玻璃制品和塑料制品的模具、游标卡尺等量具，气缸活塞环，枪管和炮筒的内壁，旋转的轴和往复运动的机械滑块等，还可用于对轴类零件的尺寸修复，经过镀硬铬修复后可大幅度延长使用期限。

（2）镀镍　镍是一种微黄色的金属，具有良好的强度和韧性，能抵抗大气的腐蚀，与强碱不发生反应，在稀硫酸和稀盐酸溶液中溶解得非常缓慢，但不耐稀硝酸的腐蚀。镍镀层结晶细致平滑，容易抛光，在镀液中加入各种添加剂后，能得到镜面光亮的镀层，是防护装饰性的主要镀层，常用作汽车、自行车、机床、钟表、照相机、五金工具和塑料制品的防护装饰性镀层。

由于镍的电位比铁高，所以镍镀层对钢铁基体来说是阴极性的镀层。在镀层与基体形成的电化学腐蚀中，基体的铁作为阳极，如果镍镀层有孔隙，基体的铁就会加快腐蚀，因此应尽可能地减少孔隙，这是提高镍镀层质量的关键。镀镍的价格较贵，除汽车、摩托车、精密机床和国防上的特殊用途，以及一些附加值较高或较重要的部件，往往采用多层镀的方法来降低镍镀层的厚度，如采用厚铜薄镍镀层，铜锡合金层上再镀以薄的镍镀层；还可采用双层镀镍或三层镀镍的工艺，减少镍镀层的孔隙，提高镍镀层的防护性能。

用于装饰性表面处理的还有镀黑镍。镀黑镍是利用镀液中含有锌时会使镍发黑的特性，在镀液中加入一定量的锌盐和含硫物质而获得。钢铁零件镀黑镍前最好施以喷砂处理，而且以镀铜或镀锌作底层。铜零件上镀黑镍比钢铁零件上镀黑镍的效果好。镀黑镍主要作为装饰性镀层，多用于光学仪器、仪器仪表行业等精密机械装置上的某些特殊零件的装饰，黑镍层色质柔和、不反光，又能表现金属的质感，适当的应用能获得良好的装饰效果。

（3）镀银

1）银镀层的性质和用途。银是一种白色光亮、可塑及具有极强反光能力的金属，其硬度比铜稍差，比金高。银在碱液和某些有机酸中十分稳定，但溶于硝酸和微溶于硫酸。在一般大气中，银是较稳定的，但在含有氧化物和硫化物的空气中，银表面会很快变色，并迅速失去反光能力。在所有的金属中，银的导电性最好。由于银的价格较高，一般不适于作为防护镀层，但常用于装饰的目的，主要用于仪器仪表行业、轻工、灯具、反光镜等作为防护装饰的电镀层和反光面镀层。

镀银的物体一般多是铜或铜合金件，钢铁基体镀银，必须先镀上一层能使金属免受腐蚀的其他金属或合金层。经常与硬橡胶（含有硫）接触的零件不宜镀银。

2）防止镀银变色的方法。银镀层在大气中硫化物、卤化物等腐蚀介质的作用下，很快就会使银层表面生成浅黄色、黄褐色，甚至黑褐色的硫化银薄膜。特别是在工业空气中，与含硫的橡胶、胶木、油漆等物接触的状态下，或者在高温高湿条件下，银镀层变色更迅速。

若镀银层的表面清洗不净，留有电镀残液或银镀层中有铁、铜、锌等低电位金属杂质，也会使银镀层变色。另外，银镀层表面粗糙或孔隙较多，也是造成银镀层容易变色的重要因素。

银镀层变色会严重影响装饰的外观，并使接触电阻增大，妨碍导电性能，造成焊接困难，降低了实用价值。特别是在电子设备中，高频微波元件由于银层变色而造成的导电性能下降更为突出。

防止银镀层变色的工艺主要有：

① 在银镀层上生成一层保护膜，如化学钝化、电解钝化等。

② 往银镀层上沉积一薄层贵金属，如金、铑、钯等。

③ 覆盖有机材料薄膜，即在银镀层表面覆层薄而透明的有机材料使其与空气隔开，防止银镀层变色。

④ 电镀具有一定抗变色能力的银基合金镀层，如银金合金等。

(4) 镀金 金是一种黄色、可塑性极好的金属，质软，易于抛光，具有极高的化学稳定性，在碱及各种酸中都较稳定，但金可溶解于王水中，也可溶解于盐酸及铬酸的混合液中，硫化氢及其他硫化物对金都不起作用，因而金在空气中不氧化也不变色，是很理想的表面装饰镀层。

由于金的价格昂贵，因而镀金的应用受到限制。就其本身的装饰性能来看，金表面的化学钝化作用极强，并有精美的外观，因此金镀层比其他一切金属镀层都要优越，所以镀金广泛用于装饰性电镀，如作为精密仪器、钟表、首饰等的装饰性表层。

镀金一般在铜或银镀层外进行。为克服金镀层具有质软和不耐磨的弱点，在氰化镀金电解液中加入银、镍、钴等金属离子，或者采用酸性光亮镀金溶液，能提高金镀层的硬度和光泽度，减少金的消耗。

3. 非金属材料上的电镀

(1) 概述 工程塑料的应用，可以大幅减轻设备的自重，这在航空航天业、通信及家电业等方面有很大意义。这些材料的使用，可以大量节省各种金属材料和机械加工费用，降低产品的成本，提高劳动生产率。但是，非金属材料本身存在着不耐磨、不导热、易变形及不抗污染等缺陷，限制了它的使用范围。然而，可以采用给非金属材料施加一层金属镀层的方法，以满足不同应用场合对产品性能的要求，特别是塑料在各个领域中的应用。

目前已能够在各种非金属制品上镀覆导电层、焊接层、导磁层、耐磨层和防护装饰性镀层。非金属材料的电镀与金属材料的电镀相比，最大的特点是非金属材料是绝缘体，无法直接电镀。给非金属材料制品表面施加导电层的途径主要有涂刷金属或石墨粉、烧渗导电层、涂导电胶及化学镀等，其中比较好的方法是化学镀。

非金属材料制品在进行电镀前的主要工序为：机械粗化→化学脱脂→化学粗化→敏化处理→活化处理→还原处理→化学镀覆。

(2) 非金属材料电镀工艺简介 非金属材料制品必须经过镀前的表面处理，才能进行常规的电镀。

1) 化学脱脂。除去工件表面的油污，促使表面粗化均匀，从而提高镀层的结合力，延长粗化液的使用寿命。脱脂的方法主要分为有机溶剂脱脂和碱液脱脂两种。

2) 粗化。粗化是使非金属材料制品表面微观粗糙，增加镀层和基体间的接触面积，达到提高基体与镀层结合力的目的。粗化的方法有机械粗化和化学粗化两种。

3）敏化处理。敏化处理是使非金属材料制品表面吸附一些容易氧化的物质，为后续的活化处理和化学镀覆金属打下基础。常用的敏化剂有氯化亚锡、三氯化钠、硫酸亚锡等水溶液。

4）活化处理。非金属材料制品经过敏化处理后，紧接着要进行活化处理。活化处理的目的是使工件表面生成一层贵金属膜，并以此作为化学沉积时氧化还原反应的催化剂，使化学镀覆的反应加速。银、金、钯、铂等是能起催化作用的贵金属，它们的盐溶液是常用的活化剂，其中的硝酸银、氧化钯应用较广。

5）化学镀。化学镀的目的是为了在需要镀覆的非金属材料制品表面形成一层导电金属层，为非金属材料制品下一步的电镀创造条件，所以化学镀是非金属材料电镀的关键。目前，最常用的是化学镀铜和化学镀镍。

非金属材料制品经化学镀后，表面形成一层导电膜，就可以根据需要继续镀覆其他金属材料了。

（3）塑料电镀　塑料电镀制品具有塑料和金属两者的特性，它的密度小，耐蚀性良好，成形简便，具有金属光泽和金属质感，还有导电、导磁和焊接等性能；它可以省去复杂的精加工，节省金属材料，而且外表美观，同时还提高了塑料件的强度。由于金属镀层对大气等外界因素具有较高的稳定性，因而塑料电镀金属后可防止塑料老化，延长塑料件的使用寿命。

塑料电镀在新型设备、电子、光学仪器及家用电器等的某些零件和外观装饰件中得到广泛的应用，也成为产品设计中塑料表面装饰的重要手段之一。目前，国内外已广泛对 ABS 塑料、聚丙烯、聚碳酸酯、尼龙、酚醛玻璃纤维增强塑料、聚苯乙烯等的表面进行电镀。

5.2　化学镀技术

化学镀是在没有外加电流通过的情况下，利用化学方法使溶液中的金属离子还原为金属，并沉积在基体表面形成镀层的一种表面加工方法。工件浸入镀液中，化学还原剂在溶液中提供电子使金属离子还原沉积在工件表面。化学镀是一个催化的还原过程，还原作用仅仅发生在催化表面上，如果被镀工件本身是反应的催化剂，则化学镀的过程就具有自催化作用；反应生成物本身对反应的催化作用，使反应不断继续下去。化学镀又称自催化镀、无电解镀。

由于化学镀层具有耐磨、耐蚀、硬度高、焊接性好等特点，在电子、石油、化学化工、航空航天、核能、汽车、机械等行业中得到广泛应用。

1. 化学镀镍

用还原剂将镀液中的镍离子还原为金属镍并沉积到基体表面的方法称为化学镀镍。所用还原剂有次磷酸盐、硼氢化物、氨基硼烷等，以次磷酸盐为还原剂的化学镀镍溶液有酸性镀液和碱性镀液两种类型。其中，使用次磷酸盐作为还原剂的酸性镀液是使用最广泛的化学镀镍液。

化学镀镍层具有优良的耐磨性、耐热性及电磁学特性，广泛应用于模具制造、石油化工及汽车制造等行业。例如，采用化学镀镍强化模具，既能保证硬度和耐磨性，又能起到固体润滑的效果，使脱模容易，延长模具的使用寿命。由于化学镀镍层兼具优良的耐蚀和耐磨两大特点，加之其厚度均匀，能满足精密尺寸的要求，即使在管件和复杂的内表面，也能获得均匀的镀层，因此化学镀镍层是石油化工设备保护方面最新发展起来的一种方法。

2. 化学镀铜

化学镀铜的主要目的是在非导电体材料表面形成导电层，目前在印制电路板孔金属化和塑料电镀前的化学镀铜已广泛应用。化学镀铜层的物理化学性质与电镀法所得铜层基本相似。

化学镀铜的主盐通常采用硫酸铜，使用的还原剂有甲醛、次磷酸钠、硼氢化钠等，但生产中使用最普遍的是甲醛。

化学镀铜是为了给非金属材料制品施加一层导电膜，因此一般只进行 20~30min。要想继续施加其他镀层，则需先用电镀铜将化学镀铜层加厚。

5.3 涂料与涂装技术

通过一定方法，将有机涂料涂覆于材料或制件表面，形成涂膜的全部工艺过程称为涂装。涂装用的有机涂料，是涂于材料或制件表面而能形成具有保护、装饰或特殊性能（如绝缘、防腐等）固体涂膜的一类液体或固体材料的总称。早期大多以植物油为主要原料，故又称之为"油漆"；后来合成树脂逐步取代了植物油，因而统称为"涂料"。

1. 涂料的性能及特点

1）对基体有良好的保护作用，这种作用主要体现在两个方面：首先，防止各种环境介质下的锈蚀，延长物件的使用寿命；其次，可以避免物件表面受到机械性的外力摩擦和碰撞而损坏。

2）用于装饰外观，可赋予材料表面各种色彩，美化生活。

3）具有特殊性能的涂料都具有其独特的作用。

4）涂料选材范围广、工艺简单、适用性强，大部分情况下不需要昂贵的涂装设备。

5）涂料的生产过程比较简单，工艺设备也不复杂，并且在同一套工艺设备上可生产多个品种的涂料；涂料的价格不一，但总的来说成本较低。

6）涂料的性能评价包括很多方面，如涂料的作业性，涂膜的形成性、附着性、耐蚀性、耐久性、可修补性、经济性、环境保护性等。其中的耐久性所包括的内容也很多，如耐水性、耐热性、耐湿性、耐酸性、耐碱性、耐油性、电绝缘性、非褪色性、防毒性等。所以，可根据工程需要选择性能合适的涂料和涂装技术。

在目前的金属表面处理工程中，涂料涂装工程量远大于其他表面处理工程量。

2. 涂料的主要组成及分类

（1）涂料的主要组成　涂料由成膜物质、颜料、溶剂和助剂四部分组成。

1）成膜物质一般是天然油脂、天然树脂和合成树脂。它们是涂料组成中能形成涂膜的主要物质，是决定涂料性能的主要因素。它们在储存期间相当稳定，而涂覆于制件表面后能在规定条件下固化成膜。

2）颜料能使涂膜呈现颜色和遮盖力，还可增强涂膜的耐老化性和耐磨性，以及增强涂膜的耐蚀、防污等能力。颜料呈粉末状，不溶于水或油，而能均匀地分散于介质中。大部分颜料是某些金属氧化物、硫化物和盐类等无机物，有的颜料是有机染料。按其作用可分为着色颜料、体质颜料、发光颜料、荧光颜料和示温颜料等。

3）溶剂使涂料保持溶解状态，调整涂料的黏度，以符合施工要求。同时，可使涂膜具有均衡的挥发速度，以达到涂膜的平整和有光泽，还可消除涂膜的针孔、刷痕等缺陷。溶剂要根据成膜物质的特性、黏度和干燥时间来选择，一般常用混合溶剂或稀释剂。按组成和来源的不同，常用的溶剂有植物性溶剂、石油溶剂及酯类、酮类、醇类溶剂等。

4）助剂在涂料中用量虽小，但对涂料的储存性、施工性，以及对所形成涂膜的物理性质有明显作用。常用助剂有催干剂、固化剂、增韧剂、表面活性剂、防结皮剂、防沉淀剂、防老化剂，以及紫外线吸收剂、润湿助剂、防霉剂、增滑剂、消泡剂等。

（2）涂料的分类　根据成膜干燥机理，涂料分为溶剂挥发类和固化干燥类。

1）溶剂挥发类。它在成膜过程中不发生化学反应，而仅是溶剂挥发使涂料干燥成膜。这类涂料一般为自然干燥型涂料，具有良好的修补性，易于重新涂装，如硝基漆、乙烯漆类。

2）固化干燥类。这类涂料的成膜物质一般是相对分子质量较低的线性聚合物，可溶解于特定的溶剂中，经涂装后待溶剂挥发，就可通过化学反应交联固化成膜。因已转化成体型网状结构，以后不能再溶解于溶剂中。

涂料的其他分类方法有：按有无颜料分为清漆和色漆；按形态可分为水性涂料、溶剂型涂料、粉末涂料、高固体分涂料等；按用途分为建筑漆、汽车漆、飞机蒙皮漆、木器漆等；按施工方法分为喷漆、烘漆、电泳漆等；按使用效果可分为绝缘漆、防锈漆、防污漆、防腐蚀漆等。

3. 涂装工艺方法

使涂料在被涂表面形成涂膜的全部工艺过程称为涂装工艺。具体的涂装工艺要根据工件的材质、形状、使用要求、涂装用工具、涂装时的环境、生产成本等加以合理选用。涂装工艺的一般工序是：涂装前表面预处理→涂布→干燥固化。

（1）涂装前表面预处理　涂装前表面预处理主要有以下内容：

1）清除工件表面的各种污垢。

2）对清洗过的金属工件进行各种化学处理，以提高涂层的附着力和耐蚀性。

3）若前道切削加工未能消除工件表面的加工缺陷和得到合适的表面粗糙度值，则在涂装前要用机械方法进行处理。

（2）涂布　涂布方法主要包括手工涂布法（刷涂、滚涂及刮涂等），浸涂、淋涂法，空气喷涂法，无空气喷涂法。

（3）干燥固化　涂料主要靠溶剂蒸发及熔融、缩合、聚合等物理或化学作用而成膜。

4. 涂装前的表面预处理

涂装前的表面预处理是涂装施工前必须进行的准备工作，由于工件材质的不同，如金属、塑料、木材等，涂装施工前的准备工作也不同。

（1）金属材料工件的表面处理　须将工件表面的杂物，如污垢、尘埃、水分、铁锈、氧化皮、旧面不坚固的旧涂膜等影响涂料附着力的因素清除，并使工件具有一定的表面粗糙度值，这样可使涂料的附着力大幅度提高。

金属材料工件的表面处理包括脱脂、去锈、磷化、钝化、表面整形等内容。

（2）塑料制品的表面处理　对塑料制品进行涂装，能提高塑料制品的耐候性，耐溶剂性和耐磨性等表面性能，可增强塑料制品的装饰性，并使其获得导电、难燃等特性。

塑料制品常用的表面处理方法有：

1）手工或机械方法。用砂纸打磨或采用喷砂法，是塑料制品在不受化学物品作用的情况下清除污物并获得粗糙表面的方法。

2）溶剂处理方法。对于聚丙烯塑料，可用丙酮溶液或蒸汽进行表面处理。

3）化学处理。采用强氧化剂对塑料制品表面进行轻微的腐蚀，使表面具有一定的表面粗糙度值，并软化表面。施工中可按硫酸 150、重铬酸钾 75、水 12 的质量比，配成溶液来清洗塑料制品。

（3）木材的表面处理　木材在加工过程中会形成粗糙不平的表面，同时也难免会沾上污物、油迹等，这些杂物和污物的存在都会影响涂料的干燥和涂膜的附着力、涂膜色泽的均匀性等，所以在木材制成木器白坯后，不可能处处都符合涂装施工的要求。为保证涂装的质量，必须在涂装前对木器白坯进行表面处理，主要包括除木毛、清除污物及松脂、漂白、上色和表面补嵌等。

（4）水泥制件的表面处理　水泥制件含有碱性物质和水分，会严重影响涂层的质量，涂料直接涂于水泥制件表面而发生变色、起泡、脱皮和碱性物质皂化、腐蚀是常见的。为克服上述弊病，需在涂装前对水泥制件表面进行处理。

对于新水泥制件，一般不可立即进行涂装，需自然放置三周以上，使水分挥发、盐分固化后才可涂装。如果急需涂装，则必须用质量分数为 15%～20%的硫酸锌或氯化锌溶液，在工件表面涂刷几遍。待干燥后，扫除停留在水泥制件面上的析出物，即可进行涂装。对于砖墙面上的纸筋石灰，可用氟硅酸镁溶液或锌与铝的氟硅酸盐溶液进行中和处理，清除墙面上的粉质浮粒后即可涂装。

（5）玻璃表面的预处理　玻璃表面特别光滑，如果不进行表面处理，涂料不易附着，往往会出现流痕及剥落现象。对玻璃表面的处理，除清除油污、水迹等污物，重要的是使其表面具有一定的表面粗糙度值，常用的方法是用棉纱头拌磨料（如砂轮粉末）后在玻璃表面反复、均匀地擦拭，或者将氢氟酸涂于玻璃表面进行轻度腐蚀，直至具有一定表面粗糙度值为止；然后用大量的水清洗后，即可进行涂装。

5.4　热浸镀技术

热浸镀是将一种金属整体浸在熔融状态的另一种低熔点金属中，在其表面形成一层金属保护膜的方法。钢铁是最广泛使用的基体材料，铸铁及铜等金属材料也有采用热浸镀的。镀层金属主要有锌、锡、铝、铅及其合金等。常见的热浸镀层种类见表 5-1。

表 5-1　常见的热浸镀层种类

镀层金属	熔点/℃	浸镀温度/℃	比热容/[J/(kg·K)]	镀层特点
镉	231.9	260~310	0.056	美观的金属光泽，耐蚀性、附着力、韧性均好
锌	419.5	460~480	0.094	耐蚀性好，黏附性好，焊接条件要适当
铝	658.7	700~720	0.216	优异的耐蚀性，良好的耐热性，对光热良好的反射性

热浸镀锌、热浸镀铝的钢材作为耐蚀材料的主要用途见表 5-2。

表 5-2　热浸镀钢材的主要用途

种类	用途
热浸镀锌板、带	建筑业、交通运输业、机械制造、器具方面
热浸镀锌钢板	石油化工、建筑、管道
热浸镀锌钢丝	通信与电力工程、一般用途
热浸镀铝钢板	耐热、耐蚀
热浸镀铝钢丝	低碳钢丝、高碳钢丝
热浸镀铝钢管	石油工业、焦炭工业、化学工业

5.5　热喷涂技术

热喷涂技术是采用气体、液体燃料或电弧、等离子弧、激光等作为热源，使金属、合金、金属陶瓷、氧化物、碳化物、塑料及其复合材料等喷涂材料加热到熔融或半熔融状态，通过高速气流使其雾化，然后喷射、沉积到经过预处理的工件表面，从而形成附着牢固的表面涂层的加工方法。

采用热喷涂技术不仅能使零件表面获得各种不同的性能，如耐磨、耐热、耐蚀、抗氧化和润滑等性能，而且在许多材料（金属、合金、陶瓷、水泥、塑料、石膏、木材等）表面上都能进行喷涂。喷涂工艺灵活，喷涂层厚度为 0.5~5mm，而且对基体材料的组织和性能的影响小。目前，热喷涂技术已广泛应用于宇航、国防、冶金、石油、化工、电力等行业。

热喷涂技术按涂层加热和结合方式分为喷涂和喷熔两种，前者是基体不熔化，涂层与基体形成机械结合；后者是涂层经再加热重熔，涂层与基体互溶并扩散形成冶金结合。热喷涂技术按照加热喷涂材料的热源种类分为火焰喷涂、电弧喷涂、高频喷涂、等离子弧喷涂、爆炸喷涂、激光喷涂和重熔、电子束喷涂等。

热喷涂材料按用途分类见表 5-3。

表 5-3 热喷涂材料按用途分类

用途		热喷涂材料类别
耐蚀	金属	锌、铝、锌-铝合金、不锈钢、镍及其合金、铜及其合金
	非金属	陶瓷、塑料
耐热	金属	耐热铝、耐热合金
	非金属	陶瓷、金属陶瓷
耐磨损	金属	碳钢、低合金钢、不锈钢、镍-铬合金
	非金属	陶瓷

5.6 高能束技术

高能束技术是采用激光束、离子束、电子束对材料表面进行改性或合金化的技术。用这些束流对材料表面进行改性的技术主要包括两个方面：

1）利用脉冲激光器可获得极高的加热和冷却速度，从而可制成微晶、非晶及其他一些奇特的、热平衡相图上不存在的亚稳态合金，从而赋予材料表面以特殊的性能。目前的激光束、电子束发生器功率已足够大，可在短时间内加热和熔化大面积的表面区域。

2）利用离子注入技术可把异类原子直接引入表面层中进行表面合金化，引入的原子种类和数量不受任何常规合金化热力学条件的限制。

这些束流用于材料表面加热时，由于加热速度极快，所以整个基体的温度在加热过程中可以不受影响。用这些束流加热材料表层的一般深度为几微米，加热熔化这些微米级的表层所需能量一般为几焦耳每平方厘米。电子束、离子束的脉冲宽度可短至 10^{-9} s。激光的脉冲宽度可短至 10^{-12} s。它们的能量沉积功率密度可以相当大，在被照射物体上由表向里能够产生 $10^6 \sim 10^8$ K/cm 的温度梯度，使表面薄层迅速熔化。正因为达到了这样高的温度梯度，冷的基体又会使熔化部分以 $10^8 \sim 10^{11}$ K/s 的速度冷却，致使固液界面以几米每秒的速度向表面推进，使凝固迅速完成。

高能束技术几乎能适应所有材料，包括金属、塑料、木材、玻璃等，能在制件表面形成文字、图案等，如激光打标机、激光打码机等，应用广泛。

5.7 化学转化膜技术

化学转化膜技术是通过化学或电化学手段，使金属表面形成稳定的化合物膜层的方法，其特点是膜层的结合力好，这主要是由于化学转化膜是由金属基体直接参与成膜反应而形成的，因此膜与基体的结合力大。

根据形成膜介质的不同，化学转化膜可以分为：

1）氧化物膜——在含有氧化剂的溶剂中形成（氧化）。

2）磷酸盐膜——金属在磷酸中形成（磷化）。

3）铬酸盐膜——在铬酸或铬酸盐溶液中形成（钝化）。

绝大多数的金属表面均能成膜，工业上以 Fe、Al、Zn、Cu、Mg 为主。

1. 钢铁材料的化学氧化

钢铁材料在氧化剂中生成蓝、黑膜层，称为发蓝或发黑，分为高温化学氧化和常温化学氧化。

（1）钢铁材料高温化学氧化（传统发黑方法） 基本工艺过程为：在浓碱性 $NaNO_2$、温度为 140℃，15～90min 后生成 Fe_3O_4 膜，厚度为 0.5～1.5μm，通过浸油（吸附性好）后，钢铁材料的耐蚀性大幅度提高。

（2）钢铁材料常温化学氧化（常温发黑） 钢铁常温发黑工艺为：将工件置于在以硫酸和硫酸铜为主要组成物的溶液中，2～10min 后用脱水缓蚀剂、石蜡封闭，钢铁材料的表面耐蚀性大幅度提高。主要应用在精密仪器、光学仪器、武器、机械制造业等。

2. 铝及铝合金的阳极氧化

在适当的电解液中，以金属作为阳极，在外加电流的作用下，使其表面生成氧化膜的办法。膜层厚为几十微米到几百微米，而一般铝的自然氧化膜厚度仅为 0.010～0.015μm。

（1）阳极氧化膜的性质

1）膜层多孔。蜂窝状，吸附能力很强，可吸附树脂、蜡、涂料等。

2）耐磨性好。硬度高，吸附润滑剂后可进一步提高耐磨性。

3）耐蚀性好。在大气中很稳定，并与厚度、孔隙率有关，可采用封闭处理，进一步提高耐蚀性。

4）电绝缘性。电阻大，击穿电压高，可作为电容器电介质层或绝缘层。

5）绝热性。良好的绝热层，可承受 1500℃ 的瞬时高温，热导率很低 $[0.419～1.26W/(m·K)]$。

6）结合力强。由于结合力极强，难以用机械的方法将它分离。

（2）铝合金阳极氧化工艺流程　一般而言，铝制品的阳极氧化工艺流程为：铝件→机械预处理→上挂具→脱脂→水洗→碱洗→水洗→碱洗→水洗→阳极氧化→水洗→着色→去离子水洗→封闭→烘干→下挂具。

（3）铝合金阳极氧化膜的应用　铝合金阳极氧化膜的应用主要为建筑铝材的防护与装饰，铝合金零件的防护（如果零件的使用条件恶劣，还应涂油漆），为了装饰和作为识别标志而要求具有特殊颜色的零件，要求外观光亮并有一定耐磨性的零件等。

5.8　其他常用表面处理方法

1. 丝印

丝印即丝网印刷，是一种常见且应用很广的印刷方法。丝印网架及工艺如图 5-1 所示。

图 5-1　丝印网架及工艺

（1）丝印基本原理　丝印的基本原理是在需要印刷区域的网板上制作出很多微小的孔，通过刮刀将油墨在网板上进行刮动，油墨通过网孔漏印到承印物体表面上，而网板上其余部分的网孔堵死，不能透过油墨，从而在承印物体表面上形成所需图案。

（2）丝印工艺流程　设计丝印图档→制作菲林→晒网板→承印物清洁→丝印→烘干→品质检查→成品入库。其中，网板制作是最关键的环节，网板制成后不能再修改；如果丝印图案要修改，先修改菲林，再重新制作网板。

（3）丝印应用场所及颜色种类

1）丝印应用非常广，各种产品上的 LOGO、标签、文字及颜色单一的图案，都可以通过丝印来实现。

2）丝印一般只适用于平面或小弧面的印刷，因为网板张力有限，弧度稍大的曲面网板不能变形，因而就无法丝印到油墨。

3）圆桶丝印是用特制的丝印机在回旋体物件，如矿泉水瓶、化妆品瓶等上进行的丝印。

4）丝印分手工丝印与机器自动丝印。手工丝印是丝印过程全部由人工操作完成，自动丝印分为半自动与全自动丝印。

5）丝印的颜色不限，它是根据油墨来确定的，但每一次丝印只能印一种颜色，如果有多种颜色，就只有多制作网板，丝印多次。

一般来说，手工丝印在同一处位置丝印颜色不要超过三种，否则会出现多次丝印时定位困难，难以达到想要的效果。

2. 移印

移印是用一块柔软橡胶，将需要印刷的文字或图案转印到曲面或略为凹凸面的塑料产品表面。

（1）移印基本原理　移印也称曲面印刷，是先将油墨放入雕刻有文字或图案凹版内，随后将文字或图案复印到橡胶上，再利用橡胶将文字或图案转印至塑料制品表面，最后通过热处理或紫外线光照射等方法使油墨固化，如图 5-2 所示。

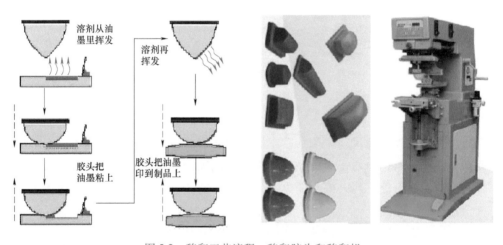

图 5-2　移印工艺流程、移印胶头和移印机

（2）移印工艺流程　设计移印图档→制作菲林→晒钢板→承印物清洁→移印→烘干→质检→成品入库。

（3）移印应用场所及颜色种类

1）移印一般应用于不规则曲面及弧度较大的曲面。

2）移印一般不适用于大面积的印刷。

3）移印一次只能印一种颜色。

（4）移印与丝印的区别

1）移印适合不规则曲面及弧度较大的曲面，而丝印适合平面及小弧面。

2）移印要晒钢板，丝印用的是网板。

3）移印是转印，而丝印是直接漏印。

4）两者使用的机械设备差异较大。

3. 水转印

水转印俗称水贴花，是通过水的压力，将水溶性薄膜上的图案及花纹转印到承印物上。

（1）水转印基本原理　首先将需要的图案及花纹丝印或印刷到水溶性薄膜上，然后将水溶性薄膜放置于水中，通过活化剂让油墨与薄膜脱离，最后将承印物放置于油墨上，通过水的压力将油墨附在承印物上。

（2）水转印的工艺流程　薄膜印刷→承印物清洁→承印物喷涂底漆→烘干→放膜于水中→喷活化剂→转印→清除薄膜→烘干→检查→喷保护漆→烘干→品质检查→包装→入库，如图 5-3 所示。

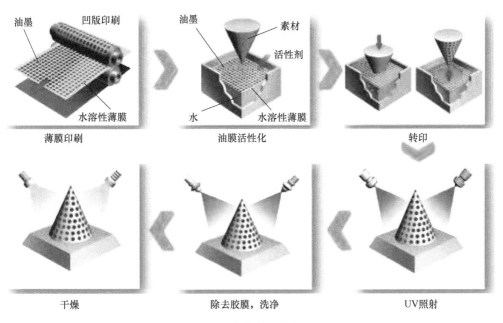

图 5-3　水转印工艺流程

（3）水转印特点及应用　水转印适合复杂曲面外形、无规则的花纹及图案，水转印图案在承印物上很难精确定位，水转印表面要喷 UV 漆保护，否则易磨损。其应用于如下：

1）汽车行业，内部及外部零件装饰。

2）玩具行业，外观面装饰。

3）数码产品行业。

4）通信产品行业，手机、电话机外观装饰。

4. 烫金

烫金俗称烫印，是一种不用油墨的特种印刷工艺。烫金样品如图5-4所示。

图 5-4 烫金样品

（1）烫金的基本原理 烫金是在一定的温度和压力下，将文字及图案从电化铝箔转印到塑料制品的表面上的一种工艺方法。其工艺主要是利用热压转移的原理。在温度和压力的作用下，电化铝与烫印版、承印物接触，由于电热板的升温使烫印版具有一定的热量，电化铝受热使热熔性的染色树脂层和胶黏剂熔化，染色树脂层的黏力减小，而特种热敏胶黏剂熔化后黏性增加，铝层与电化铝基膜剥离的同时转印到了承印物上；随着压力的卸除，胶黏剂迅速冷却固化，铝层牢固地附着在承印物上，完成烫印过程。

烫金必备的条件有温度、压力、电化铝箔和烫金版。

要想获得理想的烫印效果，烫印所用的电化铝箔必须符合下列要求：底层涂色均匀，没有明显色差、色条和色斑；底胶涂层均匀，平滑、洁白无杂质，没有明显条纹、砂点和氧化现象；光泽度好、牢固度强、清晰度高、型号正确。

（2）烫金的特点

1）烫金件表面呈现出强烈的金属光泽，色彩鲜艳夺目，永不褪色。

2）图案清晰、耐磨。

（3）烫金的工艺流程 烫金的工艺流程大致为：烫印准备→装版→垫版→烫印工艺参数的确定→试烫→签样→正式烫印。

5. 激光印字（镭雕）

镭雕也称激光印字技术，是利用激光所具有的高能量密度，直接将文字、

图案打印至材料表面的印刷方法。镭雕样品和镭雕机分别如图 5-5 和图 5-6
所示。

图 5-5　镭雕样品

图 5-6　镭雕机

6. 拉丝

拉丝是通过机械加工的方法在产品表面摩擦出痕迹的工艺。各种拉丝样品
如图 5-7 所示。

图 5-7　各种拉丝样品

（1）机械拉丝的类型　机械拉丝有直纹拉丝、乱纹拉丝、波纹拉丝、太阳
纹拉丝和螺纹拉丝等几种。直纹拉丝是在铝板表面用机械摩擦的方法加工出直
线纹路，具有刷除铝板表面划痕和装饰铝板表面的双重作用。直纹拉丝有连续
丝纹和断续丝纹两种。连续丝纹可用百洁布或不锈钢丝刷通过对铝板表面进行
连续水平直线摩擦（如在现有装置的条件下手工磨或用刨床夹住钢丝刷在铝板

上磨刷）获取。改变不锈钢丝刷的钢丝直径，可获得不同粗细的纹路；断续丝纹一般在刷光机或擦纹机上加工制得。制取原理：采用两组同向旋转的差动轮，上组为快速旋转的磨辊，下组为慢速转动的胶辊，铝或铝合金板从两组辊轮中经过，被刷出细腻的断续直纹。

乱纹拉丝是在高速运转的铜丝刷下，使铝板前后左右移动摩擦获得的一种无规则、无明显纹路的亚光丝纹。这种加工对铝或铝合金板的表面要求较高。

波纹拉丝一般在刷光机或擦纹机上制取。利用上组磨辊的轴向运动，在铝或铝合金板表面磨刷，得出波浪式纹路。

太阳纹拉丝也称旋纹拉丝，将圆柱状毛毡或研石尼龙轮装在钻床上，用煤油调和抛光油膏，对铝或铝合金板表面进行旋转抛磨所获取的一种丝纹。多用于圆形标牌和小型装饰性表盘的装饰性加工。

螺纹拉丝是用一台在轴上装有圆形毛毡的小电动机，将其固定在桌面上，与桌子边沿成 60°左右的角度。另外，做一个装有固定铝板压条的拖板，在拖板上贴一条边沿齐直的聚酯薄膜用来限制螺纹宽度。利用毛毡的旋转与拖板的直线移动，在铝板表面旋擦出宽度一致的螺纹纹路。

五金板材的拉丝效果是通过大型砂轮拉丝实现，最常见的是拉直纹。

（2）机械拉丝适应的材料

1）机械拉丝属于五金产品的表面处理工艺。

2）塑胶产品不能直接进行机械拉丝，湿法电镀（又称水镀）后的塑胶产品也可以通过机械拉丝来实现纹路，但镀层不要太薄，否则容易拉坏。

3）金属材料中，机械拉丝最常见的材料就是铝和不锈钢，由于铝的表面硬度及强度比不锈钢低，机械拉丝效果比不锈钢好。

4）其他五金产品。

7. 批花

批花是通过机械加工的方式在产品表面切削出纹路的方法。常用金刚石刀具进行切削加工。批花样品如图 5-8 所示。

批花的应用场合：

1）属于五金产品的表面处理工艺。

2）金属铭牌上面的产品标签或公司 LOGO，有倾斜或直体丝状条纹。

3）五金产品表面一些有明显深度的纹路。

8. 蚀纹

蚀纹是利用化学材料在金属表面腐蚀出图案或文字。蚀纹效果及蚀纹模板如图 5-9 所示。

图 5-8 批花样品

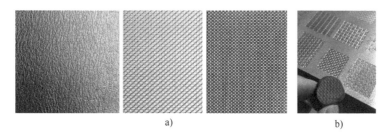

a) b)

图 5-9 蚀纹效果及蚀纹模板

a）蚀纹效果 b）蚀纹模板

蚀纹的应用场合：

1）属于五金产品的表面处理工艺。

2）装饰表面，能在金属表面制作一些线条比较细腻的图案及文字。

3）腐蚀加工，能加工出微小的孔及槽。

4）模具蚀纹咬花。咬花的作用就是增强塑胶产品的外观效果，如磨砂面、皮纹面、雾面等。咬花根据外观的要求可深可浅，越深的咬花塑胶件脱模斜度越大。

技能篇

电子产品的结构设计

电子产品可以说是五花八门、品种繁多，一般包括以下类型。

1）计算机产品：PC、光盘驱动器、外设、外存储设备、计算机 USB 设备、打印机、扫描机、多媒体音箱、摄像头等。

2）通信类产品：手机、无线电寻呼系统、卫星通信、卫星定位应用产品、电话机、蓝牙耳机等。

3）音视频产品：主要是黑色家电，如各类电视机、音响、家庭影院、影碟机、收音机、录音机、话筒、家庭门禁及对讲系统等。

4）仪器仪表产品：电子测量仪器、信号发生器、示波器、变压器、微机监控系统、消防电子报警器、温控仪等。

这里所说的电子产品，从其工作原理和核心零部件来看，主要是由电子元器件、电路板等构成，通过功能电路的工作，实现娱乐、通信、测量显示等非动作功能的产品。非动作指没有机械运动或产品最终输出的是非机械运动。

从结构设计角度看，电子产品由于追求时尚造型，大多以塑料外壳为主，这是因为注塑成型方法较容易得到复杂的外观造型和内部结构。图 M1-1-1 所示为塑料外壳的电子产品举例。

折叠屏手机

智能触屏音箱

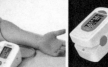
智能电话手表

电子血压计

电子指氧仪

红外测温枪

频谱仪

激光测距仪

热成像仪

图 M1-1-1　塑料外壳电子产品举例

项目 1 U 盘的结构设计

【设计任务】

1）某 U 盘制造商现有一款 U 盘产品（其内部模块实物及尺寸见图 M1-1-2 和图 M1-1-3），由于外形过时影响销售，现需要设计一款新的产品。

图 M1-1-2 原始产品内部模块实物

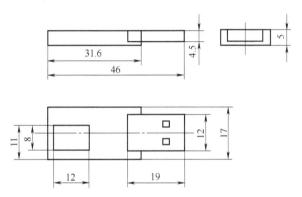

图 M1-1-3 原始产品内部模块尺寸

2）请采用原有的内部功能模块，并根据制造商新提供的产品外观造型，完成新款产品的结构设计。

要求输出：装配图、零件图、二维工程图，并编制产品材料清单。

【设计输入】

1）原始产品内部模块实物如图 M1-1-2 所示。

2）原始产品内部模块尺寸如图 M1-1-3 所示。

3）新的产品外观效果如图 M1-1-4 所示。

4）新的产品外形尺寸如图 M1-1-5 所示。

【设计分析】

1）材料的选择。设计结构时首先要确定材料，材料是影响产品结构设计和模具设计的先决条件。因为材料不同，性能不同，甚至差异很大，其产品的结构设计和模具结构设计也就不同。本例根据产品使用要求、外观造型及成型方法等因素，优先选用塑胶材料 ABS、ABS+PC 或 PC。壁厚以 1~1.5mm 为宜，视产品的具体结构和功能而定。

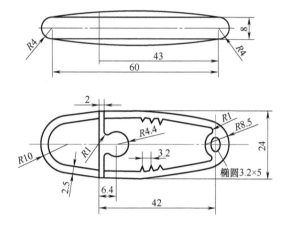

图 M1-1-4　新的产品外观效果

图 M1-1-5　新的产品外形尺寸

2）塑胶件的零件图是用来开模的，塑胶件的质量最终是由模具决定的，因此塑胶件的结构、零件图及标注一定要符合塑胶件的结构设计规范。

3）结构分析。该产品比较简单，包括防尘盖和主体两部分。由于主体部分内置功能模块，必须做成上下组合结构，因此主要结构件由防尘盖、上盖和底盖三个零件组成，又由于该产品小巧、结构紧凑，不宜采用螺钉连接方式，宜采用卡扣或插接连接结构。

4）分型面的确定。根据结构分析，分型方案如图 M1-1-6 所示，整体外观造型沿 L1 和 L2 进行分割。

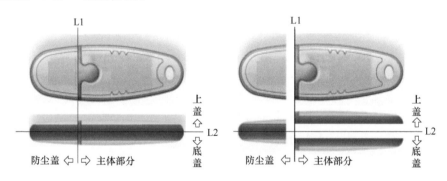

图 M1-1-6　分型方案

产品设计是一项综合性强的工作，设计人员必须要掌握两种常用的设计方法，即自底而上（down-top）设计和自顶而下（top-down）设计。前者是先设计好零部件，然后将其装配成一个产品；后者则是先确定总体思路、设计总体布局，然后设计其中的零件或子组件。在 Pro/ENGINEER（Creo）三维设计软件中，自顶而下设计方法有两种主要形式：一种是采用主控件的设计，典型应用范例如本项目的 U 盘设计和项目 2 遥控器的结构设计；另一种是利用骨架模型进行设计，典型应用范例如项目 5 的小型冲击电钻结构设计。

（1）自顶而下设计方法　自顶而下设计方法是一种较为常用的设计方法，适用于全新的产品设计或系列较为丰富多变的产品设计，如家电产品、通信电子产品等的设计。综前所述，自顶而下设计要求先确定总体思路、设计总体布局，然后设计其中的零件或子组件。在 Pro/ENGINEER 中，采用自顶而下设计可以较为方便地管理大型组件，可以有效地掌握设计意图，使整个组织结构明确，并且可以实现各个设计小组的分工协作、资源共享，同步设计指定框架下的元件或子组件。自顶而下设计是一种先进的设计思想，是一种具有极高设计效率的设计方法。自顶而下设计一般由如下几大步骤组成。

1）定义设计意图。如利用二维布局、产品数据管理、骨架模型等工具来表达设计意图、条件限制等要求。

2）定义产品结构，使得在模型树中便可以清晰地看到产品的组织结构，包括产品的各子系统、零件的相互关系等。

3）传达设计意图，设计具体的零部件。

4）将完成的或正在进行的设计信息传达到上层组件。当然，设计过程是灵活多变的，很多时候会将自顶而下设计和自底而上设计思想结合使用，这就需要设计人员在实际设计工作中多多体会、总结经验。利用主控件设计的方法也可以视为一种较为典型的自顶而下设计方法，它的元件设计多在组件模式下进行。

（2）产品结构规划　产品结构规划是在创建或装配所有元件之前就定义组件的结构，形成一个虚拟的装配体。在 Pro/ENGINEER 系统中，建立的虚拟装配包含若干个已放置或未放置的空零件（没有实体特征的零件）或空子组件。对产品结构进行规划定义的好处主要有：

1）可以根据虚拟装配的结构划分子项目，给不同的设计小组分配设计任务，从而提高设计效率。

2）使单个设计人员能够专注于自己的设计任务，而不必过多地考虑整个设计全局。

3）在设计初期便可与系统库中的零件建立关联性。

4）在设计初期便可确定零件的非几何信息，如零部件代码、设计人员信息等。

5）在设计过程中或设计后期，可以在产品的组成结构内调整各零部件的位置，以进一步获得完美的产品结构。在组件模式下，执行工具栏中的（新建元件）按钮，或者执行"插入"→"元件"级联菜单中的相关命令，可以很方便地在组件中建立不同类型的元件、子组件、骨架模型及主体项目等。其中，建立主体项目是为了给产品创建非实体，如油漆、胶等，它们也是产品不可缺少的组成部分。在组件中新建一些没有实体特征的元件及其他需要的骨架模型等，以便初步形成一个清晰的产品结构，这在模型树中一目了然。

（3）应用主控件设计 U 盘的步骤

1）设计主控件（根据产品外形特征和使用要求创建实体模型）。

2）建立一个装配体并载入主控件。

3）在组件模式下，新建空零件，并执行"插入→共享数据→合并/继承"命令，通过主控件来获得受控件的插入特征。

4）进一步细化各层级新零件的设计，若要修改产品，可只修改主控件。

【设计实施】

本例采用主控件的方法进行设计，初步完成一个 U 盘产品的结构设计。首先设计一个模型（U 盘的整体外观造型），作为主控件添加到组件中，然后通过"合并/继承"的方式建立受控于主控件的元件。当主控件发生变化时，受控元件也会自动随之发生变化。一般情况下，采用主控件的产品设计思路时，首先建造主控件的三维模型，然后将主控件以"缺省"方式装配在新建的组件中，接着在组件中新建仅含有坐标系、基准平面的元件，并将主控件合并到元件中进行设计，最后形成完整的装配体。当欲进行产品的变更设计时，可以直接在主控件中进行。本项目以 Pro/ENGINEER 软件为工具进行产品结构设计步骤演示。

步骤 1 设计主控件（U 盘整体外观造型实体）

1）单击"新建"按钮 ，打开"新建"对话框。输入实体零件的名称为 model，取消选中"使用缺省模板"复选框，单击"确定"按钮。接着在"新文件选项"对话框中选择 mmns_part_solid，单击"确定"按钮。

2）单击"拉伸工具"按钮 ，打开"拉伸"工具操控板。选择拉伸工具操控板中的"放置"上滑面板，单击"定义"按钮，弹出"草绘"对话框。

选择 FRONT 基准平面作为草绘平面，默认以 RIGHT 基准平面为"右"方向参照，单击"草绘"按钮，进入草绘模式。绘制如图 M1-1-7 所示的截面，单击"继续当前部分"按钮 ✔，选择双向拉伸并输入深度值为 8，然后单击"完成"按钮☑，完成拉伸特征的创建，如图 M1-1-8 所示。

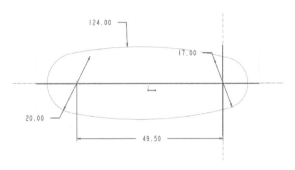

图 M1-1-7　绘制截面

图 M1-1-8　创建拉伸特征

3）单击"草绘工具"按钮，选择 FRONT 基准平面作为草绘平面，默认以 RIGHT 基准平面为"右"方向参照，单击"草绘"按钮，进入草绘模式。单击"利用边"按钮□，选择拉伸实体的边并加以修剪，绘制如图 M1-1-9 所示的曲线 1，单击"完成"按钮✔。

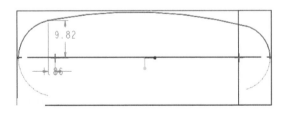

图 M1-1-9　绘制曲线 1

4）采用与步骤 3）相同的方法绘制曲线 2，如图 M1-1-10 所示。

5）单击"基准点"按钮，分别选择 TOP 基准平面和直径为 20 的大半圆弧创建基准点 PNT1，选择 TOP 基准平面和直径为 17 的小半圆弧创建基准点 PNT3，如图 M1-1-11 所示。

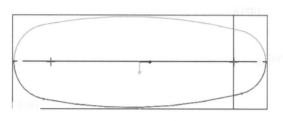

图 M1-1-10　绘制曲线 2

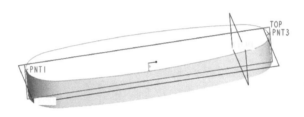

图 M1-1-11　创建基准点

6）单击"草绘工具"按钮🖉，选择 TOP 基准平面作为草绘平面，过基准点 PNT1 和 PNT3 作圆弧曲线，限定弓高为 1.5，单击"完成"按钮✔，绘制如图 M1-1-12 所示的曲线 3。

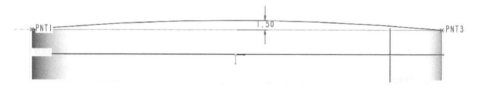

图 M1-1-12　绘制曲线 3

7）创建一侧边界混合曲面。单击"边界混合工具"按钮🔗，打开"边界混合曲面"工具操控板，如图 M1-1-13 所示。单击第一方向链收集框，按住<Ctrl>键，依次选择曲线 2、曲线 3 和曲线 1，即创建边界混合曲面，如图 M1-1-14 所示。单击操控板右侧"完成"按钮☑，创建上侧边界混合曲面，如图 M1-1-15 所示。

图 M1-1-13　"边界混合曲面"工具操控板

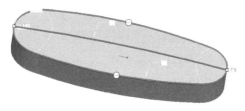

图 M1-1-14　创建边界混合曲面　　　　图 M1-1-15　创建上侧边界混合曲面

8）通过镜像创建另一侧边界混合曲面。首先选择刚创建的上侧边界混合曲面，然后在工具栏中单击"镜像工具"按钮，或者从菜单栏中选择"编辑"→"镜像"命令，打开"镜像"工具操控板，如图 M1-1-16 所示。根据提示选择 FRONT 作为镜像平面，单击操控板中的"完成"按钮，创建下侧镜像曲面，如图 M1-1-17 所示。

图 M1-1-16　"镜像"工具操控板

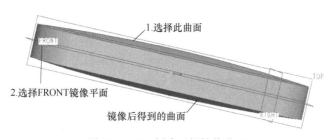

图 M1-1-17　创建下侧镜像曲面

9）实体化边界混合曲面特征。首先选择上侧边界混合曲面，然后在菜单栏的"编辑"菜单中选择"实体化"选项，打开"实体化"工具操控板，如图 M1-1-18 所示。在"实体化"工具操控板中单击"伸出项"实体化按钮，通过"更改刀具操作方向"按钮调整曲面实体化材料侧的方向，最后单击操控板中的"完成"按钮，完成上侧边界混合曲面的实体化。下侧边界混合曲面的实体化按此进行。

图 M1-1-18　"实体化"工具操控板

10）倒圆角。单击"倒圆角工具"按钮 🍃，打开"倒圆角"工具操控板，如图 M1-1-19 所示。选择图 M1-1-20 所示的两条倒圆角边链，输入半径值 4.00，单击"完成"按钮 ☑，创建倒圆角，如图 M1-1-21 所示。

图 M1-1-19　"倒圆角"工具操控板

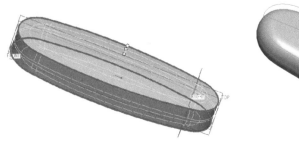

图 M1-1-20　选择倒圆角边链

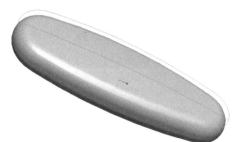

图 M1-1-21　创建倒圆角

11）创建"凹槽"修饰特征——装饰纹。从菜单栏的"插入"菜单中选择"修饰"→"凹槽"选项，打开"菜单管理器"面板，如图 M1-1-22 所示。选择"特征参考"菜单，在信息区弹出 ⇨选取凹槽的一个面组或一组曲面。的提示信息，选择要在其上投影特征的目标曲面，如图 M1-1-23 所示的上混合曲面及圆角曲面组，然后在"特征参考"菜单中选择"完成参考"选项。

图 M1-1-22　"菜单管理器"面板

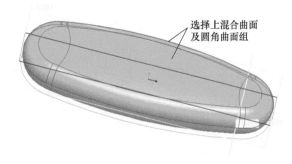

图 M1-1-23　选择目标面组

在"菜单管理器"面板中弹出如图 M1-1-24 所示"设置平面"菜单。选择 FRONT 基准面，设置相关参照和方向进入草绘环境，绘制如图 M1-1-25 所示的截面。单击操控板中的"完成"按钮✓，完成"凹槽"修饰特征创建，如图 M1-1-26 所示。

图 M1-1-24 "设置平面"菜单

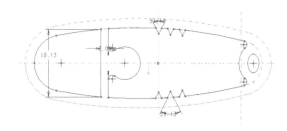

图 M1-1-25 绘制截面

说明：凹槽特征被投影到所选曲面上之后，凹槽修饰特征完成创建，虽没有深度，但在制造环节可以使用凹槽特征指示刀具走刀轨迹，以完成凹槽加工。

12）创建防尘盖与主体部分的分割平面。单击"拉伸工具"按钮🔲，

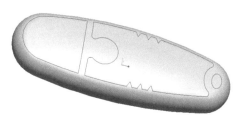

图 M1-1-26 创建凹槽修饰特征

在"拉伸"工具操控板上单击"生成曲面"按钮◻，接着选择"放置"上滑面板，单击"定义"按钮，弹出"草绘"对话框。选择 TOP 基准平面作为草绘平面，默认以 RIGHT 基准平面为"右"方向参照，单击"草绘"按钮，进入草绘模式。绘制如图 M1-1-27 所示的截面，单击"继续当前部分"按钮✓，在操控板的"深度选项"列表框中选择"对称"选项⊞，输入深度值为 28，单击"完成"按钮✓，完成分割面 1 的创建。用同样方法完成上盖与底盖分割面 2 的创建，如图 M1-1-28 所示。

图 M1-1-27 绘制截面

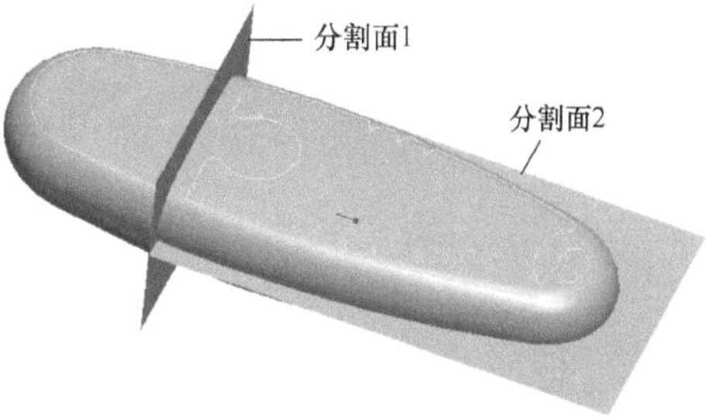

图 M1-1-28 创建分割面

13）创建挂孔。用拉伸切除材料的方法创建挂孔并倒角，挂孔创建及主控件最终效果如图 M1-1-29 所示。

图 M1-1-29　挂孔创建及主控件最终效果

步骤 2　建立一个装配体并载入主控件

1）单击"新建"按钮 ![](，弹出"新建"对话框。在"类型"选项组中选择"组件"选项，在"子类型"选项组中选择"设计"选项，输入组件名称为UPASM，取消选中"使用缺省模板"复选框以不使用默认模板，单击"确定"按钮。

2）在弹出的"新文件选项"对话框中的"模板"选项组中选择 mmns_asm_design，单击"确定"按钮，建立一个组件文件。

3）在导航区的"模型树" 选项卡中单击模型树上方的"设置"按钮，从弹出的下拉菜单中选择"树过滤器"选项，打开"模型树项目"对话框。勾选"特征"复选框和"放置文件夹"复选框，单击"确定"按钮，此时在装配模型树中便显示基准平面、基准坐标系等。

4）单击"将元件添加到组件"按钮 ，选择建立的 model. prt 零件，单击"打开"按钮，在"元件"放置操控板的列表框中选择"缺省"选项，单击"完成"按钮 ，将主控件添加到默认的位置，如图 M1-1-30 所示。

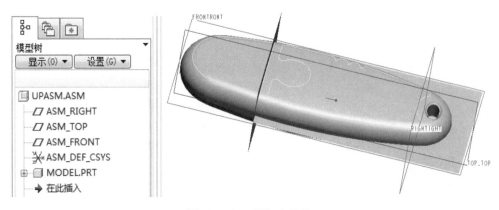

图 M1-1-30　添加主控件

步骤 3 设计防尘盖

1）单击"新建元件"按钮 ⬚，打开"元件创建"对话框，如图 M1-1-31 所示。指定将创建实体零件的选项，输入名称为 FCGAI，单击"确定"按钮。

2）弹出"创建选项"对话框，如图 M1-1-32 所示。在"创建方法"选项组中选择"定位缺省基准"单选按钮，在"定位基准的方法"选项组中选择"对齐坐标系与坐标系"单选按钮，单击"确定"按钮。

图 M1-1-31 "元件创建"对话框   图 M1-1-32 "创建选项"对话框

3）在模型树中选择 ASM_DEF_CSYS 组件基准坐标系。

4）从菜单栏中选择"插入"→"共享数据"→"合并/继承"选项，选择 MODEL.PRT 主控件，单击"完成"按钮 ✓，此时在 FCGAI.PRT 零件模型树中显示出合并特征，如图 M1-1-33 所示。

5）在模型树中右击 MODEL.PRT 主控件，选择"隐藏"选项，将主控件隐藏起来。

6）选择合并特征中的分割曲面 1，从菜单栏中选择"编辑"→"实体化"选项，打开"实体化"工具操控板。单击"移除面组内侧或外侧的材料"按钮 ⬚，单击"更改刀具操作方向"按钮 ✗，此时防尘盖模型如图 M1-1-34 所示，单击"完成"按钮 ✓。

7）单击"壳工具"按钮 ⬚，打开"壳"工具操控板，输入厚度值为 1.2，翻转模型，选择图 M1-1-35 所示的面作为要移除的曲面，单击"完成"按钮 ✓，得到抽壳后的防尘盖模型。

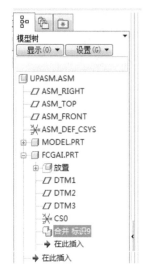

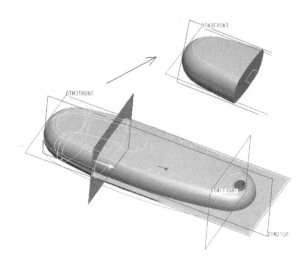

图 M1-1-33　创建合并特征　　　　图 M1-1-34　创建防尘盖模型

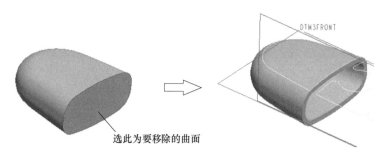

选此为要移除的曲面

图 M1-1-35　选择要移除的曲面并进行抽壳操作

步骤 4　设计上盖

1）在模型树中右击顶级组件 UPASM.ASM，从快捷菜单中选择"激活"选项。

2）单击"新建元件"按钮，打开"元件创建"对话框。接受将创建实体零件的选项，输入名称为 SHANGGAI，单击"确定"按钮。

3）弹出"创建选项"对话框。在"创建方法"选项组中选择"定位缺省基准"单选按钮，在"定位基准的方法"选项组中选择"对齐坐标系与坐标系"单选按钮，单击"确定"按钮。

4）在模型树中选择 ASM_DEF_CSYS 组件基准坐标系。

5）从菜单栏中选择"插入"→"共享数据"→"合并/继承"选项，选择 MODEL.PRT 主控件，单击"完成"按钮。

6）选择合并特征中的曲面，从菜单栏中选择"编辑"→"实体化"选项，打开"实体化"工具操控板。单击"移除面组内侧或外侧的材料"按钮 $\square$，单击"更改刀具操作方向"按钮 $\nearrow$，分别选择"分割面 1"和"分割面 2"进行二次实体化操作，单击"完成"按钮 $\checkmark$，创建上盖模型，如图 M1-1-36 所示。

7）单击"拉伸工具"按钮 $\square$，打开"拉伸"工具操控板。选择"拉伸"工具操控板中的"放置"上滑面板，单击"定义"按钮，弹出"草绘"对话框。选择图 M1-1-37 所示的端面作为草绘平面，绘制如图 M1-1-38 所示的截面。单击"继续当前部分"按钮 $\checkmark$，并输入深度值为 6，然后单击"完成"按钮 $\checkmark$，完成拉伸特征的创建，如图 M1-1-39 所示。

图 M1-1-36　创建上盖模型

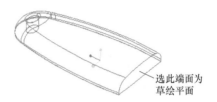

图 M1-1-37　选择草绘平面

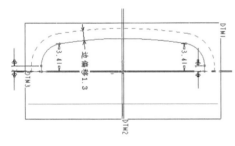

图 M1-1-38　绘制截面

图 M1-1-39　创建拉伸特征

8）单击"壳工具"按钮 $\square$，打开"壳"工具操控板，输入厚度值为 1.2，选择图 M1-1-40 所示的面作为要移除的曲面，单击"完成"按钮 $\checkmark$，完成壳特征的创建，如图 M1-1-40 所示。

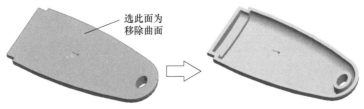

图 M1-1-40　创建壳特征

9）创建"唇"特征。从菜单栏中选择"插入"→"高级"→"唇"选项，在"菜单管理器"面板中选择"链"选项，在模型中选择图 M1-1-41 所示的边链，在"菜单管理器"面板中选择"完成"选项，结束边链的选择，接着选择要偏移的曲面，如图 M1-1-42 所示。

选择此边链

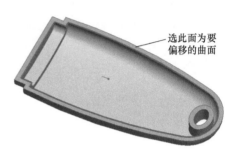

选此面为要
偏移的曲面

图 M1-1-41　选择边链　　　　　图 M1-1-42　选择要偏移的曲面

输入偏移值为 1，单击"接受"按钮✅，接着输入从边到拔模曲面的距离值为 0.6，单击"接受"按钮✅；然后选择图 M1-1-43 所示的偏移面作为拔模参照曲面，输入拔模角度值为 1，单击"接受"按钮✅，完成唇特征的创建，如图 M1-1-44 所示。

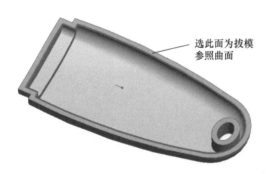

选此面为拔模
参照曲面

图 M1-1-43　选择拔模参照曲面　　　　　图 M1-1-44　创建唇特征

说明：要想使用"插入"→"高级"级联菜单中的"唇"命令，需要将系统配置文件选项 allow anatomic features 的值设置为 yes。设置方法是选择"工具"→"选项"选项，打开"选项"对话框；从中找出 allow anatomic features 选项，将其值设置为 yes；单击"添加/更改"按钮，接着单击"确定"按钮即可。

步骤 5　设计底盖

由于底盖与上盖外形对称，可以通过在组件中镜像"上盖抽壳后的结构"

来创建。

1）在模型树中右击顶级组件 UPASM. ASM，从快捷菜单中选择"激活"选项。

2）单击"新建元件"按钮 ⬚，打开"元件创建"对话框。设置"类型"为"零件"，"子类型"为"镜像"，输入名称为 DIGAI，单击"确定"按钮。

3）弹出如图 M1-1-45 所示的"镜像零件"对话框。在对话框中指定"镜像类型"和"从属关系控制"选项。在本例中选择"镜像类型"选项为"仅镜像几何"，而在"从属关系控制"选项组中选择"放置从属"复选框，保持"几何从属"复选框为非选择状态。

4）选择 SHANGGAI. PRT 元件作为零件参照。

5）在"镜像零件"对话框中单击"平面参照"收集器列表框，然后选择 ASM_FRONT 基准平面作为平面参照，此时可在"镜像零件"对话框中启用"预览功能" ⬚ 观察效果。

6）在"镜像零件"对话框中单击"确定"按钮，镜像元件的效果如图 M1-1-46 所示。

图 M1-1-45　"镜像零件"对话框

图 M1-1-46　镜像元件的效果

7）在底盖中切除与上盖的唇相干涉的体积。在模型树中右击 DIGAI. PRT，从快捷菜单中选择"激活"选项。

从菜单栏中选择"插入"→"共享数据"→"合并/继承"选项，接着在操控板中单击"移除材料"按钮 ⬚，选择 SHANGGAI. PRT，此时操控板如图 M1-1-47 所示。

图 M1-1-47　操控板

单击"完成"按钮☑。此时若隐藏 SHANGGAI.PRT（上盖），则可以很清楚地看到 DIGAI.PRT（底盖）中的一些材料被切除掉，如图 M1-1-48 所示。此时，完成的 U 盘外壳的整体效果如图 M1-1-49 所示。

图 M1-1-48　切除干涉体积后的效果

图 M1-1-49　U 盘外壳的整体效果

保存文件。至此，完成了 U 盘外观结构的设计。如果需要修改 U 盘的外形尺寸，可以在主控件 MODEL.PRT 中进行修改，则所做的修改也会反映到受控零件上。

如果觉得该装配体中存在的主控件会影响产品的质量属性分析，那么可以将其从组件中删除，或者重新建立一个组件，并将上盖和底盖按"缺省"方式装配即可。

步骤 6　绘制内部功能模块

绘制内部功能模块的目的，一是为了建立整体装配关系，二是为各构件细部结构设计提供参照。内部功能模块可以在外部创建完成后再载入装配体中，也可以在装配体中以元件的形式创建。

1）在模型树中右击顶级组件 UPASM.ASM，从快捷菜单中选择"激活"选项。

2）单击"新建元件"按钮🔲，打开"元件创建"对话框。接受将创建实体零件的选项，输入名称为 JX，单击"确定"按钮。

3）弹出"创建选项"对话框。在"创建方法"选项组中选择"定位缺省基准"单选按钮，在"定位基准的方法"选项组中选择"对齐坐标系与坐标系"单选按钮，单击"确定"按钮。

4）在模型树中选择 ASM_DEF_CSYS 组件基准坐标系。

　　5）拉伸创建 USB 插头。单击"拉伸工具"按钮🔲，打开"拉伸"工具操控板。选择"拉伸"工具操控板的"放置"上滑面板，单击"定义"按钮，弹出"草绘"对话框。选择 ASM_TOP 基准面作为草绘平面，绘制如图 M1-1-50 所示的截面 1，单击"继续当前部分"按钮✔。选择双向拉伸并输入深度值为 12，然后单击"完成"按钮✅，完成 USB 插头的创建，如图 M1-1-51 所示。

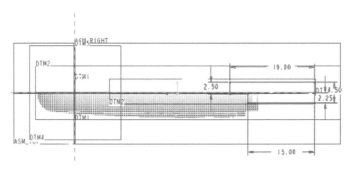

图 M1-1-50　绘制截面 1

　　6）拉伸创建 PCB。选择先前的 ASM_TOP 草绘平面，绘制如图 M1-1-52 所示的截面 2，单击"继续当前部分"按钮✔。选择双向拉伸并输入深度值为 17，然后单击"完成"按钮✅，完成 PCB 的创建，如图 M1-1-53 所示。

　　7）拉伸创建元件。分别以 PCB 的两表面为草绘平面，以拉伸的方法创建 PCB 上的元件，完成的内部功能模块如图 M1-1-54 所示。具体创建过程不再赘述。

图 M1-1-51　创建 USB 插头

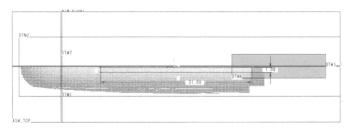

图 M1-1-52　绘制截面 2

步骤 7　在上盖中设计功能模块放置定位结构

1）在模型树中右击 SHANGGAI.PRT，从快捷菜单中选择"激活"选项。

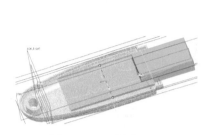

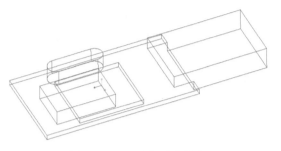

图 M1-1-53　创建 PCB

图 M1-1-54　内部功能模块

2）单击"拉伸工具"按钮▱，打开"拉伸"工具操控板。选择"拉伸"工具操控板的"放置"上滑面板，单击"定义"按钮，弹出"草绘"对话框。选择 PCB 上表面（见图 M1-1-55）作为草绘平面，绘制如图 M1-1-56 所示的截面，单击"继续当前部分"按钮✔。选择"拉伸到曲面"▤，然后单击"完成"按钮☑，创建定位柱，如图 M1-1-57 所示。

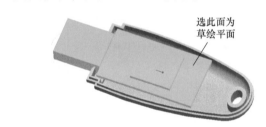

图 M1-1-55　选择草绘平面

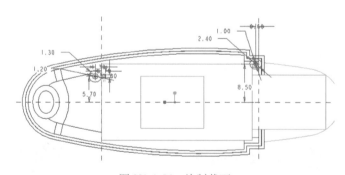

图 M1-1-56　绘制截面

3）拉伸特征（定位柱）镜像。首先选取刚创建好的拉伸特征（定位柱），然后单击工具栏中"镜像工具"按钮▸◃，或者从菜单栏中选择"编辑"→"镜像"选项，打开"镜像"工具操控板，接着选取 DTM2 为镜像平面，在"镜像"

工具操控板中单击"完成"按钮☑，镜像结果如图 M1-1-58 所示。

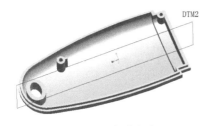

图 M1-1-57　创建定位柱

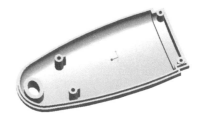

图 M1-1-58　镜像结果

4）四个柱孔倒角 $C0.2$（步骤略）。

5）从菜单栏中选择"插入"→"共享数据"→"合并/继承"选项，接着在操控板中单击"移除材料"按钮◹，选择 JX.PRT，此时操控板如图 M1-1-59 所示。

图 M1-1-59　操控板

单击"完成"按钮☑，则可以很清楚地看到 SHANGGAI.PRT 中一些材料被切除掉，如图 M1-1-60 所示。此时，完成上盖中内部功能模块放置定位结构设计，其装配定位效果如图 M1-1-61 所示。

图 M1-1-60　切除材料

图 M1-1-61　功能模块的装配定位效果

步骤 8　设计上盖、底盖连接结构（插接）

1）在模型树中右击 DIGAI.PRT，从快捷菜单中选择"激活"选项。

2）单击"基准平面"按钮▱，创建 FRONT 平面的偏移平面 DTM4（见图 M1-1-62）作为基准平面，其参数设置见图 M1-1-63 所示的"基准平面"对话框。

图 M1-1-62　创建基准平面

3）单击"拉伸工具"按钮 ，打开"拉伸"工具操控板。选择"拉伸"工具操控板的"放置"上滑面板，单击"定义"按钮，弹出"草绘"对话框。选择 DTM4 基准平面作为草绘平面，隐藏 DIGAI.PRT，以上盖（SHANGGAI.PRT）上四个柱的内孔为参照，利用"边工具"按钮，绘制如图 M1-1-64 所示的截面，单击"继续当前部分"按钮 。选

图 M1-1-63　"基准平面"对话框

择"拉伸到曲面" ，然后单击"完成"按钮 。隐藏 SHANGGAI.PRT，取消隐藏 DIGAI.PRT，拉伸特征创建结果如图 M1-1-65 所示。

4）创建四个柱头倒角 $C0.2$（步骤略）。

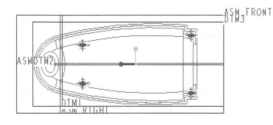

图 M1-1-64　绘制截面

图 M1-1-65　拉伸特征创建结果

5）以 PCB 朝向 DIGAI.PRT 一面为草绘平面，草绘视图方向面向 DIGAI.PRT，以拉伸方式创建 PCB 限位骨，其草绘截面如图 M1-1-66 所示，创建的限位骨如图 M1-1-67 所示。

步骤 9　设计防尘盖与 USB 插头连接结构（插接筋骨）

1）在模型树中右击 FCGAI.PRT，从快捷菜单中选择"激活"选项。

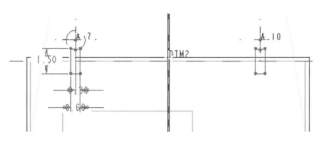

图 M1-1-66　草绘截面

2）单击"基准平面"按钮 ▱，创建防尘盖端面偏移 4mm 的基准平面 DTM4（见图 M1-1-68）。

图 M1-1-67　创建限位骨

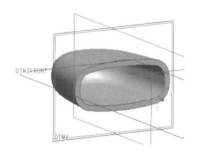

图 M1-1-68　创建基准平面

3）单击"拉伸工具"按钮，打开"拉伸"工具操控板。选择"拉伸"工具操控板的"放置"上滑面板，单击"定义"按钮，弹出"草绘"对话框。选择 DTM4 基准平面作为草绘平面，以防尘盖（FCGAI.PRT）的内缘和 USB 插头边框为参照，绘制如图 M1-1-69 所示的截面，单击"继续当前部分"按钮 ✓。选择"拉伸到曲面" ▤，然后单击"完成"按钮 ✓。隐藏 JX.PRT，创建插接筋骨，如图 M1-1-70 所示。为便于导向，将插接筋骨倒角 C0.8，如图 M1-1-71 所示。

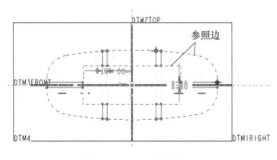

图 M1-1-69　绘制截面

图 M1-1-70　创建插接筋骨

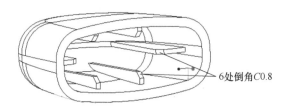

6处倒角C0.8

图 M1-1-71　创建倒角特征

步骤 10　设计防尘盖与主体部分连接结构（弹性卡扣）

1）选择图 M1-1-72 所示防尘盖的内曲面。

2）从菜单栏的"编辑"菜单中选择"偏移"选项，打开"偏移"工具（曲面）操控板。在操控板的"偏移类型"列表框中选择"具有拔模角度"选项 。

3）在操控板中打开"参照"面板，接着单击该面板中的"定义"按钮，弹出"草绘"对话框。选择 FRONT 基准平面为草绘平面，以 TOP 基准平面为"顶"方向参照，单击"草绘"按钮，进入草绘模式。绘制如图 M1-1-73 所示闭合图形面，单击"完成"按钮 。

图 M1-1-72　选择防尘盖的内曲面

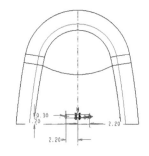

图 M1-1-73　绘制闭合图形

4）在操控板的"偏移"文本框中输入偏移值 0.40，打开操控板中的"选项"面板，从下拉列表框中选择"垂直于曲面"选项，接着指定"侧曲面垂直于"选项为"曲面"，"侧面轮廓"选项为"相切"，如图 M1-1-74 所示。

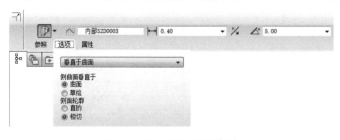

图 M1-1-74　设置偏移参数

5）在操控板中"拔模角度" ▲文本框中输入拔模角度为 5.00。

6）在操控板中单击"完成"按钮 ✓，创建带有拔模的偏移特征，如图 M1-1-75 所示。

7）镜像图 M1-1-75 所创建的带有拔模的偏移特征。

图 M1-1-75   创建带有拔模的偏移特征

8）在模型树中右击 SHANGGAI.PRT（上盖），从快捷菜单中选择"激活"选项。

9）从菜单栏中选择"插入"→"共享数据"→"合并/继承"选项，接着在操控板中单击"移除材料"按钮 ▱，选择 FCGAI.PRT 为参照模型，此时操控板如图 M1-1-76 所示。

图 M1-1-76   操控板

单击"完成"按钮 ✓，则可以很清楚地看到 SHANGGAI.PRT（上盖）中被切出与防尘盖偏移特征相对应的凹槽，如图 M1-1-77 所示。

10）用同样的方法，在底盖上切出与防尘盖偏移特征相对应的凹槽，如图 M1-1-78 所示。

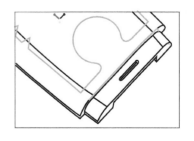

图 M1-1-77   切出凹槽   图 M1-1-78   底盖切出凹槽

至此，U 盘产品结构设计基本完成，其装配爆炸图如图 M1-1-79 所示。

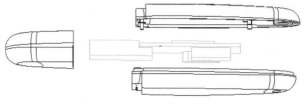

图 M1-1-79　U 盘装配爆炸图

项目2　遥控器的结构设计

【设计任务】

设计内容及要求：

1）产品外观、结构符合塑胶件工艺规范，满足功能、制造、装配及经济等方面要求。

2）产品符合安全、储运及跌落试验要求。

3）产品主要技术指标：采用 3V 直流供电，建议使用 7 号干电池。

4）要求设计输出结果为三维图、爆炸图和零部件清单 BOM。

【设计输入】

1）产品外观模型图（见图 M1-2-1）。

2）产品外观尺寸简图（见图 M1-2-2）。

图 M1-2-1　产品外观模型图

【设计分析】

1）在设计前，拆解分析遥控器主要部件、构成及结构特点。

2）了解跌落试验。遥控器为手持产品，使用过程中难免会出现滑落等现象，为了满足正常使用要求，在结构设计上需满足遥控器跌落地面后不能出现

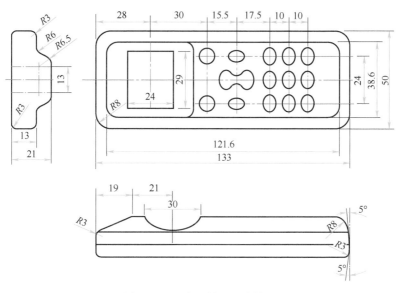

图 M1-2-2   产品外观尺寸简图

产品解体及外观和功能损坏。因此，跌落试验非常必要。通过跌落试验，还可以对产品结构设计进行有针对性的完善和修改。

一般自由跌落试验操作如下：

① 测试样品数量：一般为 5 台。

② 样品状态：单机，不包括彩盒，开机状态。

③ 跌落高度：3in 及以上屏跌落高度为 80cm，3in 以下屏跌落高度 100cm。

④ 跌落表面：坚硬的刚性表面，如水泥地面或钢制成的平滑表面等。

⑤ 跌落要求：对产品的六个面及四个角依次进行自由跌落（左下角→右下角→右上角→左上角→底部→右侧→顶部→左侧→反面→正面），每面轮流跌落两次。

⑥ 判定标准：跌落完后检查，不允许出现 LCD 屏裂现象，所有功能检测正常，外观不允许出现壳裂，拆机检查内部无元器件松动、脱落、破裂。如需进一步了解，可参考相关行业标准或国家标准。

3）熟悉并掌握塑料件结构设计工艺规范（见基础篇）。

4）掌握遥控器的设计方法——自顶向下（top-down design）的设计。

产品实体模型如图 M1-2-3 所示。在使用自顶向下的设计方法进行设计时，首先引入一个新的概念——控件。控件即控制元件，用于控制模型的外观及尺寸等，控件在设计过程中起着承上启下的作用。最高级别的控件（通常称之为一级控件，是在整个设计开始时创建的原始结构模型）所承接的是整体模型与所有零件之间的位置及配合关系；一级控件之外的控件（二级控件或更低级别的控件）从上一级别控件得到外形和尺寸等，再把这种关系传递给下一级控件或零件。在整个设计过程中，一级控件的作用非常重要，创建之初就把整个模型的外观勾勒出来，后续工作都是对一级控件的分割或细化，在整个设计过程中创建的所有控件或零件都与一级控件存在着根本的联系。本例中一级控件是一种特殊的零件模型，或者说它是一个装配体的 3D 布局。

使用自顶向下的设计有如下两种方法：一种是首先创建产品的整体外形，然后分割产品，从而得到各个零部件，再对零部件各结构进行设计；另一种是首先创建产品中的重要结构，然后将装配几何关系的线与面复制到各零件，再插入新的零件并进行细节的设计。

图 M1-2-3 产品实体模型

本实例采用第一种设计方法，其设计流程如图 M1-2-4 所示。

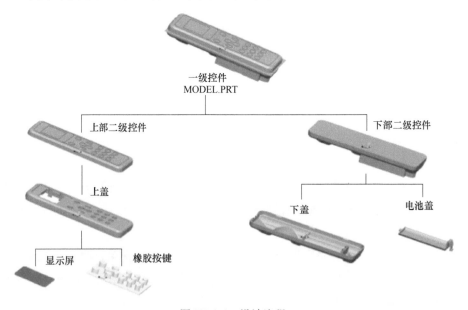

图 M1-2-4 设计流程

【设计实施】

步骤 1 创建一级控件

一级控件（MODEL. PRT）在整个设计过程中起着十分重要的作用，它不仅为两个二级控件提供原始模型，并且确定了遥控器的整体外观形状。一级控件模型及相应的模型树如图 M1-2-5 所示。

图 M1-2-5　一级控件模型及模型树

1）新建文件。单击"新建"按钮 ▯，打开"新建"对话框。在"类型"选项组中选择"零件"，在"子类型"选项组中选择"实体"，输入实体零件的名称为 model，取消选中"使用缺省模板"复选项，单击"确定"按钮，接着在"新文件选项"对话框中选择 mmns_part_solid，单击"确定"按钮，进入建模环境。

说明：本例所建的所有模型应存放在同一文件夹下，制作完成后，整个模型将以装配体的形式出现，并且本例所创建的一级控件，在所有的零件设计完成后对其做相应的编辑，即是完成后的遥控器模型。

2）绘制图 M1-2-6 所示的截面草图 1，创建如图 M1-2-7 所示的拉伸特征 1。

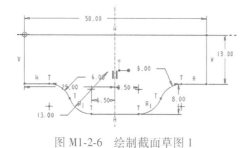

图 M1-2-6　绘制截面草图 1

图 M1-2-7　创建拉伸特征 1

3）绘制图 M1-2-8 所示的截面草图 2，创建如图 M1-2-9 所示的拉伸特征 2（切出四个 R8 圆角）。

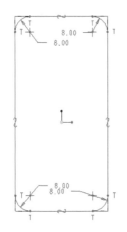

图 M1-2-8　绘制截面草图 2

图 M1-2-9　创建拉伸特征 2

4）创建如图 M1-2-10 所示 DTM1 基准面（FRONT 基准面偏移 6.5mm），作为前后壳的分型面。

5）创建如图 M1-2-11 所示分割脱模斜度 1。

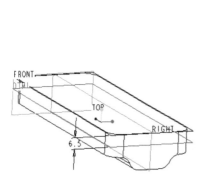

图 M1-2-10　创建基准平面 DTM1

图 M1-2-11　创建分割脱模斜度 1

① 在工具栏中单击"脱模工具"按钮，或者在菜单栏的"插入"菜单中选择"斜度"选项，打开"脱模"工具操控板。

② 选取任意侧曲面（图 M1-2-11 中加深的侧曲面）。因为所有侧曲面均彼此相切，所以脱模将自动延伸到零件的所有侧曲面。

③ 在"脱模"工具操控板中单击"脱模枢轴"收集器，将其激活，然后选择 DTM1 基准平面定义脱模枢轴。

④ 在"脱模"工具操控板中单击"分割选项"，从而打开"分割"面板，接着从"分割选项"下拉列表框中选择"根据脱模枢轴分割"选项。

⑤ 从"分割"面板的"侧选项"下拉列表框中选择"从属脱模侧面"选项。

⑥ 在"脱模"工具操控板中输入角度为 5，然后单击位于角度右侧的"反转角度以添加或去除材料"按钮 ✎ 以更改其脱模侧。

⑦ 在"脱模"工具操控板中单击"完成"按钮 ✔，完成的脱模几何效果如图 M1-2-12 所示。

图 M1-2-12　脱模几何效果

6）创建如图 M1-2-13 所示的拉伸切除特征 3、拉伸切除特征 4、拉伸切除特征 5。

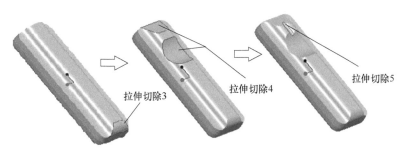

图 M1-2-13　创建拉伸切除特征

7）创建如图 M1-2-14 所示的倒圆角特征 1、倒圆角特征 2、倒圆角特征 3。

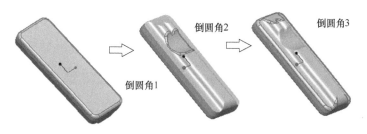

图 M1-2-14　创建倒圆角特征

8）创建如图 M1-2-15 所示的面板草图 1、面板按键阵列 1/草图 2、草图 3 和草图 4。

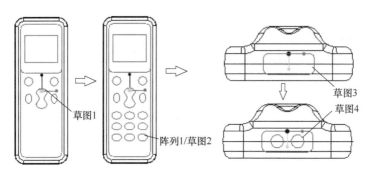

图 M1-2-15　创建草图并阵列

9）创建分型曲面。在 DTM1 基准平面处创建拉伸曲面特征，作为下盖的分型面（上下部二级控件分割曲面），如图 M1-2-16 所示。

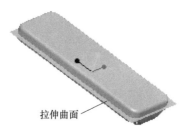

图 M1-2-16　创建分型曲面

10）创建下盖与电池盖分割曲面组，如图 M1-2-17 所示。

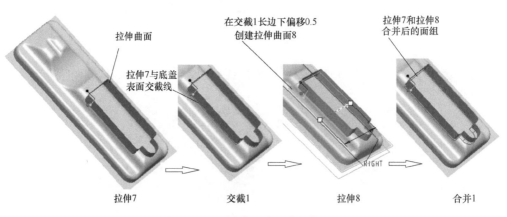

图 M1-2-17　创建电池盖分割曲面组

说明：在使用"实体化"命令来分割实体时，参照曲面或面组必须是一个整体，否则在移除材料时无法判断方向。因此，本例中拉伸 7 和拉伸 8 必须合并为特征"合并 1"，如果只是修剪是不行的。

步骤 2　产品结构规划（定义组件的结构）

1）建立一个装配体并载入主控件。

① 单击"新建"按钮 🗋，弹出"新建"对话框。在"类型"选项组中选择"组件"，在"子类型"选项组中选择"设计"，输入组件名称为 ASM01，取消选中"使用缺省模板"复选项以不使用默认模板，单击"确定"按钮。

② 在弹出的"新文件选项"对话框的"模板"选项组中选择 mmns_asm_design，单击"确定"按钮，建立一个组件文件。

③ 在导航区选择"模型树"选项卡 🖧，单击模型树上方的"设置"按钮，从弹出的下拉菜单中选择"树过滤器"选项，打开"模型树项目"对话框。勾选"特征"复选框和"放置文件夹"复选项，单击"确定"按钮。此时，在装配模型树中便显示基准平面、基准坐标系等。

④ 单击"将元件添加到组件"按钮 🖳，选择建立的 MODEL.PRT 零件，单击"打开"按钮。在"元件"放置操控板的列表框中选择"缺省"选项，单击"完成"按钮 ✅，将一级控件添加到默认的位置，如图 M1-2-18 所示。

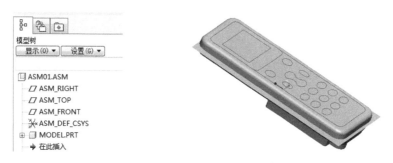

图 M1-2-18　添加一级控件

2）定义组件结构。

① 单击"新建元件"按钮 🗐，打开"元件创建"对话框，如图 M1-2-19 所示。选择将创建实体零件的选项，输入名称为 TOP，单击"确定"按钮。

② 弹出"创建选项"对话框，如图 M1-2-20 所示。在"创建方法"选项组中选择"定位缺省基准"单选按钮，在"定位基准的方法"选项组中选择"对齐坐标系与坐标系"单选按钮，单击"确定"按钮。

图 M1-2-19 "元件创建"对话框 　　　图 M1-2-20 "创建选项"对话框

③ 在模型树上选择 ASM_DEF_CSYS 组件基准坐标系。

④ 此时模型树中组件 ASM01.ASMXIA 下出现了元件 TOP.PRT，如图 M1-2-21 所示。

⑤ 以同样的方法在组件中创建空的新元件 BOTTOM.PRT、PCB.PRT、LENS.PRT、KEY2.PRT、BATTERYDOOR.PRT 等，完成组件结构规划，如图 M1-2-22 所示。

图 M1-2-21 组件中创建新元件 　　图 M1-2-22 完成的组件结构规划

步骤 3 设计上盖 TOP.PRT

上盖是从一级控件外观模型中分割出来的一部分，它继承了一级控件的相应外观形状，同时它又作为控件模型为显示屏和按键盖提供相应外观和对应尺寸，也保证了设计零件的可装配性。下面简述上盖 TOP. PRT 的创建过程，上盖模型及相应的模型树如图 M1-2-23 所示。

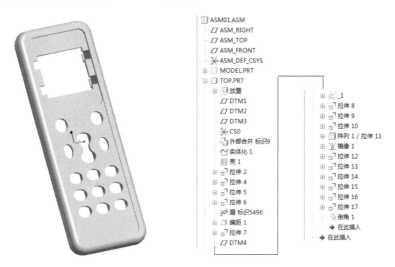

图 M1-2-23　上盖模型及相应的模型树

1）激活 TOP 元件。在模型树上右击 TOP. PRT，从快捷菜单中选择"激活"选项。

2）合并 MODEL 数据。从菜单栏中选择"插入"→"共享数据"→"合并/继承"选项。选择 MODEL. PRT 一级控件，单击"完成"按钮，此时在 TOP. PRT 零件模型树中显示出外部合并标识。

3）实体化创建上盖模型。选择合并特征中的曲面，从菜单栏中选择"编辑"→"实体化"选项，打开"实体化"工具操控板，单击"移除面组内侧或外侧的材料"按钮，单击"更改刀具操作方向"按钮，单击"完成"按钮，得到上盖模型，如图 M1-2-24 所示。

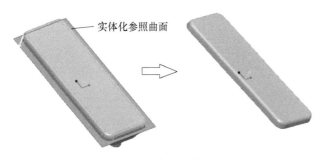

图 M1-2-24　实体化创建上盖模型

4）上盖抽壳。单击"壳工具"按钮▣，打开"壳"工具操控板，输入厚度值为2.0，选择图M1-2-25所示的面作为要移除的曲面，单击"完成"按钮☑，创建壳特征。

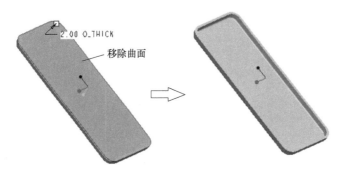

图M1-2-25　创建壳特征

5）以一级控件中创建的草图特征为参照，创建上盖上的多个拉伸特征：按键通孔特征拉伸2、显示屏通孔特征拉伸4、丝印下沉面特征拉伸5和显示屏下沉面特征拉伸6，如图M1-2-26所示。

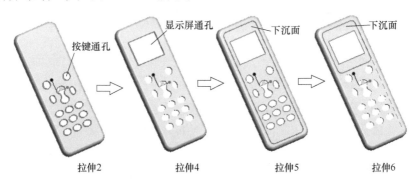

图M1-2-26　创建系列拉伸特征

6）创建"唇"特征。从菜单栏中选择"插入"→"高级"→"唇"选项，在菜单管理器中选择"链"选项，在模型中选择图M1-2-27所示的边链，接着在菜单管理器中选择"完成"选项，结束边链的选择。选择要偏移的零件面，如图M1-2-28所示。

输入偏移值为2.5，单击"接受"按钮☑，接着输入从边到脱模曲面的距离值为1，单击"接受"按钮☑；然后仍选择图M1-2-29所示偏移面作为脱模参照曲面，输入脱模角度值为1，单击"接受"按钮☑，完成唇特征的创建，如图M1-2-30所示。

图 M1-2-27　选择边链

图 M1-2-28　选择要偏移的零件面

图 M1-2-29　选择脱模参照曲面

图 M1-2-30　创建的唇特征

7）创建偏移特征。

① 选择图 M1-2-31 所示的要偏移的曲面，从菜单栏中选择"编辑"→"偏

图 M1-2-31　选择要偏移的曲面

229

移"选项，打开"偏移"工具操控板。在操控板的类型列表框中选择"展开"
选项 。

② 打开操控板的"选项"面板，选择"垂直于曲面"选项，在"展开区
域"选择"草绘区域"单选按钮，在"侧曲面垂直于"中选择"草绘"单选按
钮，如图 M1-2-32 所示，然后单击"定义"按钮。

图 M1-2-32　设置展开偏移选项

③ 弹出"草绘"对话框。选择图 M1-2-31 所示的偏移曲面作为草绘平面，
设置相关方向参照，单击"草绘"按钮，进入草绘模式。

④ 绘制如图 M1-2-33 所示的内部草图，单击"完成"按钮✔。

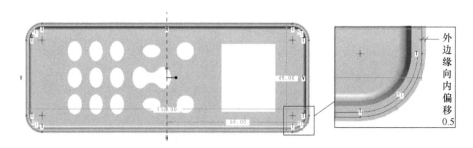

图 M1-2-33　绘制内部草图

⑤ 在操控板的"偏移"文本框中输入 0.5。

⑥ 在操控板中单击"完成"按钮✔，完成该偏移特征的创建，如图 M1-2-34
所示。

说明：创建该偏移特征的目的是使上盖和下盖的接缝处留出一道空隙，形
成一条"美观线"。其作用是可避免上下盖因注塑成型过程中工艺条件的差异，
造成尺寸及表面质量偏差，从而形成配合面缺陷（如大小不一、接线不整齐、

不平整等）。

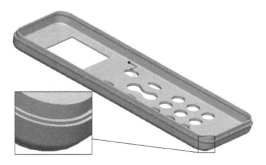

图 M1-2-34　创建偏移特征

8）显示屏内壁拉伸补强，特征标识为"拉伸 7"，如图 M1-2-35 所示。

9）创建如图 M1-2-39 所示的轨迹筋。

① 创建如图 M1-2-36 所示的基准平面 DTM4。壳内壁偏移 4.0mm。

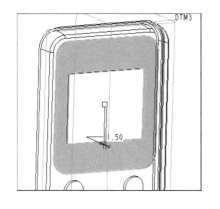

图 M1-2-35　显示屏内壁拉伸补强

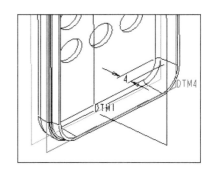

图 M1-2-36　创建基准平面 DTM4

② 在工具栏中单击"轨迹筋工具"按钮 ，或者从菜单栏的"插入"菜单中选择"筋"→"轨迹筋"选项，打开如图 M1-2-37 所示的"轨迹筋"工具操控板。

图 M1-2-37　"轨迹筋"工具操控板

③ 在"轨迹筋"工具操控板中打开"放置"面板，接着在该面板中单击"定义"按钮，弹出"草绘"对话框。

④ 选择 DTM4 基准平面作为草绘平面，设置相关方向参照，然后单击"草绘"按钮，进入草绘模式。绘制如图 M1-2-38 所示的筋轨迹线。这些线段定义了筋的轨迹，然后单击"完成"按钮✔。

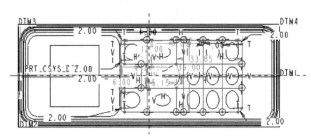

图 M1-2-38　绘制筋轨迹线

⑤ 在"轨迹筋"工具操控板的"筋厚度"文本框中输入 0.60。

⑥ 在"轨迹筋"工具操控板中单击"完成"按钮，创建轨迹筋特征，如图 M1-2-39 所示。

图 M1-2-39　创建轨迹筋特征

说明：轨迹筋的高度取决于内部草绘平面 DTM4 的位置，而 DTM4 的位置又要根据 PCB 在组件中的位置决定，PCB 的位置要保证橡胶按键结构和 LCD 显示屏具有合适的空间。因此，组件中各元件的设计是相互关联、交替进行的。

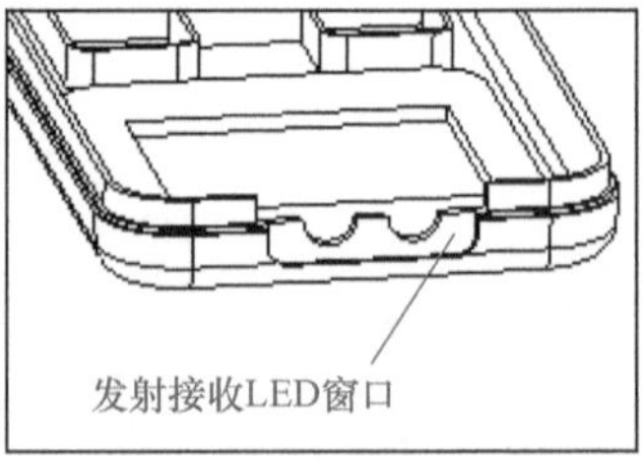

10）创建如图 M1-2-40 所示发射接收 LED 窗口，经两次拉伸完成，如图 M1-2-41 所示。

发射接收LED窗口

图 M1-2-40　发射接收 LED 窗口

11）创建左右两侧 6 个扣槽。在 RIGHT 平面内绘制扣槽，向两侧双向拉伸，特征标识为"拉伸 10"，如图 M1-2-42 所示。

12）扣槽内侧补强。先通过拉伸阵列创建一侧的 3 个特征（特征标识为"阵列 1/拉伸 11"），然后镜像（特征标识为"镜像 1"）获得另一侧 3 个补强特征，如图 M1-2-43 所示。

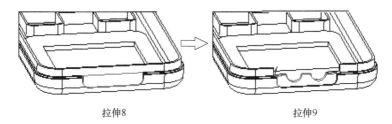

拉伸8　　　　　　　　　　　　　　拉伸9

图 M1-2-41　两次拉伸

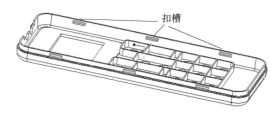

扣槽

图 M1-2-42　创建扣槽

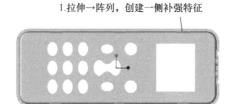

1.拉伸→阵列，创建一侧补强特征

2.镜像得到右侧补强特征

图 M1-2-43　创建扣槽补强特征

13）创建底部 1 个扣槽和顶部 2 个扣槽及内侧补强，其步骤如图 M1-2-44 所示。

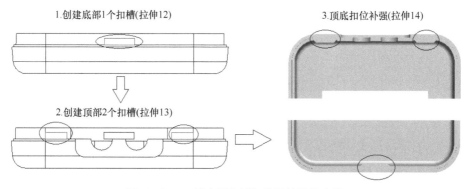

1.创建底部1个扣槽(拉伸12)　　　　　　　3.顶底扣位补强(拉伸14)

2.创建顶部2个扣槽(拉伸13)

图 M1-2-44　创建顶底部扣槽及补强的步骤

14）LCD 显示屏安装定位相关结构设计。其步骤如图 M1-2-45 所示。

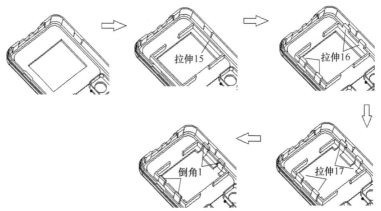

图 M1-2-45　LCD 显示屏安装定位结构设计步骤

①"拉伸 15"形成"方框"形结构，实现 LCD 上下左右定位，上下方中间留出缺口，是为了组装时方便 LCD 的取放。

②"拉伸 17"形成"扣"形结构，实现 LCD、斑马条和 PCB 的紧密配合安装。从模具的结构来看，"扣"是通过前后模（即凸凹模）对插形成，避免了"行位"和"斜顶"，简化了模具结构，降低了模具制造成本。

③"倒角 1"是为了方便安装时 PCB 更容易滑入"扣"中。

从这个局部结构设计中可以看出，结构是"形"，是由各类实体特征组成的，是散乱的、零碎的，甚至细微的，但都是为功能服务的。功能是"神"，在保证功能的前提下，结构越简单越好。同时，结构的设计还要考虑零件的模具成本、制造成本、装配效率等因素，结构设计是综合技术的具体化，希望能深刻体会。

步骤 4　设计下盖（BOTTOM. PRT）

下盖是从下部二级控件外观模型中分割出来的一部分，也可直接通过一级控件外观模型两次实体化分割得到。下面简述下盖（BOTTOM. PRT）的创建过程，下盖模型及相应的模型树如图 M1-2-46 所示。

1）激活 BOTTOM 元件。在模型树上右击 BOTTOM. PRT，从快捷菜单中选择"激活"选项。

2）合并 MODEL 数据。从菜单栏中选择"插入"→"共享数据"→"合并/继承"选项，选择 MODEL. PRT 一级控件，单击"完成"按钮✓，此时在下盖模型树中显示出外部合并标识 9。

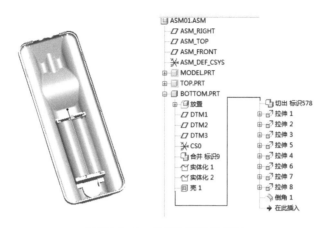

图 M1-2-46　下盖模型及模型树

3) 实体化创建下盖模型。分别两次选择合并特征中的参照曲面,从菜单栏中选择"编辑"→"实体化"选项,打开"实体化"工具操控板,单击"移除面组内侧或外侧的材料"按钮🔲,单击"更改刀具操作方向"按钮 ⚒ 改变方向,单击"完成"按钮☑,经两次实体化得到下盖模型,如图 M1-2-47所示。

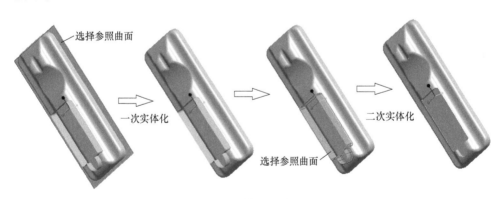

图 M1-2-47　实体化创建下盖模型

4) 下盖抽壳。单击"壳工具"按钮🔲,打开"壳"工具操控板,选择图 M1-2-48所示的零件面作为要移除的曲面,输入厚度值为 1.60,完成图示"选项"面板相关选项的设置,单击"完成"按钮☑,完成下盖抽壳特征创建,如图 M1-2-49所示。

5) 创建与上盖(TOP.PRT)的唇边及扣槽相配合部分的结构。从菜单栏中选择"插入"→"共享数据"→"合并/继承"选项,接着在操控板中单击"移除材料"按钮 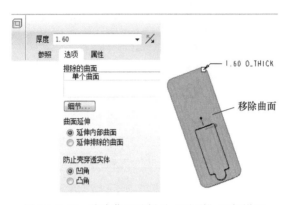，选择 TOP. PRT 参照，此时操控板如图 M1-2-50 所示。

图 M1-2-48　移除曲面选择及"选项"面板设置　　　图 M1-2-49　创建下盖抽壳特征

单击"完成"按钮☑，此时若隐藏 TOP. PRT，则可以很清楚地看到 BOT-TOM. PRT 中的一些材料被切除掉，形成与上盖唇相配合的凹止口，以及与上盖扣槽相配合的子扣，如图 M1-2-51 所示。

6）创建子扣的倒角。特征标识为"倒角 1"，创建子扣倒角的目的是为了便于装配，如图 M1-2-52 所示。

图 M1-2-50　"合并/继承"操控板

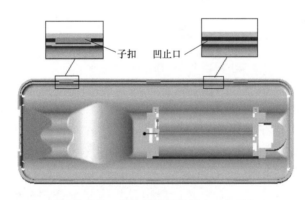

图 M1-2-51　切除材料后的凹止口与子扣

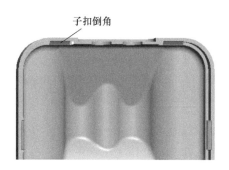

子扣倒角

图 M1-2-52 子扣倒角

说明：上述 5）所创建的凹止口和子扣数据完全是从上盖的凸止口-唇和母扣-扣槽继承而来的，它们之间的所有尺寸配合关系均为零间隙，这不符合装配要求，需要做进一步细节处理。一般是通过"偏移"命令来扩大凹止口和缩小子扣来获得合理的配合关系。下面分述止口和卡扣的配合要求。

止口是防止两个上下配合件之间因注塑变形或轮廓不齐而装配不良的一种限位结构。止口主要有两个作用，一个是限位，防止零件装配时错位产生段差；另一个是防静电。止口也称作静电墙，可以阻挡静电从外侧进入内部，从而保护内部的电子元件，所以在设计止口时应尽可能保留整圈止口的完整性。止口的配合尺寸如图 M1-2-53 所示。设计止口时，凹止口与凸止口是留有间隙的，理论上 B 间隙应该比 A 间隙大，因为 B 间隙过小会导致干涉，在两者配合面产生缝隙。一般

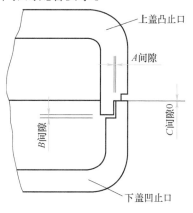

上盖凸止口

A 间隙

C 间隙

B 间隙

下盖凹止口

图 M1-2-53 止口的配合尺寸

情况下，产品中的小型零件都可以参考 $A = 0.1\text{mm}$，$B = 0.2\text{mm}$，$C = 0\text{mm}$；大件可以适当增大。一般情况，上盖应做成凸止口，下盖做成凹止口，以方便装配。

卡扣又称扣位，其作用是进行壳体间的固定及连接，它是通过塑料件本身弹性及卡扣结构上的变形来实现拆装的。卡扣的配合尺寸如图 M1-2-54 所示。a 是卡扣的卡合量，设计要合理，大了就很难拆，小了就容易失效，建议取值为 $0.4 \sim 0.6\text{mm}$，常用卡合量尺寸是 0.5mm。b 是子扣与母扣在工作方向的间隙，一般为 0.05mm，不能过大，避免扣合不紧密。c 是子扣与母扣间的避让间隙，一般大于 0.1mm，防止因干涉造成卡扣装配不到位。

A 是子扣的宽度，此尺寸可根据宽度需要设计，建议取值范围为 2~6mm，常用 4.0mm。

B 是母扣封胶厚度，一般为 0.3~0.5mm。

C 是子扣与母扣两侧的避让间隙，一般大于 0.2mm。

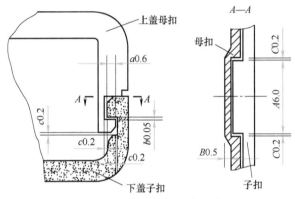

图 M1-2-54　卡扣的配合尺寸

7）创建 LED 发射接收窗口。经两次拉伸完成，如图 M1-2-55 所示。

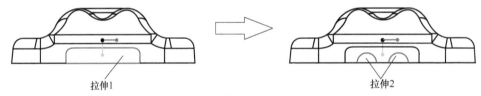

图 M1-2-55　创建 LED 发射接收窗口

8）电池仓的结构设计。

① 创建与电池盖的配合平面，步骤如图 M1-2-56 所示。

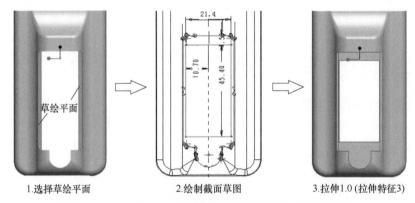

1.选择草绘平面　　　2.绘制截面草图　　　3.拉伸1.0（拉伸特征3）

图 M1-2-56　创建与电池盖的配合平面的步骤（拉伸特征 3）

② 创建电池盖配合平面，四周封胶，步骤如图 M1-2-57 所示。

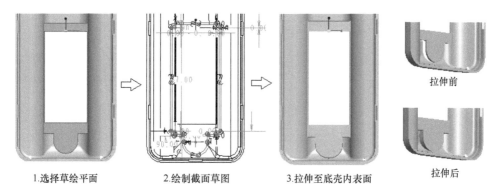

1.选择草绘平面　　　　　2.绘制截面草图　　　　　3.拉伸至底壳内表面

图 M1-2-57　创建电池盖配合平面的步骤（拉伸特征 5）

③ 创建导电弹簧插槽，步骤如图 M1-2-58 所示。

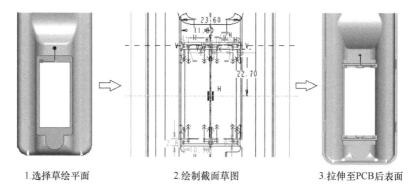

1.选择草绘平面　　　　　2.绘制截面草图　　　　　3.拉伸至PCB后表面

图 M1-2-58　创建导电弹簧插槽的步骤（拉伸特征 4）

④ 创建电池仓底部封胶（拉伸特征 6），步骤如图 M1-2-59 所示。

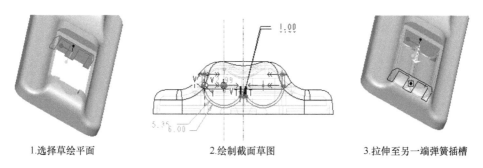

1.选择草绘平面　　　　　2.绘制截面草图　　　　　3.拉伸至另一端弹簧插槽

图 M1-2-59　创建电池仓底部封胶的步骤（拉伸特征 6）

239

⑤ 细部设计（拉伸 7 和拉伸 8）步骤如图 M1-2-60 所示。

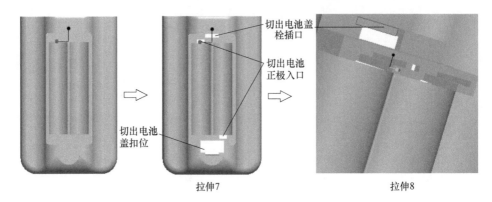

切出电池盖
栓插口

切出电池
正极入口

切出电池
盖扣位

拉伸7　　　　　　　　　　　　　　　　拉伸8

图 M1-2-60　细部设计步骤

知识拓展　电池仓及其导电片（弹簧）设计指南

在各类遥控器、儿童玩具及其他电子产品中经常要用到电池，这就必须有个容纳电池的腔体，即电池仓。电池仓由容纳电池的箱体、导电片（包括正极片、负极片、正负极联片）及电池盖组成。为了达到举一反三的效果，下面介绍电池仓的结构设计，供大家设计参考。

1）干电池的外形及尺寸如图 M1-2-61 所示，常用干电池分类及标准尺寸见表 M1-2-1。

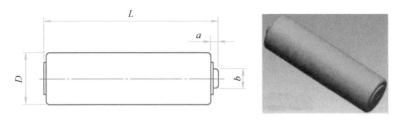

图 M1-2-61　干电池的外形及尺寸

表 M1-2-1　干电池的分类及标准尺寸　　　　　　　　（单位：mm）

电池规格	尺寸代号	标准设计值	IEC 标准	DIN 标准	ANSI 标准	JIS 标准
D（1号） R20 LR20 UM-1	L	61.5	59.5~61.5	59.5~61.5	58.72~61.49	58.5~61
	D	34.2	32.2~34.2	32.2~34.2	32.2~314.19	32~34
	a	1.5	1.5（min）	1.5（min）	1.5（min）	1.5（min）
	b	9.5	7.8~9.5	7.9~9.5	8.33~9.09	7.8~9.5

（续）

电池规格	尺寸代号	标准设计值	IEC 标准	DIN 标准	ANSI 标准	JIS 标准
C（2号） R14 LR14 UM-2	L	50	48.5~50.0	48.5~50.0	47.63~50.01	48~50.0
	D	26.2	24.7~26.2	24.7~26.2	24.69~26.19	25~26
	a	1.5	1.5（min）	1.5（min）	1.5（min）	1.5（min）
	b	7.5	5.5~7.5	5.5~7.5	5.97~6.73	5.5~7.5
AA（5号） R06 LR06 UM-3	L	50.5	49.0~50.5	49.0~50.5	48.41~50.5	49.2~50.5
	D	14.5	13.5~14.5	13.5~14.5	13.49~14.5	13.5~14.5
	a	1.0	1.0（min）	1.0（min）	1.0（min）	1.0（min）
	b	5.5	4.2~5.5	4.2~5.5	3.96~4.72	4.2~5.5
AAA（7号） R03 LR03 UM-4	L	44.5	42.5~44.5	42.5~44.5	42.49~44.5	43.5~44.5
	D	10.5	9.5~10.5	9.5~10.5	9.5~10.5	9.5~10.5
	a	0.8	0.8（min）	0.8（min）	0.8（min）	—
	b	3.8	2~3.8	2~3.8	2.79~3.56	—

2）电池仓尺寸如图 M1-2-62 所示。电池仓总长度设计方法如下：G' 是负极弹簧完全压缩后总高度；I 是正极导电片总高度；H 是电池仓总长度。

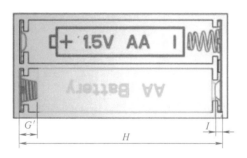

图 M1-2-62　电池仓尺寸

AA 电池：

$H=G'+$电池标准长度$+I+$电池装配间隙$=4.0$mm$+50.5$mm$+1.4$mm$+1$mm$=56.9$mm。

AAA 电池：

$H=G'+$电池标准长度$+I+$电池装配间隙$=3.3$mm$+44.5$mm$+1.6$mm$+1$mm$=50.4$mm。

电池装配间隙取值为 1~1.5mm。

3）电池仓常规结构尺寸见图 M1-2-63 及表 M1-2-2。

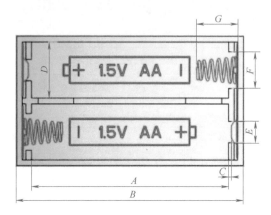

图 M1-2-63　电池仓常规结构尺寸

表 M1-2-2　电池仓常规结构尺寸　　　　　　　　　　（单位：mm）

电池类型	尺寸						
	A	B	C	D	E	F	G
AA 电池	52~52.5	56.9	0.7~0.8	14.5~14.7	5.8~6.5	9~9.5	10~11
AAA 电池	45.8~46	53.4	0.6~0.7	10.5~10.7	5~5.5	7~7.5	8~9

注：AA 电池负极弹簧有效圈数为 4.5，负极弹簧线径为 0.6mm；AAA 电池负极弹簧有效圈数为 4.0，
　　负极弹簧线径为 0.5mm。

4）正极导电片的设计如图 M1-2-64 所示。

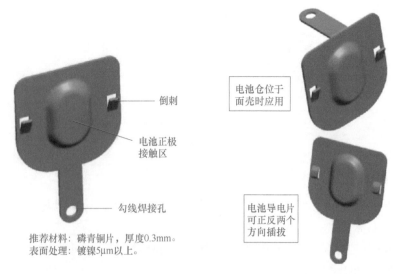

推荐材料：磷青铜片，厚度0.3mm。
表面处理：镀镍5μm以上。

图 M1-2-64　正极导电片的设计

5）负极导电片的设计如图 M1-2-65 所示。

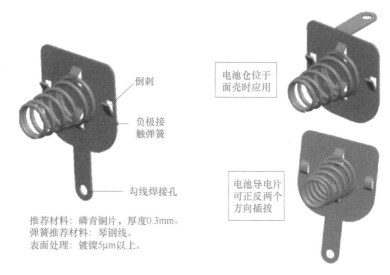

推荐材料：磷青铜片，厚度0.3mm。
弹簧推荐材料：琴钢线。
表面处理：镀镍5μm以上。

图 M1-2-65　负极导电片的设计

6）正负极联片的设计如图 M1-2-66 所示。

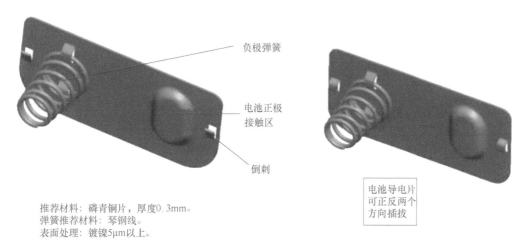

推荐材料：磷青铜片，厚度0.3mm。
弹簧推荐材料：琴钢线。
表面处理：镀镍5μm以上。

图 M1-2-66　正负极联片的设计

7）导电弹簧的设计。采用线簧制作导电极，相对于导电片来说有时可能更简洁、成本更低。常见导电弹簧的结构形式如图 M1-2-67 所示。

步骤5　设计 PCB 组件（PCB. PRT）

PCB 为印制电路板（printed circuit board）英文单词首字母的缩写，顾名思义就是用印刷方式将线路图案印在金属板（铜膜板）上，经过化学蚀刻后产生图案（线路）。

正负极弹簧　　　　　　负极弹簧　　　　　　正极弹簧

图 M1-2-67　常见导电弹簧的结构形式

PCB 的设计需要结构、电子、造型工程师集体讨论，依据产品外观造型及机芯细化内部结构，定出 PCB 的尺寸、数量及布局。讨论的项目包括：

1）PCB 的面积是否足够容纳电子元器件的设计及布置。

2）PCB 的数量是否符合逻辑线路规划，越精简越好。

3）操作按键等是否符合人机工程学。

4）使用器件是否合适（尺寸、成本、交货期等）。

5）静电（ESD）及电磁干扰（EMI）应纳入设计考虑范围。

完整的 PCB 结构图应包含的内容：

1）结构类电子元器件，如 LED、连接器、开关、插座、插孔、弹簧、散热器等的设计及布置。

2）全尺寸标注，包括零件布置中心、外形尺寸、孔中心、材料、板厚、按键中心位置、显示屏中心位置等，这些数据是 PCB 线路设计、加工、组装的依据。

3）元器件限高区域，包括限制元器件高度及其范围尺寸的规划。

本例所创建的 PCB 如图 M1-2-68 所示，包括 LED 和弹簧的安装孔，LCD 及按键的中心位置。

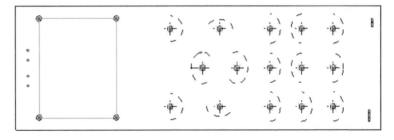

图 M1-2-68　PCB

步骤 6　导电弹簧的设计

1）正负极弹簧设计。正负极弹簧模型及模型树如图 M1-2-69 所示，创建步骤如图 M1-2-70 所示。

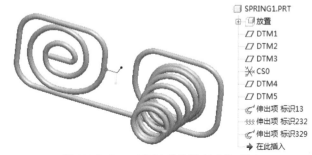

图 M1-2-69　正负极弹簧模型及模型树

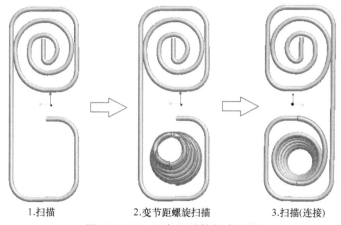

1.扫描　　　　　　2.变节距螺旋扫描　　　　　3.扫描(连接)

图 M1-2-70　正负极弹簧创建步骤

2）负极弹簧设计。负极弹簧模型及模型树如图 M1-2-71，创建步骤如图 M1-2-72所示。

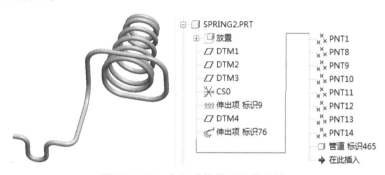

图 M1-2-71　负极弹簧模型及模型树

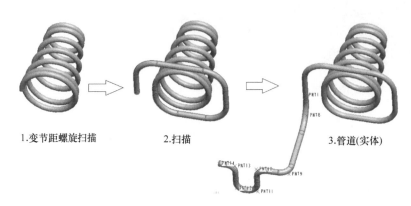

图 M1-2-72　负极弹簧创建步骤

3）正极弹簧设计。正极弹簧模型及模型树如图 M1-2-73，创建步骤如图 M1-2-74 所示。

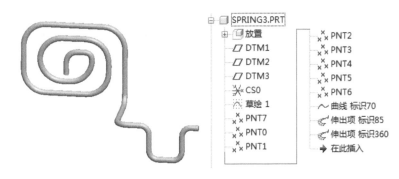

图 M1-2-73　正极弹簧模型及模型树

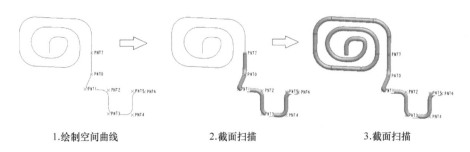

图 M1-2-74　正极弹簧创建步骤

说明：如果正极弹簧想要设计成标准的平面螺旋形（即渐开线形），那么扫描轨迹常用"基准曲线→从方程→完成"，建立坐标系，选择柱坐标系，建立柱坐标参数方程。

例如，对在 x-y 平面的一个螺旋线，中心在原点，初始半径是4mm，最大半径是10mm，螺旋圈数是3.5，则参数方程将为

$$r = 4 + 6t$$
$$\theta = t \times 360 \times 3.5$$
$$z = 0$$

t 的取值范围为0~1，对应 r 为4~10mm，θ 为0°~1260°。$z = 0$，不随 t 变化，即是平面螺旋线。以参数方程创建的平面螺旋线作为轨迹，进行截面扫描即得标准渐开线正极弹簧。

步骤7　创建显示屏（LENS. PRT）

显示屏是装在上盖上的，与上盖（TOP. PRT）有配合关系，可参照上盖配合面相关数据进行创建。为便于安装，显示屏应比上盖安装槽尺寸小，一般单边间隙为0.1~0.15mm。以上盖与显示屏主配合面为草绘平面，以侧配合面轮廓线向内偏移0.1mm绘制草图，通过拉伸得到显示屏，如图 M1-2-75 所示。

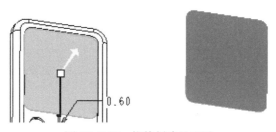

图 M1-2-75　拉伸创建显示屏

步骤8　设计硅橡胶按键（KEY2. PRT）

下面讲解硅橡胶按键（KEY2. PRT）的设计过程。硅橡胶按键是从上盖继承相应尺寸后，对其进行结构细化设计得到完善的零件模型。硅橡胶按键模型及模型树如图 M1-2-76 所示。

1）创建橡胶按键基片。

① 选择 PCB 正面（FRONT 方向）为草绘平面。

② 以上盖按键孔为参照，向外偏移0.65mm绘制截面草图。

③ 向上拉伸1.2mm完成基片创建，如图 M1-2-77 所示。

2）创建下部橡胶按键斜壁阵列。

① 从菜单栏中选择"插入"→"混合"→"薄板伸出项"选项，弹出菜单管理器。在菜单管理器中进行系列设置并选择橡胶基片上表面为草绘平面，如图 M1-2-78 所示。

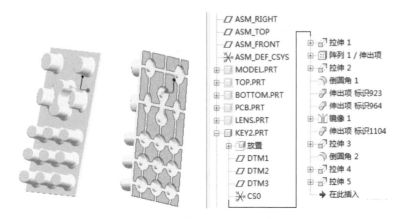

图 M1-2-76　硅橡胶按键模型及模型树

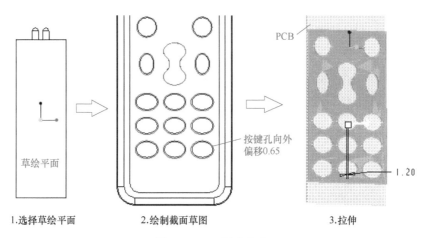

1.选择草绘平面　　　　2.绘制截面草图　　　　3.拉伸

图 M1-2-77　创建基片

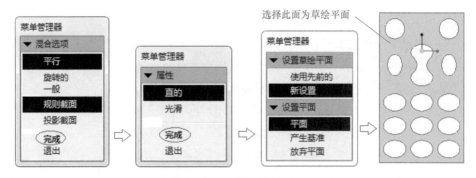

图 M1-2-78　设置草绘平面

② 创建混合薄板伸出项并阵列，如图 M1-2-79 所示。

1.绘制截面草图　　　2.设置参数　　　3.创建混合薄板伸出项　　4.阵列

图 M1-2-79　创建混合薄板伸出项并阵列

3）创建下部橡胶按键并倒圆角，如图 M1-2-80 所示。

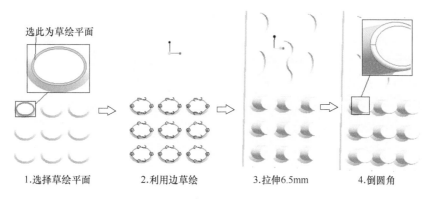

1.选择草绘平面　　　2.利用边草绘　　　3.拉伸6.5mm　　　4.倒圆角

图 M1-2-80　创建下部橡胶按键并倒圆角

4）创建上部橡胶按键斜壁。执行"混合→薄板伸出项"命令，同下部按键斜壁创建方法一样，依次创建上部按键斜壁，如图 M1-2-81 所示。

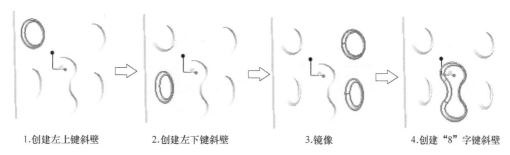

1.创建左上键斜壁　　2.创建左下键斜壁　　　3.镜像　　　4.创建"8"字键斜壁

图 M1-2-81　创建上部橡胶按键斜壁

5）创建上部橡胶按键并倒圆角，如图 M1-2-82 所示。

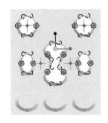

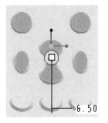

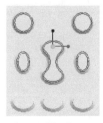

1.选择草绘平面   2.利用边草绘   3.拉伸6.5mm   4.倒圆角

图 M1-2-82　创建上部橡胶按键并倒圆角

6）创建橡胶按键底部排气槽。通过拉伸去除材料创建，双向分布，便于排气，深度为 0.4mm，如图 M1-2-83 所示。

7）创建橡胶按键导电柱（导电粒）。通过拉伸创建，高度离 PCB 1.0mm，如图 M1-2-84 所示。

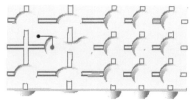

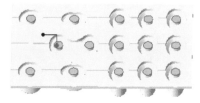

图 M1-2-83　创建橡胶按键底部排气槽   图 M1-2-84　创建橡胶按键导电柱

知识拓展　导电橡皮按键（rubber key）设计指南

（1）设计原理及应用　导电橡皮按键利用硅树脂胶（silicone）材料的特性，通过按压施力使按键导通薄膜（film）电路板。应用范围包括手机、计算机、键盘、各类遥控器等。如图 M1-2-85 所示，测试原理及设计建议值如下：

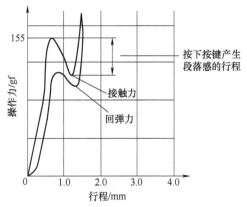

图 M1-2-85　操作力-行程曲线

注：$1gf = 9.80 \times 10^{-3} N$。

1）咔嗒声音越大，段落感越明显，但回弹力（return force）则相对越低，越容易卡键。

2）如果提高接触力（contact force），则操作力（operating force）必须增大，以下经验值仅供参考。

① 接触力−回弹力≤15gf。

② 回弹力≥60gf。

③ 负载或操作力=155gf±30gf。

（2）设计注意事项

1）如图 M1-2-86 所示，导电橡皮按键的材料为硅橡胶，巴氏硬度=55HBa。

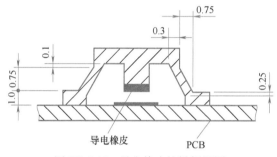

图 M1-2-86 导电橡皮按键剖视图

2）导电橡皮材料与 PCB 必须保持 1mm 的间隔。

3）导电橡皮的直径必须大于 PCB（或 film）线路铜箔的最小宽度。

4）按键底部应有通风槽设计，缺口高度=0.5mm。

5）接触阻抗在 200gf 施力时不得大于 50Ω，可用去渍油擦拭 PCB 线路铜箔。

6）测试规格：①导电橡皮接触电流=30mA；②接触电压=12V/0.5s；③寿命测试为 1000000 次以上。

7）橡皮按键的顶面必须凸出壳体 2.5mm，并与壳体保持全周 0.35mm 的间隙，如图 M1-2-87 所示。

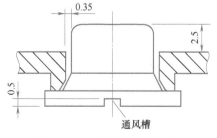

图 M1-2-87 橡皮按键的顶面

251

8）橡皮按键与 PCB 之间若衬有绝缘材料，其表面要采用雾面处理，因为平滑面易造成局部真空，使得橡皮按键被吸住，造成卡键。

9）主壳必须设计环状肋片，以压住橡皮按键的凸缘，干涉量为 0.1mm。

10）橡皮按键的动作力：①大按键（直径 = ϕ5mm ~ ϕ10mm），动作力为 155gf±30gf；②小按键（直径<ϕ5mm），动作力为 130gf±25gf；③改变橡皮按键斜壁的胶厚是修正动作力的方式。

步骤 9 设计电池盖（BATTERYDOOR. PRT）

下面讲解电池盖的创建过程，电池盖作为下部二级控件的另一部分也同样继承了相应的外观形状，同时获得本身的外形尺寸，这些都是对此进行设计的依据。电池盖模型及模型树如图 M1-2-88 所示。

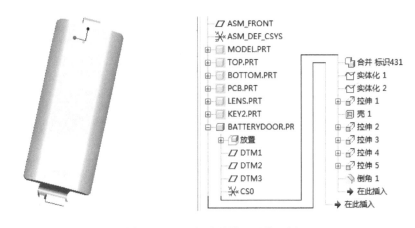

图 M1-2-88　电池盖模型及模型树

1）激活 BATTERYDOOR 元件。在模型树上右击 BATTERYDOOR. PRT，从快捷菜单中选择"激活"选项。

2）合并 MODEL 数据。从菜单栏中选择"插入"→"共享数据"→"合并/继承"选项。选择 MODEL. PRT 一级控件，单击"完成"按钮☑，此时在 BAT-TERYDOOR. PRT 模型树中显示出外部合并标识 431。

3）实体化创建电池盖模型。分别两次选择合并特征中的分型曲面，从菜单栏中选择"编辑"→"实体化"选项，打开"实体化"工具操控板，单击"移除面组内侧或外侧的材料"按钮☑，单击"更改刀具操作方向"按钮✄改变方向，单击"完成"按钮☑，经两次实体化得到电池盖模型，如图 M1-2-89 所示。

4）拉伸切除材料。单击"壳工具"按钮回，打开"壳"工具操控板，选择图 M1-2-90 所示的切除区域。

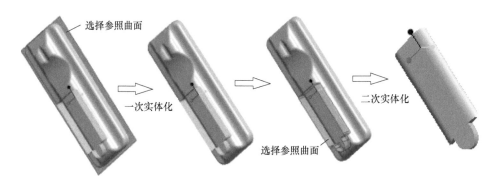

图 M1-2-89   实体化创建电池盖模型

5）电池盖抽壳。单击"壳工具"按钮回，打开"壳"工具操控板，选择图 M1-2-91 左图所示的面作为要移除的曲面，输入厚度值为 1.0mm，单击"完成"按钮✓，完成抽壳操作，如图 M1-2-91 右图所示。

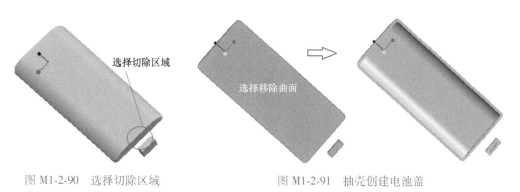

图 M1-2-90   选择切除区域   图 M1-2-91   抽壳创建电池盖

6）创建电池盖弹性卡扣，如图 M1-2-92 所示。

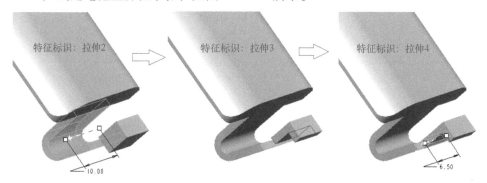

图 M1-2-92   创建电池盖弹性卡扣

7）创建电池盖插栓，如图 M1-2-93 所示。

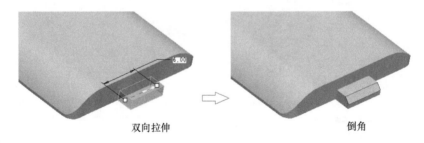

双向拉伸　　　　　　　　　　　　倒角

图 M1-2-93　创建电池盖插栓

8）检查完善细节设计。如干涉检查，电池盖与下盖配合间隙修正，电池盖是否压紧电池？是否需要增设限制电池晃动的筋骨等。

完成后的遥控器爆炸图如图 M1-2-94 所示，产品的材料清单见表 M1-2-3。

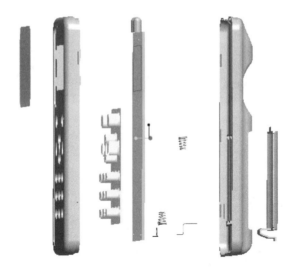

图 M1-2-94　遥控器爆炸图

表 M1-2-3　材料清单

零件编号	名称	文件名	规格描述	数量
1	上盖	TOP. PRT	ABS，丝印，与下盖配合	1
2	下盖	BOTTOM. PRT	ABS，与上盖配合	1
3	电路板	PCB. PRT	酚醛树脂，与上下盖及按键配合	1
4	正负极弹簧	SPRING1. PRT	线径 0.5mm 琴钢线，镀镍，装于下盖	1

（续）

零件编号	名称	文件名	规格描述	数量
5	负极弹簧	SPRING2. PRT	线径 0.5mm 琴钢线，镀镍，焊于 PCB	1
6	正极弹簧	SPRING3. PRT	线径 0.5mm 琴钢线，镀镍，焊于 PCB	1
7	显示屏	LENS. PRT	PVC，与上盖配合，丝印	1
8	橡胶按键	KEY2. PRT	硅橡胶，丝印，装于上盖	1
9	电池盖	BATTERYDOOR. PRT	ABS，与下盖配合	1

模块 2
家用电器产品的结构设计

家用电器按用途可分为:

1)空气调节用具。主要用于室内温度、湿度调节,如空调器、电风扇、加湿器、负氧离子发生器、空气清洁器、取暖器等。

2)清洁整理用具。用于衣物与室内环境清洁整理,如洗衣机、烘衣机、熨衣机、缝纫机、打蜡机、擦窗机、吸尘器等。

3)美容保健用具。电吹风、电推剪、电动剃须刀、多用整发器、各类健身器、按摩器、按摩椅、脉冲理疗仪等。

4)厨房用具。主要用于食物制备、储藏等,如电冰箱、电烤箱、电火锅、电饭煲、电磁炉、微波炉、绞肉机、榨汁机、洗碗机、抽油烟机、饮水机、排气扇等。

从结构设计角度看,家用电器产品多采用注塑壳体和冲压壳体相结合的设计,对于大型的家用电器设计则以冲压壳体为主,因为相对注塑壳体,大尺寸的冲压壳体在模具投入和产品单价上要经济很多。常见家用电器产品举例如图 M2-3-1 所示。

擦玻璃机器人　　　　　加湿器　　　　　　　无叶风扇

吸尘器　　　　　　扫地机器人　　　　　　跑步机

图 M2-3-1　常见家用电器产品举例

烟机　　　　　　　洗碗机　　　　　　电热水器

图 M2-3-1　常见家用电器产品举例（续）

项目3　电烤箱的结构设计

【设计任务】

（1）产品主要功能要求　电烤箱可以按预先设置好的程序改变加热方式、加热时间及食品加热状态。

1）上火、下火既能单独开也能同时开。

2）定时设置，通常 0~120min 可调，还可始终选择加热档。

3）温度控制，在 0~250℃可调。

4）有循环风机，使箱内热空气流动起来，加热均匀。

5）电烤箱的外观密封良好，减少热量散失。开门是从上往下开，不能太紧，以免太热的时候用力打开容易烫伤，也不能太松，以免掉下来砸坏玻璃门。

6）电烤箱内部有至少三个烤盘位置，能分别接近上火、接近下火和位于中间。

7）电烤箱底部有可拆卸下的碎屑盘，便于清理油渍和碎渣。

电烤箱预热时，只要看到加热管一会变红一会变黑就是温度达到了，应该立刻把食物放进去烘烤。烘焙时，在食物表面遮一层锡纸能有效防止表面烤焦的同时不影响烤熟。

40℃可以用来发酵面团和酸奶，以代替温水和棉被；50℃可以将食物脱水，制成各种水果干、蔬菜干、肉干，以便于保存，烘干时要稍微打开烤箱门，以利于水分散发；60℃可以用来制作香肠、腊肉。

（2）产品主要技术指标

1）电烤箱的有效容积：25L。

2）额定电压：220V~；频率：50Hz。

3）额定功率：1500W（上面两根发热管为 800W，下面两根发热管为 700W）。

4）绝缘等级：E。

（3）外观及结构　外观依据产品造型图，结构满足功能、制造、装配及经济等方面要求。

（4）输出　要求设计输出结果为三维设计图。

【设计输入】

1）产品外观造型如图 M2-3-2 所示。

图 M2-3-2　产品外观造型

2）外形尺寸为 458mm×345mm×325mm。

3）加热模块三维图（HEATER_ASS_Y. ASM）如图 M2-3-3 所示。

图 M2-3-3　加热模块三维图

4）温控器（406-25000-21501. PRT）三维图、功能开关（407-50021-15001. PRT）三维图、定时器（407-81121-15001. PRT）三维图分别如图 M2-3-4 ~ 图 M2-3-6 所示。

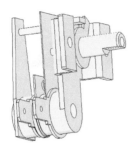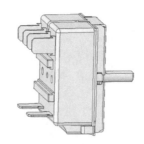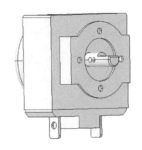

图 M2-3-4　温控器三维图　　图 M2-3-5　功能开关三维图　　图 M2-3-6　定时器三维图

【设计分析】

（1）电烤箱构造　电烤箱主要由箱体、箱门、电热元件、调温器、定时器和功率调节开关等构成。箱体主要由外壳、中隔层、内胆组成三层结构，在内胆的前后边上形成卷边，以隔断腔体空气；在外层腔体中充填绝缘的膨胀珍珠岩制品，使外壳温度大幅度减低。同时，在箱门的下方安装弹簧结构，使门始终压紧在门框上，使之有较好的密封性。

（2）电烤箱的选材　电烤箱主要由钣金件组成，辅以少量的塑料件、橡胶件、钢化玻璃制件等。

1）箱体外壳多用薄冷轧钢板，通过冲压成形，然后烤漆处理，具备一定的耐温性。

2）箱体内胆可根据产品的档次选择不同材料。选用镀锌钢板作烤箱内胆，成本低、耐高温、耐蚀，但寿命短，使用几年就会出现表面氧化的情况。如果长期使用，还可能对人体健康不利。镀铝钢板属于健康环保材料，抗氧化、耐蚀，而且耐高温。经测试，它能承受600℃的高温，长期使用，寿命至少比镀锌板延长60%，所以可放心使用。选择不锈钢板作为内胆材料，价格高，但它耐蚀、耐高温，清理起来也方便，寿命相比前两种内胆材料更长，适合用于制作高档电烤箱。

3）箱门采用耐高温钢化玻璃，便于保持箱内温度和观察食物烤制情况。

4）其他如各功能旋钮、门拉手等选用工程塑料，机脚选用橡胶。

（3）电烤箱连接结构　电烤箱主要由钣金件构成，钣金件之间装配主要采用插接+螺钉连接，钣金件与其他零件（塑料件、橡胶件、玻璃件）的连接采用卡扣、粘接及螺钉连接。

（4）设计方法　综合使用项目2中所讲述的"自顶向下设计"的方法，即首先创建产品中的重要结构，然后将装配几何关系的线与面复制到各零件，再插入新的零件并进行细节的设计。

具体到本项目，首先依外观造型创建前面板部分的模型作为主控件，由此可分割出面板、门、控制面板和机座；然后根据面板、装配关系及总体尺寸依次创建底板、反U形顶盖和背板，完成烤箱外壳框架设计，接着可设计内胆和门，最后完成各部细节设计。

【设计实施】

下面简要介绍设计步骤。

步骤 1 设计面板部分控件模型

面板部分控件模型如图 M2-3-7 所示，它可作为控件分割出面板、门、控制面板和机座等。

步骤 2 设计面板

由面板部分控件模型通过分割、抽壳、细化设计，得到面板结构，如图 M2-3-8 所示。将面板载入组件图中，并以面板作为创建产品的重要结构，创建底板、背板、顶盖等其他相关零件。

图 M2-3-7　面板部分控件模型　　　图 M2-3-8　面板结构（FRONT_0915. PRT）

步骤 3 设计底板

底板的设计要依据外观的宽度及深度尺寸，参照面板结构，既要考虑底板与背板及顶盖的装配关系，还要考虑强度、刚度及散热等功能因素。底板如图 M2-3-9 所示，底板与面板的连接方式如图 M2-3-10 所示。

图 M2-3-9　底板（310-TN003-04010. PRT）

步骤 4 设计背板

同底板的设计方法，背板如图 M2-3-11 所示，背板与底板的连接方式如图 M2-3-12 所示。

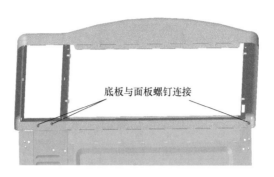

图 M2-3-10　底板与面板的连接方式

图 M2-3-11　背板（310-TN003-07010. PRT）

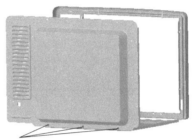

图 M2-3-12　背板与底板的连接方式

步骤 5　设计顶板

顶板设计成倒 U 形结构，如图 M2-3-13 所示。顶板形成倒 U 形包围结构，前端插入面板，后端包围背板和底板并以螺钉连接，如图 M2-3-14 所示，形成整体框架。此种设计便于装配和维修。

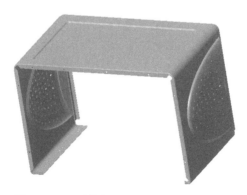

图 M2-3-13　顶板（310-TN003-01010. PRT）

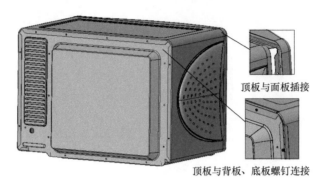

顶板与面板插接

顶板与背板、底板螺钉连接

图 M2-3-14　顶板与面板、背板、底板的连接方式

步骤 6　设计机座及机脚

机座分左右两块，采用有一定耐热性的工程塑料制作，其作用主要是满足外观造型设计要求、隔热，以及烤箱在烤架上的固定，外侧通过凹形设计处理，还起到了扣手的作用。橡胶机脚穿过机座扣在底板上。机座如图 M2-3-15 所示，机座、机脚与机箱的装配如图 M2-3-16 所示。

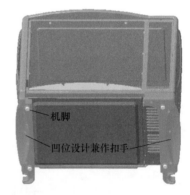

机脚

凹位设计兼作扣手

左机座（300-TN003-03010.PRT）　右机座（300-TN003-04010.PRT）

图 M2-3-15　机座　　　　　　　　　图 M2-3-16　机座、机脚与机箱的装配

步骤 7　设计碎屑盘

碎屑盘由金属托盘和塑料扣手通过螺钉连接组成，如图 M2-3-17 所示。碎屑盘从面板下部插入，无须打开烤箱门，清理操作更便捷，塑料扣手同时是机座造型的一部分，如图 M2-3-18 所示。

步骤 8　设计内胆

内胆由右内侧板（见图 M2-3-19）、左内侧板（见图 M2-3-20）和内胆顶板

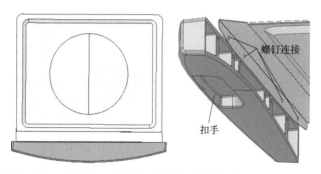

图 M2-3-17 碎屑盘 (CRUMB_TRAY_ASSEM_FOR_31197_. ASM)

图 M2-3-18 碎屑盘操作位置

（见图 M2-3-21）组成，并通过自攻机牙螺钉与箱体面板、底板和背板连接形成内胆，如图 M2-3-22 所示。

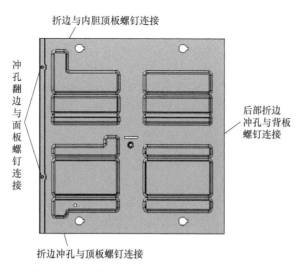

图 M2-3-19 右内侧板 (310-TN003-05010. PRT)

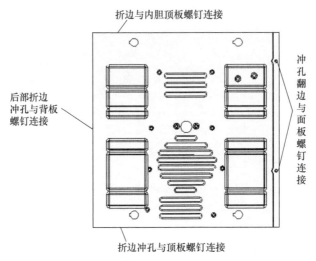

图 M2-3-20　左内侧板（310-TN003-06010.PRT）

折边与内胆顶板螺钉连接

冲孔翻边与面板螺钉连接

后部折边冲孔与背板螺钉连接

折边冲孔与顶板螺钉连接

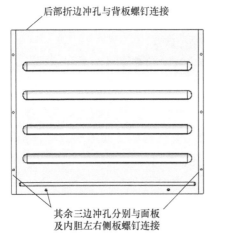

后部折边冲孔与背板螺钉连接

其余三边冲孔分别与面板
及内胆左右侧板螺钉连接

图 M2-3-21　内胆顶板（310-TN003-03010.PRT）

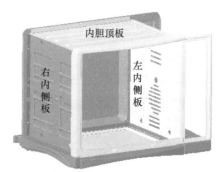

内胆顶板

右内侧板

左内侧板

图 M2-3-22　内胆板装配关系

右内侧板和左内侧板上通过冲压出若干平面凸台，形成高度平齐的四条滑槽，以满足四个不同的烤盘（烤架）放置位。

步骤9　左内侧板组件设计

左内侧板组件如图 M2-3-23 所示，由左至右主要由左内侧板、循环风扇、循环风罩、散热风罩、长轴电动机、散热风扇等组成。左内侧板、循环风扇、循环风罩及长轴电动机构成循环风室，由左内侧板上的上下入风口吸入箱体内上下层加热管附近的热风，同时通过送风口送入烤箱中部，如此形成热风循环，达到均匀加热食物的目的。长轴电动机的另一端连接散热风扇，并与散热风罩一起构成散热风室，起到对电动机及控制面板元器件的散热作用。循环风室和散热风室是独立的，并通过阻热板隔离。

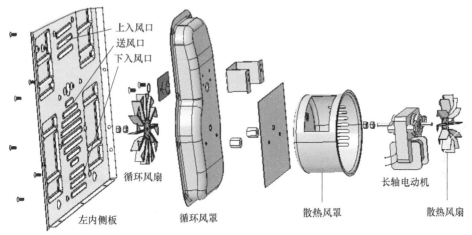

图 M2-3-23　左内侧板组件

步骤 10　控制面板组件设计

控制面板组件如图 M2-3-24 所示，主要由旋钮、旋钮指示圈、控制面板、电源指示灯、开关支架及各功能开关器件组成。其设计要点是旋钮与各功能开关连接可靠、拆装方便。

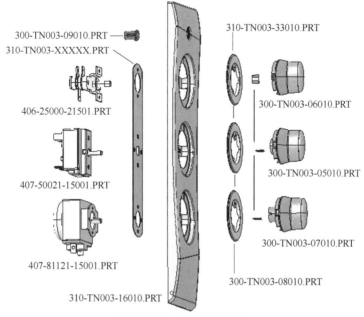

图 M2-3-24　控制面板组件

步骤 11 箱门组件设计

箱门组件如图 M2-3-25 所示，由上金属包边条、门把手、钢化玻璃门、下金属包边条组成。由于金属包边条与钢化玻璃不太好连接，又要耐高温不宜采用黏结的方法，所以采用图 M2-3-26 所示的折弯包边方法比较可靠。下金属包边条上还通过冲压成形得到门转轴和门开关机构的牵引耳。

图 M2-3-25 箱门组件

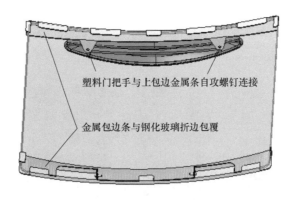

图 M2-3-26 箱门组件连接方式

步骤 12 开关门机构设计

开关门机构如图 M2-3-27 所示，由弹簧、摆动滑块、导杆、箱门（连架杆）和门转轴等组成，其机构运动简图如图 M2-3-28 所示。在门关闭位置时，导杆在弹簧拉力作用下与面板紧密结合；在门半开位置和全开位置时，主要通过限位槽限位。开关门机构进一步简化可得到一个典型的摆动滑块机构，如图 M2-3-28。

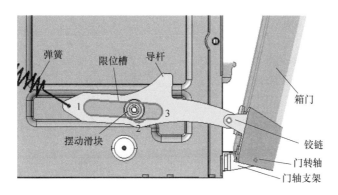

图 M2-3-27 开关门机构

1—全开门限位弧 2—半开门限位弧 3—关门限位弧

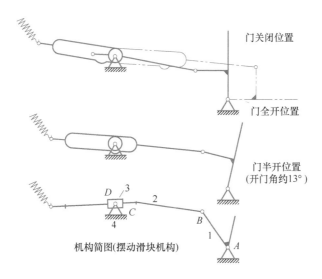

图 M2-3-28 开关门机构运动简图

1~4—构件

步骤 13 附件设计

烤盘和烤网如图 M2-3-29 和图 M2-3-30 所示，其他略。

完成后的整机分解图如图 M2-3-31 所示。

图 M2-3-29　烤盘

图 M2-3-30　烤网

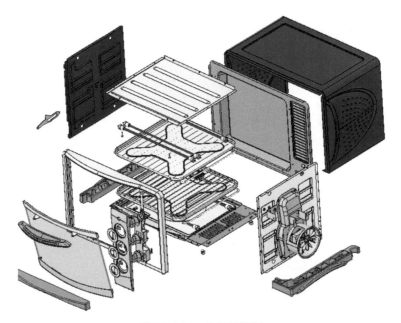

图 M2-3-31　整机分解图

项目4　空气炸锅的结构设计

【设计任务】

（1）产品主要功能要求

1）120°可视窗口，无须开盖即可了解烹饪效果。

2）隐形触控屏，通电亮屏才显示菜单及功能键。

3）360°热风高速循环，通过高速风机和风道结构设计，实现 360°热风循环无死角。

4）广域温控定时，调温范围为 35~200℃，定时范围为 0~60min。

5）八种预设模式，即自主、薯条、蛋挞、鸡翅、红薯、牛排、烤鱼、解冻。

（2）产品主要技术指标

1）外形尺寸：350mm×350mm×310mm；有效容积：5L。

2）额定电压：220V~；频率：50Hz。

3）额定功率：1500W。

4）执行标准：GB 4706.1—2005。

（3）外观及结构　外观依据产品造型图，结构满足功能、制造、装配及经济等方面要求。

（4）输出　要求设计输出结果为三维图、工程图和零部件清单。

【设计输入】

1）产品外观造型如图 M2-4-1 所示。

2）电动机、加热元件、温控器等元器件自选。

图 M2-4-1　产品外观造型

【设计指引】

1. 空气炸锅的工作原理

空气炸锅的工作原理主要是采用热风对流系统，即高速空气循环技术。它的内部使用热管来产生热空气，再用风机将热空气吹到炸锅内的每一个角落，让热风在密封的空间中快速循环，迫使所有空气通过食物和加热器表面并带走食物中的水分，使食物加速变熟。

空气炸锅内部的快速气流将热量以高强度传递到食物的所有部位和侧面，可以穿透一堆厚厚的食物。来自加热器的辐射部分在远红外范围内，可渗透到食物表面的深处。这种组合导致了非常高的传热速率，并且可以产生与油炸相当的烹饪效果。

简单来说，可以理解为用高温的"空气"作为介质来"炸"食物。与传统的烤箱相比，烤制同一种食物，空气炸锅所用的时间更短、耗能更低、用油更少，甚至可以不用油。

2. 空气炸锅的结构

（1）空气炸锅的开启方式　空气炸锅的开启方式一般有抽锅式和翻盖式两种形式，如图 M2-4-2a 和图 M2-4-2b 所示。

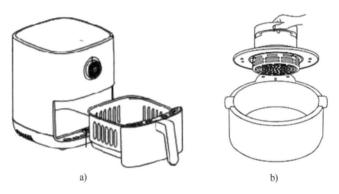

图 M2-4-2　空气炸锅的开启方式

a）抽锅式　b）翻盖式

抽锅式空气炸锅的优点是开启方便快捷；缺点是密封不严、抽锅易松动，不易观察食物状态。

翻盖式空气炸锅的优点是密封严、保温好，易观察食物状态；缺点是取出食物少，比较麻烦。本项目采用图 M2-4-2b 所示的方案。

（2）空气炸锅的功能结构（见图 M2-4-3）

3. 空气炸锅的材料选择

1）空气炸锅的机身一般选用耐高温且安全无毒的聚丙烯（PP）材质，考虑其耐磨性，可在材料中加入一些增塑剂，如在一定范围内与高聚物相混合后不易离析的化学物质，以增加塑料的塑性、流动性和耐磨性，使之便于成型加工及改善表面质量。

2）显示面板和观察窗可选用耐高温且透明的 PC 塑料，按钮及其他结构件可选用 ABS 塑料。

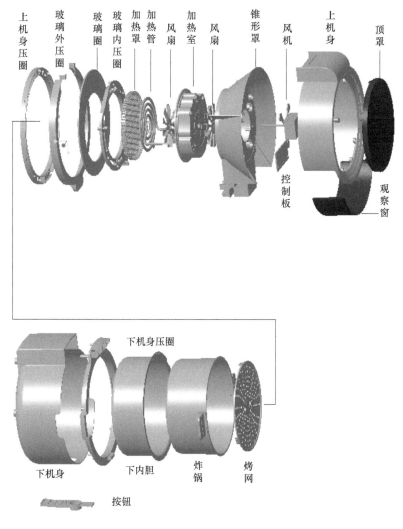

图 M2-4-3 空气炸锅的功能结构

3）作为厨房小家电，必须考虑消费者的饮食安全问题。空气炸锅的内胆采用食品级不锈钢材质，炸篮采用一体化铝板冲压成形。同时，炸篮和内壁采用食品级不粘层，以便空气炸锅的清洁维护。

【项目考核】（见表 M2-4-1）

表 M2-4-1 项目评定表

模块名称	家用电器产品的结构设计			
项目名称	空气炸锅的结构设计			
评价项目	评价内容及评分标准	自我评分	小组评分	教师评分
设计准备评价 （10分）	1）能够仔细阅读设计任务书，明确设计任务（2）			
	2）能够根据设计要求查阅相关设计规范（2）			
	3）能够按要求合理选择标准件及元器件（3）			
	4）能够综合1）~3）步内容，制定初步设计方案（3）			
造型设计评价 （40分）	1）设计方法合理性（10）			
	2）造型效果与设计输入外观图的符合性（10）			
	3）尺寸比例准确性（10）			
	4）造型的完整性（10）			
结构设计评价 （40分）	1）整体布局合理性（10）			
	2）各零部件选材的合理性（5）			
	3）结构（功能定位）可靠性（10）			
	4）结构（装配、制造）工艺性（10）			
	5）标准、安全规范的符合性（5）			
综合素养评价 （10分）	1）严谨的思维方式。以科学的态度对待科学（3）			
	2）良好的工作态度。敢想敢为又善作善成，敢担当、能吃苦、肯奋斗（3）			
	3）科学的工作方法。坚持问题导向，具体问题具体分析，提出真正解决问题的新理念、新思路、新办法（4）			
自我评定 成绩（20%）		小组评定 成绩 （20%）	教师评定 成绩 （60%）	
个人签名		组长签名	教师签名	
综合成绩		日期		

模块 **3**

电动工具的结构设计

电动工具主要分为金属切削电动工具、研磨电动工具、装配电动工具和木工电动工具。常见的电动工具有电钻、砂轮机、扳手和螺丝刀、电锤和冲击电钻、混凝土振动器、电刨等。

1）电钻：主要规格有 4mm、6mm、8mm、10mm、13mm、16mm、19mm、23mm、32mm、38mm、49mm 等，数值指在抗拉强度为 390N/mm^2 的钢材上钻孔的钻头最大直径。对有色金属、塑料等材料，最大钻孔直径可比原规格大 30%~50%。

2）砂轮机：用砂轮或磨盘进行磨削的工具。有直向盘式砂轮机和角向磨光机等。

3）扳手和螺丝刀：用于装卸螺纹联接件。扳手的传动机构由行星齿轮和滚珠螺旋槽冲击机构组成，规格有 M8、M12、M16、M20、M24、M30 等。螺丝刀采用牙嵌离合器传动机构或齿轮传动机构，规格有 M1、M2、M3、M4、M6 等。

4）电锤和冲击电钻：用于在混凝土、砖墙及建筑构件上凿孔、开槽、打毛。结合膨胀螺栓使用，可提高各种管线、机床设备的安装速度和质量。

5）混凝土振动器：用于浇筑混凝土基础和钢筋混凝土构件时捣实混凝土，以消除气孔，提高强度。其中电动直联式振动器的高频扰动力由电动机带动偏心块旋转而形成，电动机由 150Hz 或 200Hz 中频电源供电。

6）林木工具：用于木材或木结构件加工，如电刨（电刨的刀轴由电动机转轴通过传动带驱动）、圆锯、带锯、木铣和修边机等。

7）其他：修枝剪、割草机、石材切割机等。

各种电动工具实例如图 M3-5-1 所示。

图 M3-5-1　各种电动工具实例

项目5　小型冲击电钻的结构设计

【设计任务】

（1）技术性要求

1）额定电压：220V～。

2）频率：50Hz。

3）额定功率：500W。

4）钻头工作规格：12mm。

5）转速：0~2500r/min，电子调速。

6）冲击频率：0~40000次/min，绝缘等级：E。

7）尺寸：250mm×180mm。

（2）功能要求　实现混凝土、砖石等建筑物、构件上凿孔等作业，设有可调式冲击机构。

（3）安全要求

1）销售区域为国内。

2）符合标准 GB/T 3883.201—2017，可靠性要求（LGA）为良好级，电磁兼容（EMC）为通过。

（4）设计内容（包括产品主要功能、性能，主要技术指标，外观及结构等）

1）产品主要功能、性能：操作省力，功能齐全，使用安全。

2）产品主要技术指标：额定电压为 220V～，频率为 50Hz，额定功率为

500W，绝缘等级为 E。

3）外观及结构：外观依据产品造型图，结构满足功能、制造、装配及经济等方面要求。

4）要求设计输出结果：产品三维图设计。

【设计输入】

1）钻夹头三维图（见图 M3-5-2）、调速开关三维图（见图 M3-5-3）、碳刷组件三维图（见图 M3-5-4）。

JIA TOU_3.PRT

图 M3-5-2　钻夹头三维图

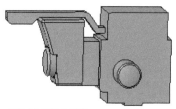

KAI GUAN_5.PRT

图 M3-5-3　调速开关三维图

2）电动机定子组件及转子组件三维图分别如图 M3-5-5 和图 M3-5-6 所示。

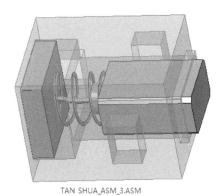

TAN SHUA_ASM_3.ASM

图 M3-5-4　碳刷组件三维图

DING ZI_ASM_2.ASM

图 M3-5-5　电动机定子组件三维图

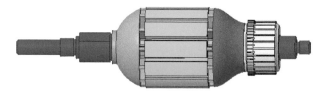

图 M3-5-6　电动机转子组件三维图

3）产品外观造型如图 M3-5-7 所示。

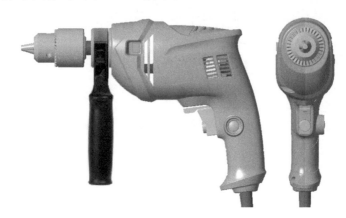

图 M3-5-7　产品外观造型

4）其他如轴承等标准件和外购件根据设计需要查资料自行选用。

【设计分析】

1. 了解产品功能需求

冲击电钻是一种带有冲击功能的手持式电钻，通过切换开关可实现平钻和冲击钻的功能转换，主要用于坚硬而脆性较大的材料，如石材、水泥墙、瓷砖等的钻孔。工作时除钻削，还应有一定的冲击力才能顺利地打出孔来。因此，实现冲击电钻功能的传动机构必须能够产生两种运动，即旋转切削运动和循环冲击运动。带动钻头旋转的方式主要由电动机通过齿轮传动系统完成，而实现钻头的冲击运动有多种方式，常见的有曲柄滑块冲击机构、偏心凸轮冲击机构、圆盘凸轮冲击机构、滚珠式冲击机构和犬牙式冲击机构等。本例采用图 M3-5-8所示犬牙式冲击机构，其工作原理是当输出轴受到轴向力时压缩弹簧，大齿轮与冲击块犬齿咬合，同时由于大齿轮在齿轮轴驱动下持续旋转，二者叠加使犬牙副形成"咬合-顶起-咬合"循环，从而使输出轴产生连续的轴向冲击。犬牙式冲击机构的特点是结构紧凑、体积小、冲击力小，适用于小型冲击电钻。

2. 产品功能设计

1）运动方案的拟定：求功能原理解→形态学矩阵→功能评价→合理功能确定→绘制机构运动简图。

2）机构及传动参数确定：包括机构尺度，如直径、杆长、齿轮模数等结构参数；机构运动参数，如转速、传动比等；机构动力参数，如功率、转矩等。

3）强度校核：齿轮强度计算、轴的强度计算等。

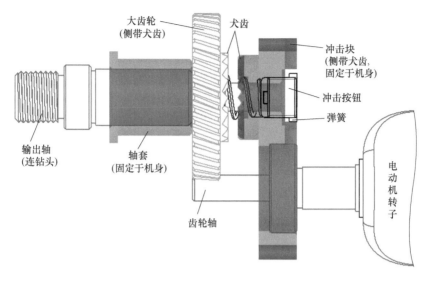

图 M3-5-8　犬牙式冲击机构

3. 了解产品相关标准

查阅冲击电钻产品相关的国家标准和安全标准，并贯彻于产品设计之中。

【设计实施】

步骤 1　结构建模

将外观造型图导入系统（Pro/ENGINEER 或 Creo）中并调整好大小，勾勒外形，进行建模、分型、抽壳，如图 M3-5-9 和图 M3-5-10 所示。

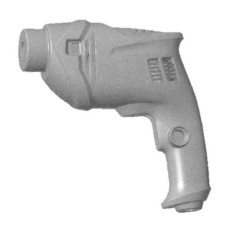

图 M3-5-9　外观建模

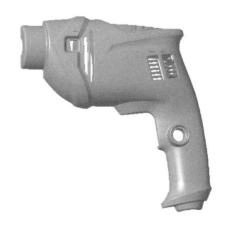

图 M3-5-10　分型抽壳

步骤 2 传动系统设计

传动系统的设计根据所选电动机功率、输出转速和转矩要求算出总传动比，再合理分配得各齿轮齿数（见图 M3-5-11），确定模数，即可设计出各齿轮参数及结构。这里，取 $z_1 = 5$，$z_2 = i_{12} \times z_1 = (21000/2500) \times 5 = 42$，$z_1$、$z_2$ 的模数 $m_n = 1$，$\alpha = 20°$，$\beta = 19°30'$。

$$d_{a2} = d + 2h_a = (z_2 m_n / \cos 19°30') \, \text{mm} + 2 \, \text{mm} = 46.6 \, \text{mm} \qquad \text{大齿轮直径适宜}$$

$$\text{冲击犬齿盘齿数} = \text{冲击频率} \div \text{输出轴转速}$$

$$n_0 = 40000 \div 2500 = 16(\text{齿})$$

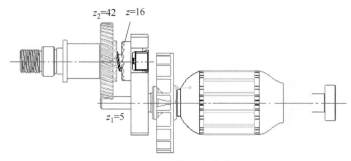

图 M3-5-11　传动方案草图

步骤 3 总体方案设计

根据传动方案草图，输出轴中心、大齿轮、电动机、开关尺寸及外形图等限制条件，将内部零件完全包络进去，初步确定总体布局方案如图 M3-5-12 所示。

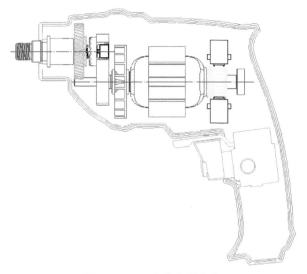

图 M3-5-12　总体布局方案

步骤 4　详细结构设计

根据总体布局方案确定内部零件的安装定位，重点考虑功能的实现、强度要求、可靠性要求、结构的工艺性等因素，对内部结构进行详细设计。其设计要点如下：

1）机身间的定位。止口设计如图 M3-5-13 所示。

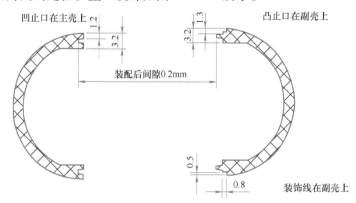

图 M3-5-13　止口设计

2）机壳间的连接。机壳间的螺钉连接如图 M3-5-14 所示。

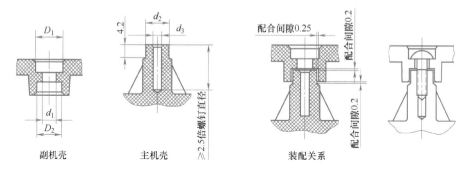

选用螺钉连接时，螺钉一般安装在副机壳上。

D_1—螺钉头大小决定

d_1—螺钉过孔，一般比螺钉外径大 0.2～0.3mm

D_2、d_2—符合装配关系

d_3—螺钉底孔查螺钉柱设计规范

图 M3-5-14　机壳间的螺钉连接

3）开关与手柄的定位设计。开关与手柄的定位设计如图 M3-5-15 所示。

4）刷架的定位。电刷定位采用包围筋的盒式结构，通过刷架的可靠定位来保证碳刷与电枢换向器的良好接触。包围筋的盒式结构限制了左右机壳配合面内的四个方向，图 M3-5-16a 所示的三个上下方向定位面（位于主机壳内）和图 M3-5-16b 所示的副机壳十字压骨限定了刷架上下方向位置，如图 M3-5-16 所示。

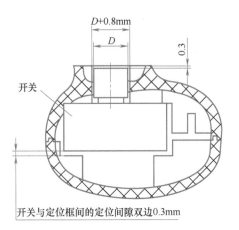

图 M3-5-15　开关与手柄的定位设计

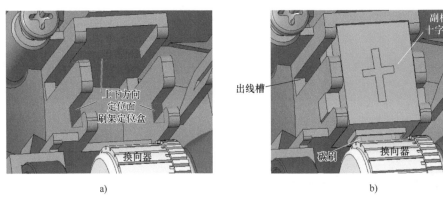

图 M3-5-16　刷架的定位设计

a）上下方向定位面　b）副机壳十字压骨

5）轴承座的设计。轴承座的设计如图 M3-5-17 所示。

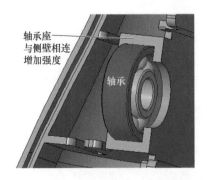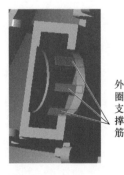

图 M3-5-17　轴承座的设计

6）电动机定子定位设计。定子铁心部分形状规则，可利用其与机身的配合实现可靠定位，保证定子与转子的同轴要求及轴向相对位置，如图 M3-5-18 所示。

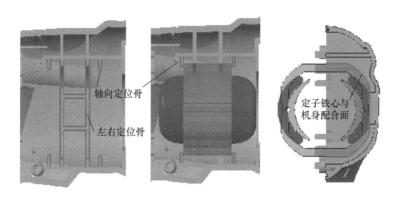

图 M3-5-18　电动机定子定位设计

7）冲击装置的机身配合设计。冲击块既承担着电动机齿轮轴的轴承座，又要承受输出轴犬齿产生的振动，因此必须安装牢固可靠。如图 M3-5-19 所示，安装筋与机壳上下侧壁相连形成框格结构以增加强度。

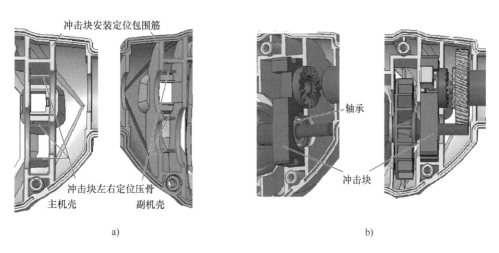

a)　　　　　　　　　　　　　　　　b)

图 M3-5-19　冲击装置的机身配合设计

a）冲击块安装筋的设计　b）冲击块安装效果

8）内部结构设计。内部结构设计如图 M3-5-20 所示。

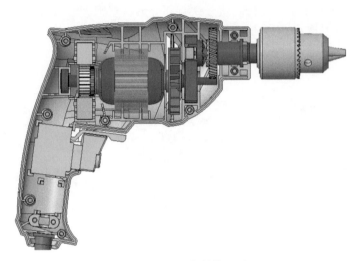

图 M3-5-20　内部结构设计

项目6　手持式电钻的结构设计

【设计任务】

（1）技术性要求

1）额定电压：220V~。

2）频率：50Hz。

3）额定功率：350W。

4）钻头工作规格：10mm。

5）转速：0~2700r/min，电子调速。

6）绝缘等级：E。

7）尺寸：240mm×170mm。

（2）功能要求　实现钻削各类钢铁材料、非铁金属材料、木料等，适用一般负载，钻头扭力可调整。

（3）安全要求　销售对象：国内；符合标准 GB/T 3883.6—2007，可靠性要求（LGA）：良好级，EMC：通过。

（4）设计内容（包括产品主要功能，性能，主要技术指标，外观及结构等）：

1）产品主要功能、性能：操作省力，功能齐全，使用安全。

2）产品主要技术指标：额定电压 220V~；频率 50Hz；额定功率 350W；绝

缘等级 E。

　　3）外观及结构：外观依据产品造型图，结构满足功能、制造、装配及经济等方面要求。

　　4）要求设计输出结果：三维图、工程图和零部件清单。

【设计输入】

　　1）钻夹头三维图（见图 M3-6-1）、调速开关三维图（见图 M3-6-2）、碳刷组件三维图（见图 M3-6-3）。

JIA TOU_3.PRT

图 M3-6-1　钻夹头三维图

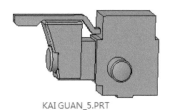

KAI GUAN_5.PRT

图 M3-6-2　调速开关三维图

　　2）电动机定子组件及转子组件三维图分别如图 M3-6-4 和图 M3-6-5 所示。

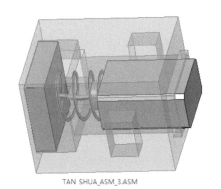

TAN SHUA_ASM_3.ASM

图 M3-6-3　碳刷组件三维图

DING ZI_ASM_2.ASM

图 M3-6-4　电动机定子组件三维图

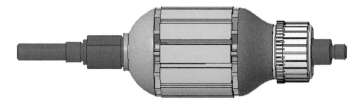

图 M3-6-5　电动机转子组件三维图

3）产品外观造型如图 M3-6-6 所示。

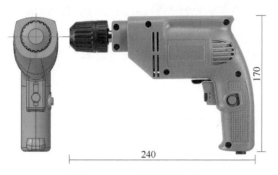

图 M3-6-6　产品外观造型

4）其他如轴承等标准件和外购件根据设计需要查资料自行选用。

【设计指引】

设计方法采用自顶向下设计的另一种形式——骨架模型。

1）首先创建一个顶级组件，也就是总装配图（HANDDRILL-ASM. ASM），后续工作都是在这个组件构架下开展。

2）给这个顶级组件创建一个骨架（HANDDRILL_SKEL. PRT）。方法：在组件模式下打开"创建元件"对话框→"类型"选择"骨架模型"→"子类型"选择"标准"→"创建方法"选择"复制现有"，单击"确定"即可。骨架相当于产品的整体框架，是其他零件及子组件创建的重要参照。骨架在自顶向下设计理念中是最重要的部分，骨架做得好坏，直接影响后续好不好修改。做得好，则事半功倍；做得不好，不仅没有起到参照的作用，反而影响设计进度。

3）创建子组件，并在子组件中创建零件，所有子组件与零件装配方式按默认（缺省）选项装配。

4）所有子组件的主要零件参照骨架绘制，其外形大小与装配位置由骨架来控制。

5）零件如需改动外形尺寸与装配位置，只需改动骨架，重生零件即可。

在骨架模型文件（HANDDRILL_SKEL. PRT）中插入 ID 图片，根据 ID 图进行跟踪草图绘制，创建产品外观模型。简要步骤如下：

步骤 1　详细结构设计

通过"草绘"命令在 FRONT 面绘制一个图框，大小与要导入的图片大小一致。如图 M3-6-7 所示。

图 M3-6-7　绘制图框

步骤 2　导入手持式电钻图片，调整大小和位置，以适合步骤 1 绘制的图框，如图 M3-6-8 所示。

步骤 3　通过"旋转"命令和"阵列""切除"创建左边的回转部分实体，如图 M3-6-9 所示。

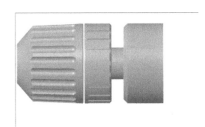

图 M3-6-8　导入手持式电钻图片　　　　图 M3-6-9　创建回转部分实体

步骤 4　创建两个基准面，分别绘制如图 M3-6-10 所示的两个截面草图，执行"混合"命令，通过两个截面创建图示混合体。

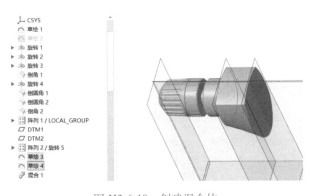

图 M3-6-10　创建混合体

步骤 5 绘制如图 M3-6-11 所示的截面草图，创建拉伸实体 1。

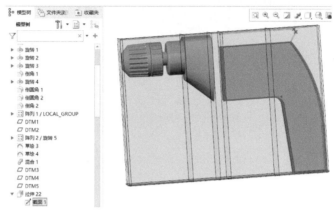

图 M3-6-11　创建拉伸实体 1

步骤 6 绘制如图 M3-6-12 所示截面草图，创建拉伸面 1。

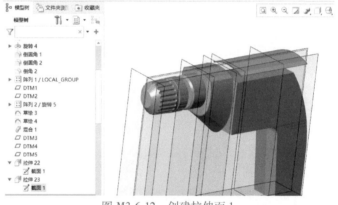

图 M3-6-12　创建拉伸面 1

步骤 7 在合适的位置创建 TOP 面的平行面，并在其上绘制曲线，如图 M3-6-13 所示，并将其投影到拉伸面 1 上。

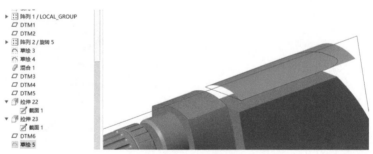

图 M3-6-13　绘制曲线

　　步骤 8　对拉伸实体 1 右侧面倒圆角，通过边界混合和拉伸，形成如图 M3-6-14 所示曲面组，然后将面组进行合并再实体化，最后将手柄左侧倒圆角。

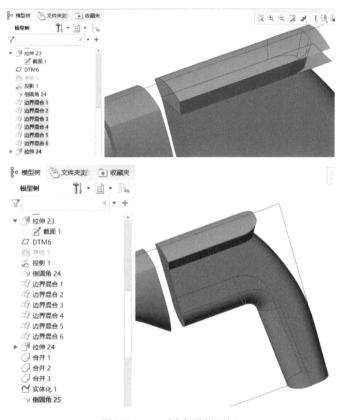

图 M3-6-14　创建顶部面组

　　步骤 9　创建拉伸实体 2，如图 M3-6-15 所示。

图 M3-6-15　创建拉伸实体 2

步骤 10　创建底部倒圆角，如图 M3-6-16 所示。

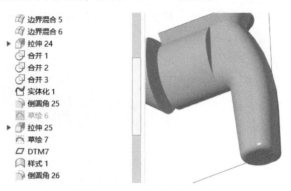

图 M3-6-16　创建底部倒圆角

步骤 11　绘制如图 M3-6-17 所示截面线，使用"样式曲面"生成曲面；然后执行"实体化"命令，形成图示实体表面，并将接缝处倒圆角。

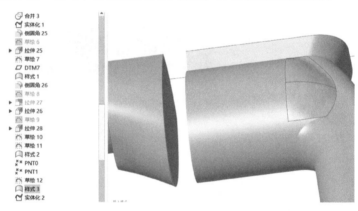

图 M3-6-17　绘制截面线

步骤 12　执行"拉伸"命令，创建如图 M3-6-18 所示的拉伸实体 3。

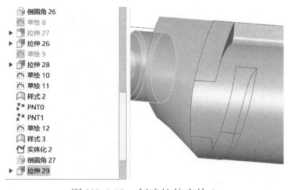

图 M3-6-18　创建拉伸实体 3

步骤 13　绘制如图 M3-6-19 所示的曲线，执行"扫描"命令，创建扫描切除，然后在接缝处倒圆角，对竖直面进行起模斜度设计，如图 M3-6-19 所示。

图 M3-6-19　创建扫描切除并进行起模斜度设计

步骤 14　通过拉伸切除，然后以阵列的方式创建竖槽，如图 M3-6-20 所示。

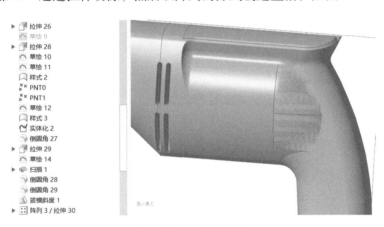

图 M3-6-20　创建竖槽

步骤 15　通过拉伸切除创建侧边凹槽，如图 M3-6-21 所示。

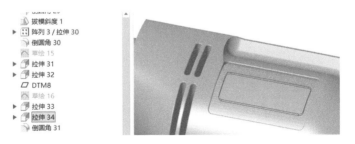

图 M3-6-21　创建侧边凹槽

289

步骤 16 通过拉伸切除创建如图 M3-6-22 所示槽。

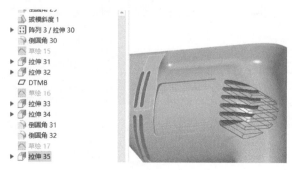

图 M3-6-22 创建槽

步骤 17 执行"拉伸"命令，创建手柄上部凸起并倒圆角，如图 M3-6-23 所示。

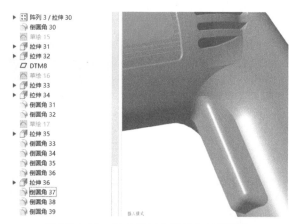

图 M3-6-23 创建手柄上部凸起并倒圆角

步骤 18 执行"拉伸"命令，创建手柄底部凸起并倒圆角，如图 M3-6-24 所示。

图 M3-6-24 创建手柄底部凸起并倒圆角

步骤 19　执行"拉伸"命令，创建手柄处方块按钮并倒圆角，如图 M3-6-25 所示。

图 M3-6-25　创建手柄处方块按钮并倒圆角

步骤 20　执行"旋转切除"命令，在手柄处方块上创建凹槽；然后执行"拉伸"命令，创建嵌入凹槽的旋钮，如图 M3-6-26 所示。

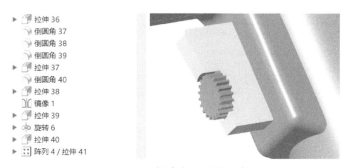

图 M3-6-26　创建嵌入凹槽的旋钮

步骤 21　执行"拉伸"和"拉伸切除"命令，在手柄上创建如图 M3-6-27 所示细节结构。

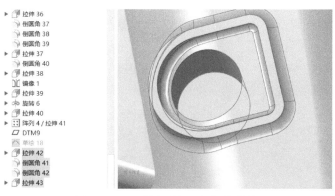

图 M3-6-27　创建手柄上的细节结构

291

步骤 22 通过"拉伸"和"倒圆角"创建中间按钮，如图 M3-6-28 所示。

倒圆角 38
倒圆角 39
▶ 拉伸 37
倒圆角 40
▶ 拉伸 38
镜像 1
▶ 拉伸 39
▶ 旋转 6
▶ 拉伸 40
▶ 阵列 4 / 拉伸 41
DTM9
草绘 18
▶ 拉伸 42
倒圆角 41
倒圆角 42
▶ 拉伸 43
▶ 拉伸 44
倒圆角 43

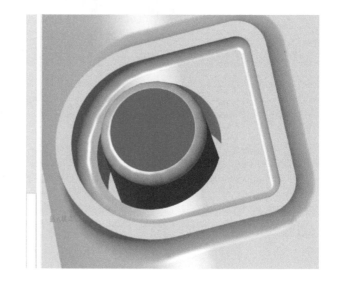

图 M3-6-28　创建中间按钮

步骤 23 通过"拉伸切除"创建连接孔，如图 M3-6-29 所示。

倒圆角 35
倒圆角 36
▸ 拉伸 36
倒圆角 37
倒圆角 38
倒圆角 39
▸ 拉伸 37
倒圆角 40
▸ 拉伸 38
镜像 1
▸ 拉伸 39
▸ 旋转 6
▸ 拉伸 40
▸ 阵列 4 / 拉伸 41
DTM9
草绘 18
▸ 拉伸 42
倒圆角 41
倒圆角 42
▸ 拉伸 43
▸ 拉伸 44
倒圆角 43
倒圆角 44
▸ 拉伸 45

图 M3-6-29　创建连接孔

【项目考核】（见表 M3-6-1）

表 M3-6-1 项目评定表

模块名称		电动工具的结构设计			
项目名称		手持式电钻结构设计			
评价项目		评价内容及评分标准	自我评分	小组评分	教师评分
设计准备评价（10分）	1）能够仔细阅读设计任务书，明确设计任务 　　（2）				
	2）能够根据设计要求查阅相关设计规范 　　（2）				
	3）能够按要求合理选择标准件及元器件 　　（3）				
	4）能够综合 1)~3) 步内容，制定初步设计方案 　　（3）				
造型设计评价（40分）	1）设计方法合理性 　　（10）				
	2）造型效果与设计输入外观图的符合性 　　（10）				
	3）尺寸比例准确性 　　（10）				
	4）造型的完整性 　　（10）				
结构设计评价（40分）	1）整体布局合理性 　　（10）				
	2）各零部件选材的合理性 　　（5）				
	3）结构（功能、定位）可靠性 　　（10）				
	4）结构（装配、制造）工艺性 　　（10）				
	5）标准、安全规范的符合性 　　（5）				
综合素养评价（10分）	1）严谨的思维方式。以科学的态度对待科学 　　（3）				
	2）良好的工作态度。敢想敢为又善作善成，敢担当、能吃苦、肯奋斗 　　（3）				
	3）科学的工作方法。坚持问题导向，具体问题具体分析，提出真正解决问题的新理念、新思路、新办法 　　（4）				
自我评定成绩（20%）		小组评定成绩（20%）		教师评定成绩（60%）	
个人签名		组长签名		教师签名	
综合成绩			日　　期		

模块 **4**

机电产品结构设计工程实例

项目7　智能安防侦测机器人设计工程实例

新产品设计开发流程一般包括以下几个阶段：

1）信息收集阶段。根据市场调研和客户提出的产品设计或工艺规程需求，收集相关技术资料，分析整理形成基本设计要求。

2）可行性分析阶段。制订初步技术方案，并对其进行技术、经济、资源条件等方面的可行性分析，就方案设计内容进行协商、修改、补充，与市场部门及客户达成基本共识。

3）立项审批阶段。由公司签发"立项审批书"，或与客户签订"设计合同书"，并由客户提供更为具体的技术资料或样机。

4）制订设计计划。安排具体负责人；建立项目进程管理器，成立项目组或工作小组，确定分工内容及节点；通过市场调研等各种方式搜集设计资料。

5）工程设计阶段。建立三维模型，客户确认三维模型，制作二维工程图样。

6）设计审核阶段。项目组审核或工作小组审核图样及工艺规程；客户审核确认设计或工艺规程；完成整体设计。

7）样机制作及验证阶段。根据工程图样制作样机，样机的零部件加工以及装配调试；检测试验并修改完善，样机验收。

8）后续技术支持。

下面以智能安防侦测机器人设计为例，以新产品设计开发流程为序，尽可能展示真实产品开发过程及其相关技术文件。为了便于理解，先对本项目产品功能简介如下。

安防侦测机器人是一款具备多种功能的可定制型智能侦查机器人（见图 M4-7-1），可满足产业园区、核电厂区、居民社区、物流仓储、边界围栏、商业地产等不同应用场景下的侦查需求，为日常安防巡检、远程应急指挥、高危环境侦测等任务提供解决方案。

图 M4-7-1　智能安防侦测机器人

【上位机操作说明】

1. 主界面

主界面如图 M4-7-2 所示。

图 M4-7-2　主界面

主界面包括状态栏、摄像监控、人机对话、人脸识别和移动控制五部分，状态栏显示当前时间、室内温度和环境 PM2.5 值。

（1）摄像监控　单击"摄像监控"，弹出图 M4-7-3 所示的摄像监控界面。如果没有显示监控画面，则要手动载入：单击左上方→"在线设备"→"选择可用的设备"→在右边的设备信息底部单击"开始预览"。

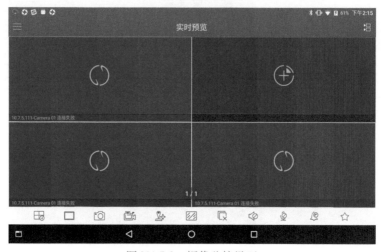

图 M4-7-3　摄像监控界面

（2）人机对话　进入图 M4-7-4 所示的人机对话界面可以进行人机对话。界面上显示的是提问的提示语，但提问并不局限于这些提示语，可以随意提问，例如，今天天气怎么样？你叫啥名字？今天是啥日子？唱首周杰伦的青花瓷。单击下方的箭头可以切换界面，显示其他的提示语。

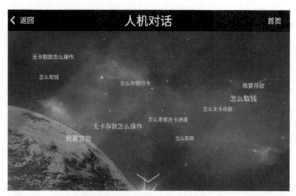

图 M4-7-4　人机对话界面

（3）人脸识别　人脸识别界面（见图 M4-7-5）可以自动检测人脸，并对检测到的人脸与云端人脸库进行比对，可以用于黑名单和 VIP 用户识别。长按可以进入录入人脸的界面，如图 M4-7-6 所示。

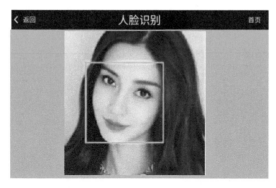

图 M4-7-5　人脸识别界面

图 M4-7-6　录入人脸界面

可以选择"自动检测"或"从相册选取"，尽量保证图片包含整个人脸，输入你的姓名，单击"注册"，如无误会提示注册成功。

（4）移动控制　单击图 M4-7-2 中的"移动控制"就进入下面介绍的导航模块。

2. 自主导航

自主导航主界面如图 M4-7-7 所示。

自主导航功能说明如下。

（1）遥控　使用图 M4-7-8 所示的摇杆可以控制机器人行走。

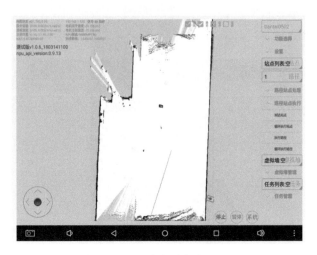

图 M4-7-7　自主导航主界面

（2）导航控制　导航控制有停止、暂停和系统三个按键，如图 M4-7-9 所示。

图 M4-7-8　摇杆

图 M4-7-9　导航控制

1）停止：取消执行当前指令，机器人停止。

2）暂停：暂停当前动作，导航时单击"暂停"机器人会停下，再单击"恢复"就继续当前指令。

3）系统：需要 Android 系统提供悬浮窗权限，设置系统参数，包括遥控参数和导航参数。

（3）主要功能区

1）功能选择。可在功能选择处切换扫图模式。扫图模式包括图优化、图优化 Plus 和粒子滤波。

导航模式包括自由导航模式（使用站点导航）和循迹导航模式（使用路径导航）。

2）功能设置。

① 设置初始点：每次重新打开保存的地图进行导航时，需重新设置初始点，

即车体在地图上的位置。新版的 App 有一个设置初始区域，用框选方式把车大概的位置框起来，就能设置初始位置，如图 M4-7-10 所示。

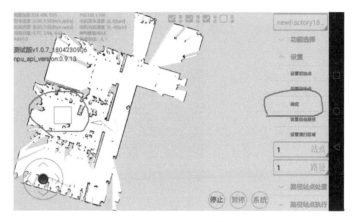

图 M4-7-10　设置初始位置

② 设置目标点：可在地图上选择一个目标点，让车自己导航过去。

3）路径站点处理。路径站点处理包括添加站点、删除站点、添加路径、删除路径、设为路径点和保存站点路径，如图 M4-7-11 所示。

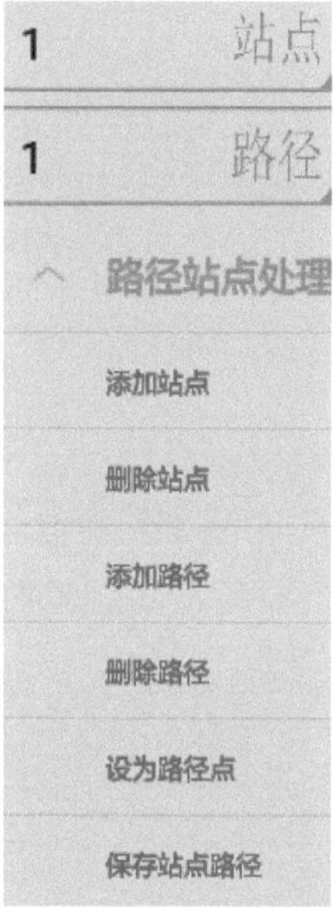

① 添加站点：单击"添加站点"，即保存车体所在位置为站点；必须在自由导航模式下使用。

② 添加路径：直接添加路径，在地图上选择一个起点、一个终点，即可保存一条路径；若只选择一个点保存路径，则该点即为路径终点，使用此法可设置多个路径终点。车体导航时的运动模式是不绕障而是遇障停车，待障碍移开则继续执行路径，并且实际走的是直线，不会实时改变路线避障。

③ 设为路径点：单击"设为路径点"，可形成能够转弯的路径。注意，保存路径点的路径时，只是一条路径而非多条路径，因为只是多个路径点形成一条路径而已；必须在循迹导航模式下使用。

4）路径站点执行。路径站点执行包括到达站点、循环执行站点、执行路径和循环执行路径，如图 M4-7-12 所示。

图 M4-7-11　路径站点处理

299

① 到达站点：前往选择的站点；必须在自由导航模式下使用；如图 M4-7-12 所示，即到达站点 1。

② 循环执行站点：循环前往已保存的站点；必须在自由导航模式下使用。

③ 执行路径：执行选择的路径；必须在循迹导航模式下使用；如图 M4-7-12 所示，即执行路径 1。

④ 循环执行路径：循环执行已保存的路径；必须在循迹导航模式下使用。

5）虚拟墙。单击"添加虚拟墙"（见图 M4-7-13），在地图上选择两个点，两个点的连线即为虚拟墙。

图 M4-7-12　路径站点执行

图 M4-7-13　添加虚拟墙

6）任务列表。安保机器人暂无此功能，扫地机器人具有此功能设计。

3. 客户定制功能

客户定制功能包括定点播放和关闭导航，如图 M4-7-14 所示。

图 M4-7-14　客户定制功能

定点播放：进入自由导航模式后，弹出"定点播放"按钮。单击该按钮，机器人将开始定点播放的程序。定点播放将循环"站点列表"中的站点，到达一个点，播放一段 MP3，播放结束后导航到下一个站点。

进入"定点播放"后的界面如图 M4-7-15 所示，框内为图片轮播。

界面下方的三个按键分别是：

图 M4-7-15　进入"定点播放"后的界面

1）退出播放（FINISHMUSIC）。退出定点播放，机器人停在原地。

2）停止 MP3（STOP）。停止当前 MP3 播放，机器人将会导航到下一个站点。

3）去下一个站点（NEXT POSE）。机器人导航到下一个站点，继续定点播放。

定点播放的图片和 MP3 文件需要提前储存在平板内存中的 tuPian/1 文件夹中（第一个点的图片和 MP3 保存在 tuPian/1 文件夹中，第二个点的图片和 MP3 保存在 tuPian/2 文件夹中，以此类推）。

4. 应用场景

应用场景如图 M4-7-16 所示。

图 M4-7-16　应用场景

5. 产品参数介绍

1）外形尺寸：980mm×840mm×1060mm（底盘高度 128mm）。

2）运行速度：0~1.4m/s。

3）最大爬坡度：>35°（可爬楼梯）。

4）最大越障：300mm（跨沟宽度大于 200mm）。

5）无线遥控距离：300m。

6）减振：左右独立减振器。

7）运动控制：自主导航或指挥中心远程遥控。

【立项审批书】

立项审批书样式如下。

编号：＿＿＿＿＿

×××××××科技有限公司

新产品研发项目立项审批书

项目名称： <u>智能安防侦测机器人</u>

项目优先级： <u>　　（A）　　</u>

提出部门： <u>　　市场部　　</u>

申请人： <u>　　×××　　</u>

申请日期： <u>20××年3月5日</u>

批准人： <u>　　　　　　　</u>

批准日期： <u>20××年3月16日</u>

1. 立项依据（以市场部门为主、研发中心辅助填写）（见表 M4-7-1）

表 M4-7-1　立项依据

项目的目的 和意义	智能安防侦测机器人是一款具备多种功能的可定制型智能侦查机器人。它可节省人力，提高指挥时效，预警隐患，保障安全。可满足产业园区、核电厂区、居民社区、物流仓储、边界围栏、商业地产等不同应用场景下的侦查需求，为日常安防巡检、远程应急指挥、高危环境侦测等任务提供解决方案，根据用户提出的需求预留二次开发功能
国内外市场概况	国内市场前景看好
市场预测和 发展趋势	年销售量 100 台
主要功能、 主要指标 或参考样机	1）自主导航。基于系统的自主导航算法，以 GPS、激光雷达和深度摄像头为主，多种传感器为辅，机器人可自主规划最优路径，实现厘米级的精准定位导航，并保障其在最短时间和最短路径到达指定目标点。用户可根据实际使用环境自主设定侦查点、侦查路线与侦查时间，建立一套完整的侦查方案。系统采用增量扫地图和模块化存储技术，可快速完成约 100 万 m² 陌生环境的高精度地图构建 2）主动人脸识别。优山选人脸识别算法系统可针对特殊指征人群进行主动识别、区分，从海量的人脸特征数据库中实时比对，识别比对速度快，比对准确率高，低质量照片适应性强，千万级人像检索可以达到秒级响应，可快速找到可疑分子并主动预警，支持视觉跟踪、性别年龄判断等功能 3）实时语音对讲。安防侦测机器人搭载高分贝扩音器和高灵敏度拾音器，360°全向拾音，拾音距离达 15m；采用特制微机电系统（MEMS）传声器，具有高保真、高灵敏、低噪声、自动增益控制（AGC）、清音技术，声音清晰自然。指挥中心可以通过无线音频传输系统，实现与侦查现场的实时对讲、远程喊话，以达到了解现场情况、警告威慑等多种目的 4）可见光+红外热成像监控。安防侦测机器人搭载的双目云台支持 360° 水平旋转、±90°垂直旋转，包含可见光模块与热成像模块，支持 1080P 的高清可见光视频图像与 640 像素×512 像素热成像视频实时回传。其中，热成像模块利用红外热成像原理，在光线不足、雨雾天气等不良条件下，可以精准识别出视野范围内的人、车等物体，实现对敏感区域的全天候侦查布控 5）全地形适应。安防侦测机器人采用履带式底盘，履带接地比例达到 75%，适合于松软、泥泞等复杂环境作业，下陷度小，滚动阻力小，具备良好的越野机动性能。采用克里斯蒂悬挂，左右独立减振器，可适应重载减振。独特的撞击吸能设计，可有效地减少地形冲击 6）语音播报。安防侦测机器人搭载高分贝扩音器，可预先录制好需播报的音频，如政策宣传、警情通告等信息，然后在指挥中心远程控制下发音频给安防侦测机器人，由安防侦测机器人在巡逻现场进行移动式循环播报，达到宣传政策、警情通报等效果 7）紧急呼叫。搭载"SOS"一键报警按钮，在紧急情况下按下该按钮后，机器人将自动拨通报警电话，实现侦查现场警情与指挥中心的信息联动

（续）

主要功能、 主要指标 或参考样机	8）应用场景。根据不同行业应用领域提供一站式系统解决方案 9）参考样机。现有消防机器人和安防机器人的设计原理 10）产品参数介绍 外形尺寸：980mm×840mm×1060mm（底盘高度128mm） 运行速度：0~1.4m/s 最大爬坡度：>35°（可爬楼梯） 最大越障：300mm（跨沟宽度大于200mm） 减振：左右独立×6减振器 无线遥控距离：300m 运动控制：自主导航或指挥中心远程遥控采用200万像素的全高清网络智能摄像机机芯（图像像素为1920×1080） 支持20倍光学变焦 激光雷达扫描距离：20m 激光雷达扫描角度：270° 连续运行时间：1.5h
市场定位计划 销售价位	销售价位在47万元/台
其他需要 说明的问题	无

2. 知识产权情况（见表 M4-7-2）

表 M4-7-2　知识产权情况

技术来源	××××××有限公司
与项目有关的 已有技术情况	消防机器人、安保机器人
完成后可能获 取知识产权	外观、自主导航、主动人脸识别、可见光+红外热成像监控、全地形适应
技术水平预测	国外先进□　　　　国内先进▣　　　　填补国内空白□

3. 研究开发内容（见表 M4-7-3）

表 M4-7-3　研究开发内容

主要研究 开发内容	外观、机械结构、自主导航、主动人脸图像识别、可见光+红外热成像监控、全地形适应、电子电路、控制系统等
要重点解决的 技术关键问题	机械结构、自主导航、主动人脸图像识别、可见光+红外热成像监控、全地形适应、控制系统等

4. 效益预测（见表 M4-7-4）

表 M4-7-4　效益预测

经费估算	工资（约 80 万元）+加工件和电子器件（约 70 万元）= 经费约 150 万元（人民币）
预计经济效益	_____千万元/年

5. 工作基础和资源配置条件（见表 M4-7-5）

表 M4-7-5　工作基础和资源配置条件

关键技术人员水平能力状况	具有 5 年以上的机器人设计经验
现有研究工作基础（包括科研装备条件）	具备
对环境影响及预防治理方案	无

6. 审核意见（见表 M4-7-6）

表 M4-7-6　审核意见

市场部意见	同意立项开发 签字　　　　年　　月　　日
财务部意见	同意立项开发 签字　　　　年　　月　　日
研发部经理意见	同意立项开发 签字　　　　年　　月　　日
项目评审组意见	安防侦测机器人设计要求符合市场预期，外观新颖，功能齐全，适应高危险环境，可根据不同行业应用领域提供一站式系统解决方案，并能根据用户提出的需求预留二次开发功能。评审组一致同意立项开发。 评审组长签字　　　　年　　月　　日
总经理意见	签字　　　　年　　月　　日

【设计开发控制程序文件】

设计开发控制程序文件包括设计和开发项目计划书、设计和开发项目任务书、设计和开发输入清单、设计和开发输出清单、设计和开发评审报告、样机试制和验证报告、设计和开发验证报告、试产可行性报告、试生产总结报告、设计和开发确认报告等。

1. 设计和开发项目计划书（见表 M4-7-7）

表 **M4-7-7** ××××××科技有限公司
设计和开发项目计划书

编号：20××0318-01

项目名称	安防侦测机器人		项目来源	
经费预算	150 万元（人民币）		开发周期	20××-03-01/20××-08-25
设计开发人员	相应职责		设计开发人员	相应职责
×××（总经理）	项目规划人		×××（工程师）	机械负责人
×××（技术副总）	项目协调人		×××（工程师）	机械设计
×××（开发经理）	项目负责人		×××（工程师）	机械设计
×××（工程师）	电子负责人		×××（工程师）	机械设计
×××（工程师）	电子设计		×××（工程师）	软件负责人
×××（工程师）	电子设计		×××（工程师）	软件设计
所需资源配置（人员、基础设施设备、财力支持、信息支持）				
阶段划分及主要内容		责任部门	责任人	完成时间
决策阶段	编制设计任务书	研发部	×××	20××-03-16
	设计任务书的评审	总经理	×××	20××-03-18
设计阶段	初步技术设计	研发部	×××	20××-03-20
	初步技术设计评审	质量部	×××	20××-05-12
试制阶段	样机试制及验证	研发部	×××/×××	20××-05-25
	工艺方案的编制	研发部	×××/×××	20××-06-10
	工艺方案评审	质量部	×××	20××-06-20
	工艺文件、检验文件的编制	研发部	×××/×××	20××-06-25
	小批量试制准备	行政综合部	×××	20××-07-01
	小批量试制	生产部	×××	20××-07-10
	样机试验（留存测试记录）	生产部	×××	20××-08-15
	设计和开发验证报告	研发部	×××/×××	20××-08-18

（续）

阶段划分及主要内容		责任部门	责任人	完成时间
试制阶段	试产可行性报告	研发部	×××/×××	20××-08-20
	编制试生产总结报告	质量部	×××	20××-08-20
产品定型	设计和开发确认报告	研发部	×××/×××	20××-08-21
定型投产阶段	正式生产前的准备	生产部	×××	20××-08-21
	转入正式生产	生产部	×××	20××-08-25

备注

编制/日期		审核/日期		批准/日期	

2. 设计和开发项目任务书（见表 M4-7-8）

表 M4-7-8　××××××科技有限公司

设计和开发项目任务书

编号：20××0318-02

项目名称	安防侦测机器人	产品型号	BJ-ZC-A	主要设计部门	研发部
目标成本	22 万元/台	起止日期	20××-03-16/20××-08-25	项目负责人	×××

1. 新产品资料及市场调研信息（由销售部或外部提供）（简单描述）
　　需外观新颖，功能齐全，能适应高危险环境，可根据不同行业应用领域提供一站式系统解决方案，并能根据用户提出的需求预留二次开发功能

2. 项目所依据的法律法规、标准或技术协议的主要内容
项目标准依据中山市百佳金合电子科技有限公司企业标准 Q/BJJH 01-20××

3. 产品的设计内容（如功能、性能要求、技术指标，结构等）
　　外观、机械结构、自主导航、主动人脸图像识别、可见光+红外热成像监控、全地形适应、电子电路、控制系统等

4. 顾客特殊要求
□ 无
□ 有，具体描述

5. 设计和开发所必需的其他基本信息
如安全、包装、运输、贮存、维护、环境等

备注

会签评审

（续）

部门	评审人/日期	职位	部门	评审人/日期	职位
研发部		经理	行政综合部		经理
质量部		经理	生产部		主管
编制/日期		审核/日期		批准/日期	

3. 设计和开发输入清单（见表 M4-7-9）

表 M4-7-9　×××××科技有限公司

设计和开发输入清单

编号：20××0318-03

项目名称	安防侦测机器人	产品型号	BJ-ZC-A

设计开发输入清单（请附相关资料）

1. 自主导航

基于系统的自主导航算法，以 GPS、激光雷达和深度摄像头为主，多种传感器为辅，机器人可自主规划最优路径，实现厘米级的精准定位导航，并保障其在最短时间和最短路径到达指定目标点

2. 主动人脸识别

优必选人脸识别算法系统可针对特殊指征人群进行主动识别、区分，从海量的人脸特征数据库中实时比对，识别比对速度快，比对准确率高，低质量照片适应性强，千万级人像检索可以达到秒级响应，可快速找到可疑分子并主动预警，并支持视觉跟踪、性别年龄判断等功能

3. 实时语音对讲

安防侦测机器人搭载高分贝扩音器和高灵敏度拾音器，360°全向拾音，拾音距离达 15m；采用特制 MEMS 传声，具有高保真、高灵敏、低噪声、自动增益控制、清音技术，声音清晰自然

4. 可见光+红外热成像监控

安防侦测机器人搭载的双目云台支持 360°水平旋转、±90°垂直旋转，包含可见光模块与热成像模块，支持 1080P 的高清可见光视频图像与 640 像素×512 像素热成像视频实时回传

5. 全地形适应

安防侦测机器人采用履带式底盘，履带接地比例达到 75%，适合于松软、泥泞等复杂环境作业，下陷度小，滚动阻力小，具备良好的越野机动性能。采用克里斯蒂悬挂，左右独立减振器，可适应重载减振。独特的撞击吸能设计，可有效地减少地形冲击

6. 语音播报

安防侦测机器人搭载高分贝扩音器，可预先录制好需播报的音频，如政策宣传、警情通告等信息，然后在指挥中心远程控制下发音频给安防侦测机器人，由安防侦测机器人在巡逻现场进行移动式循环播报，达到宣传政策、警情通报等效果

7. 紧急呼叫

搭载"SOS"一键报警按钮，在紧急情况下按下该按钮后，机器人将自动拨通报警电话，实现侦查现场警情与指挥中心的信息联动

8. 应用场景

根据不同行业应用领域提供一站式系统解决方案

9. 参考样机

现有消防机器人和安防机器人的设计原理

备注

编制/日期		审核/日期		批准/日期	

4. 设计和开发输出清单（见表 M4-7-10）

表 M4-7-10 ××××××科技有限公司

设计和开发输出清单

编号：20××0318-04

项目名称	安防侦测机器人	产品型号	BJ-ZC-A

设计开发输出清单（请附相关资料）

1）零件清单

2）设计图档

3）标准件清单

4）操作规程

5）工艺流程表

6）制程控制表

备注

编制/日期		审核/日期		批准/日期	

5. 设计和开发评审报告（见表 M4-7-11～表 M4-7-14）

表 M4-7-11 ××××××科技有限公司

设计和开发评审报告（1）

编号：20××0318-05

产品名称	安防侦测机器人	产品型号	BJ-ZC-A

评审类别：■ 初步设计评审 □ 工艺方案评审 □ 其他

评审主持人		评审时间	2018-05-12

评审对象：外观图样设计方案评审

评审内容：□内打"√"表示通过评审，打"?"表示有建议或疑问

初步技术设计评审	1）合同、标准符合性 ☑	2）采购可行性 ☑
	3）加工可行性 ☑	4）结构合理性 ☑
	5）可维修性 □	6）可检验性 □
	7）美观性 ☑	8）环境影响 □
	9）安全性 □	

（续）

工艺方案评审	1) 经济性 ☑		2) 工艺流程合理性 ☑	
	3) 检测方法合理性 □		4) 质量控制点设置合理性☑	
	5) 工序能力 □		6) 设备选型合理性 □	
	7) 采购外协可行性 ☑		8) 工装设计可行性□	

评审人员	部门	职务	评审人员	部门	职务
	研发部	经理		生产部	主管
	行政综合部	经理		质量部	经理

存在问题及改进建议（与评审没通过的内容对应）
    侧壳与上盖存在色差

评审结论
    控制喷漆色差，保持颜色一致性

纠正和预防措施跟踪验证结果
    跟踪喷漆厂家，保留样品，加强来物料抽检

				验证人		日期
编制/日期		审核/日期		批准/日期		

表 M4-7-12　××××××科技有限公司
设计和开发评审报告（2）

编号：20××0318-06

产品名称	安防侦测机器人	产品型号	BJ-ZC-A

评审类别：■ 初步设计评审　□ 工艺方案评审　□ 其他

评审主持人		评审时间	2018-05-25

评审对象：底座结构设计方案评审

评审内容：□内打"√"表示通过评审，打"?"表示有建议或疑问

初步技术设计评审	1) 合同、标准符合性 ☑	2) 采购可行性 ☑
	3) 加工可行性 ☑	4) 结构合理性 ☑
	5) 可维修性 □	6) 可检验性 □
	7) 美观性 ☑	8) 环境影响 □
	9) 安全性 □	
工艺方案评审	1) 经济性 ☑	2) 工艺流程合理性 ☑
	3) 检测方法合理性 □	4) 质量控制点设置合理性 ☑
	5) 工序能力 □	6) 设备选型合理性 □
	7) 采购外协可行性 ☑	8) 工装设计可行性 □

（续）

评审人员	部门	职务	评审人员	部门	职务
	开发部	经理		生产部	主管
	行政综合部	经理		质量部	经理

存在问题及改进建议（与评审没通过的内容对应）

　减振器固定螺钉过长，需要改短

评审结论

　选用合适尺寸螺钉

纠正和预防措施跟踪验证结果

　更改 BOM 表，选用合适尺寸螺钉

			验证人		日期	
编制/日期		审核/日期		批准/日期		

表 M4-7-13　××××××科技有限公司

设计和开发评审报告（3）

编号：20××0318-07

产品名称	安防侦测机器人	产品型号	BJ-ZC-A

评审类别：■ 初步设计评审　□ 工艺方案评审　□ 其他

评审主持人		评审时间	2018-06-10

评审对象：功能设计方案评审

评审内容：□内打"√"表示通过评审，打"?"表示有建议或疑问

初步技术 设计评审	1）合同、标准符合性☑　　2）采购可行性☑ 3）加工可行性☑　　　　4）结构合理性☑ 5）可维修性□　　　　　6）可检验性□ 7）美观性☑　　　　　　8）环境影响□ 9）安全性□
工艺方案 评审	1）经济性☑　　　　　　2）工艺流程合理性☑ 3）检测方法合理性□　　4）质量控制点设置合理性□ 5）工序能力□　　　　　6）设备选型合理性□ 7）采购外协可行性☑　　8）工装设计可行性□

评审人员	部门	职务	评审人员	部门	职务
	研发部	经理		生产部	主管
	行政综合部	经理		质量部	经理

（续）

存在问题及改进建议（与评审没通过的内容对应）
无

评审结论
　　无须改进

纠正和预防措施跟踪验证结果
　　无

				验证人		日期	
编制/日期		审核/日期			批准/日期		

表 M4-7-14　××××××科技有限公司
设计和开发评审报告（4）

编号：20××0318-08

产品名称	安防侦测机器人	产品型号	BJ-ZC-A
评审类别：□ 初步设计评审　■ 工艺方案评审　□ 其他			
评审主持人		评审时间	2018-06-20

评审对象：整机结构安装工艺方案评审

评审内容：□内打"√"表示通过评审，打"?"表示有建议或疑问		
初步技术 设计评审	1）合同、标准符合性☑　　2）采购可行性☑ 3）加工可行性☑　　　　4）结构合理性☑ 5）可维修性☑　　　　　6）可检验性☑ 7）美观性☑　　　　　　8）环境影响□ 9）安全性☑	
工艺方案 评审	1）经济性☑　　　　　　2）工艺流程合理性☑ 3）检测方法合理性□　　4）质量控制点设置合理性□ 5）工序能力□　　　　　6）设备选型合理性□ 7）采购外协可行性　　　8）工装设计可行性☑	

评审人员	部门	职务	评审人员	部门	职务
	研发部	经理		生产部	主管
	行政综合部	经理		质量部	经理

存在问题及改进建议（与评审没通过的内容对应）
各传感器连线走线凌乱，需重新布局连接线

评审结论
需重新布局连接线，在保证功能、性能不受影响的前提下，重新布局连线走向，保证美观与简洁

（续）

纠正和预防措施跟踪验证结果			
重新布局连接线，保证美观与简洁			

		验证人	日期

编制/日期		审核/日期		批准/日期	

6. 样机试制和验证报告（见表 M4-7-15）

表 M4-7-15　×××××科技有限公司

样机试制和验证报告

编号：20××0318-09

项目名称	安防侦测机器人	产品型号	BJ-ZC-A
验证部门	质量部、研发部、行政综合部、生产部		
验证人员	×××、×××、×××、×××		
样品编号	1#、2#	试验起止日期	2018-07-01/08-20

1. 依据的标准或法律法规

序号	编号、版本	标准或法律法规名称	适用章节
1	XF 892.1—2010	消防机器人　第1部分：通用技术条件	消防机器人
2	GB/T 36321—2018	特种机器人　分类、符号、标志	特种机器人
3	Q/BJJH 01—2018	智能安防侦测机器人	全部

2. 主要设备

序号	设备编号	仪器设备名称	操作者

3. 样机试制过程描述

本项目是结合现有消防、特种机器人的设计原理开发的一款安防侦测机器人，根据不同行业的应用领域提供一站式系统解决方案。本机器人适应性强，即投即用，简单、方便、经济、可靠

4. 样机验证的主要内容

外观、机械结构、自主导航、主动人脸图像识别、可见光+红外热成像监控、全地形适应、电子电路、控制系统等

样机与设计要求相一致，样机性能达到规定的设计标准

5. 验证结论中改进措施的验证情况

暂无

备注（可另附页叙述）

编制/日期		审核/日期		批准/日期	

7. 设计和开发验证报告（见表 M4-7-16）

表 M4-7-16 ××××××科技有限公司
设计和开发验证报告

编号：20××0318-10

项目名称	安防侦测机器人	产品型号	BJ-ZC-A
验证部门	质量部、研发部、行政综合部、生产部		
验证人员	×××、×××、×××、×××		
样品编号	1#、2#	试验起止日期	2018-07-01/08-20

1. 依据的标准或法律法规

序号	编号、版本	标准或法律法规名称	适用章节
1	XT 892.1—2010	消防机器人 第1部分：通用技术条件	消防机器人
2	GB/T 36321—2018	特种机器人 分类、符号、标志	特种机器人
3	GB/T 10125—2021	人造气氛腐蚀试验 盐雾试验	按要求
4	Q/BJJH 01—2018	智能安防侦测机器人	全部

2. 主要试验仪器和设备

序号	仪器设备编号	仪器设备名称	操作者
1		卡尺	×××
2		传动带张力器	×××
3		扭力计	×××

3. 试验/检测报告内容摘要及其与设计输入（设计任务书）/标准的对照情况

过程名称	控制项目	关键重重特性值	控制方法/指导文件	设备、工具	监测方法/频次
中悬挂轴安装	减振器	150mm	操作规程	卡尺	测距离/4h
固定罩、履带安装	张紧力	283.8N±28.38N	操作规程	传动带张力器	测张力/4h
机芯安装	扭力	80.72kgf·cm±10kgf·cm	操作规程	扭力计	测扭力/4h

4. 验证结论总结
关键工位试验/检测合格

5. 验证结论中改进措施的验证情况
无

备注（可另附页叙述）

编制/日期		审核/日期		批准/日期	

8. 试生产可行性报告（见表 M4-7-17）

表 M4-7-17　××××××科技有限公司

试生产可行性报告

编号：20××0318-11

产品名称	安防侦测机器人		产品型号	BJ-ZC-A
试生产数量	20		试生产起止日期	2018-07-01/08-20
总负责人		材料负责人	廖朝政	生产负责人	
技术指导		工艺负责人	黄伟	质量负责人	
试生产人员		×××、×××、×××、×××		

1. 工艺路线

中悬挂轴组件→定点轴组件→驱动轴组件→驱动轮组件→悬挂总安装组件→外壳上盖组件→固定罩组件→机芯工位→悬挂总装（左右）工位→外壳上盖工位→固定罩、履带工位→可靠性和抗振调试→软件调试→品检→包装

2. 可行性评审

通过

3. 现有过程能力的评估

通过

4. 需增加或调配的资源

无

5. 结论

通过

6. 评审人员名单

参加人员	部门	职务	参加人员	部门	职务
	研发部	经理		生产部	主管
	行政综合部	经理		质量部	经理
编制/日期		审核/日期		批准/日期	

9. 试生产总结报告（见表 M4-7-18）

表 M4-7-18　××××××科技有限公司

试生产总结报告

编号：20××0318-12

产品名称、型号	安防侦测机器人 BJ-ZC-A	试生产起止日期	2018-07-01/08-20
试生产数量	20	总结部门	生产部

315

（续）

1. 试生产总结（包括产品一次合格率、最终合格率、不良原因分析，试生产过程中发现的问题及改善建议等内容，不够可加附页）

在试生产过程中发现：①侧壳与上盖存在色差；②减振器固定螺钉过长；③各传感器连线走线凌乱。

侧壳与上盖存在色差主要是供应商不同、未提供样品造成的，后续要加强来料检测，同时要求供应商提供标准样品

减振器固定螺钉过长，设计时为了保证螺钉不掉多留了余量，现配螺钉用的都是带自锁的螺母，因此选用合适尺寸螺钉即可

传感器连线走线凌乱，开发工程师在制作样品时未注意，只把各线连接起来而没有排线。工程师重新布局连接线，在保证功能性能不受影响的前提下，重新布局连线走向，保证美观与简洁

签名

2. 试生产结论

□试生产不成功，需重新评审后再试生产

■试生产成功，可以投入批量生产

□试生产有缺陷，可以投入批量生产，但须做如下改善，并通知以下部门协调

3. 改善内容

签名	研发部	质量部	生产部	行政综合部	

备注

编制/日期		审核/日期		批准/日期	

10. 设计和开发确认报告（见表 M4-7-19）

表 M4-7-19　×××××××科技有限公司
设计和开发确认报告

编号：20××0318-13

产品型号：BJ-ZC-A		产品名称：安防侦测机器人	
鉴定主持人：	鉴定会议时间：2018-08-21	鉴定会议地点：××会议室	

1. 鉴定过程及内容

机器外观、机械结构、自主导航、主动人脸图像识别、可见光+红外热成像监控、全地形适应、电子电路、控制系统等

2. 鉴定结论及建议

合格

（续）

3. 鉴定人签名

参加人员	部门	职务	参加人员	部门	职务
	研发部	经理		生产部	主管
	行政综合部	经理		质量部	经理

4. 鉴定结论中改进措施的验证情况

验证人

编制/日期		审核/日期		批准/日期	

【结构设计】

图 M4-7-17 所示为安防侦测机器人装配模型树，包括组件、子组件、外购子组件及所有零件的三维模型，大家可以结合随书所附光盘源文件资料进行研习。为方便叙述，下面将按照装配流程分项对产品的结构设计进行概要介绍。

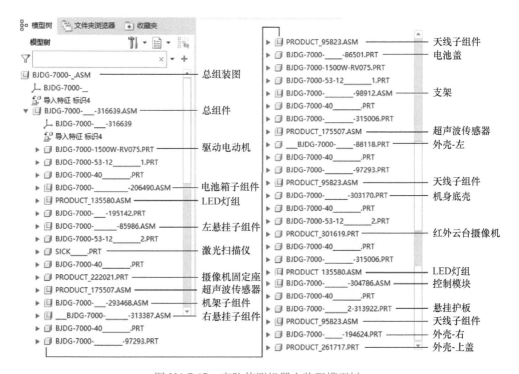

图 M4-7-17　安防侦测机器人装配模型树

安防侦测机器人装配模型如图 M4-7-18 所示。

图 M4-7-18　安防侦测机器人装配模型

1. 固定罩组件（扫描摄像部分）结构设计

固定罩组件、固定罩、红外车载云台摄像机和激光扫描仪分别如图 M4-7-19～图 M4-7-22 所示。

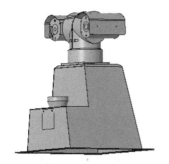

图 M4-7-19　固定罩组件

图 M4-7-20　固定罩

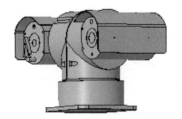

图 M4-7-21　红外车载云台摄像机

图 M4-7-22　激光扫描仪

2. 上盖组件结构设计

上盖组件如图 M4-7-23 所示。外壳上盖、LED 灯、超声波避障传感器和天线分别如图 M4-7-24~图 M4-7-27 所示。

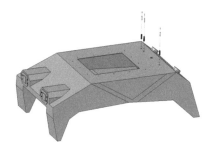

图 M4-7-23　上盖组件

图 M4-7-24　外壳上盖

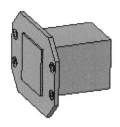

图 M4-7-25　LED 灯

图 M4-7-26　超声波避障传感器

图 M4-7-27　天线

3. 悬挂总成结构设计

悬挂总成如图 M4-7-28 所示。

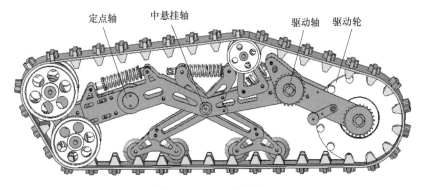

图 M4-7-28　悬挂总成

（1）定点轴节点装配关系　定点轴节点装配关系如图 M4-7-29 所示，一号摆臂如图 M4-7-30 所示，二号摆臂改如图 M4-7-31 所示。

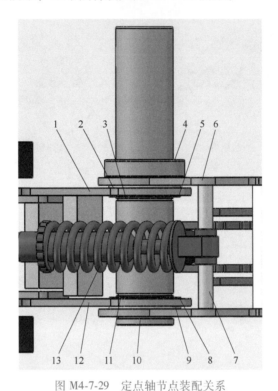

图 M4-7-29　定点轴节点装配关系

1、12——一号摆臂　2、9——内径/mm×厚度/mm＝40×2 铜垫片

3、10、11——内径/mm×厚度/mm＝40×1.5 轴用卡簧　4——定点轴

5、8——内径/mm×厚度/mm＝40×1 铜垫片　6——二号摆臂改

7——外径/mm×内径/mm×长度/mm＝10×8×30 空心铝管　13——15cm 减振器

图 M4-7-30　一号摆臂

图 M4-7-31　二号摆臂改

（2）中悬挂轴节点装配关系　中悬挂轴节点装配关系如图 M4-7-32 所示。12.5cm 减振器、中悬挂摆臂、三号摆臂分别如图 M4-7-33～图 M4-7-35 所示。

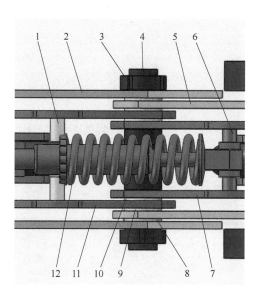

图 M4-7-32　中悬挂轴节点装配关系

1—外径/mm×内径/mm×长度/mm=10×8×16 空心铝管　2、11—二号摆臂改　3—M20×1.5 锁紧螺母

4—中悬挂轴　5—三号摆臂　6—外径/mm×内径/mm×长度/mm=10×8×9 空心铝管　7—中悬挂摆臂

8~10—内径/mm×厚度/mm=20×2 铜垫片　12—12.5cm 减振器

图 M4-7-33　12.5cm 减振器

图 M4-7-34　中悬挂摆臂

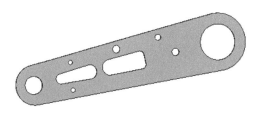

图 M4-7-35　三号摆臂

（3）驱动轴节点装配关系　驱动轴节点装配关系如图 M4-7-36 所示。驱动轴轴套和驱动轴如图 M4-7-37 和图 M4-7-38 所示。

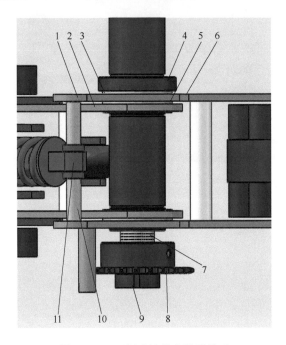

图 M4-7-36　驱动轴节点装配关系

1—后摆臂板 2　2—三号摆臂板　3、5—内径/mm×厚度/mm＝40×2 铜垫片　4—驱动轴轴套
6—内径/mm×厚度/mm＝40×1 铜垫片　7—小外径垫片内径/mm×外径/mm＝20×24
8—5 分 14 齿链轮　9—M20×1.5 锁紧螺母　10—外径/mm×内径/mm×长度/mm＝10×8×30 空心铝管
11—10cm 减振器

图 M4-7-37　驱动轴轴套

图 M4-7-38　驱动轴

（4）驱动轮节点装配关系　驱动轮节点装配关系如图 M4-7-39 所示。后摆臂板、驱动轮、5 分 14 齿链轮分别如图 M4-7-40～图 M4-7-42 所示。

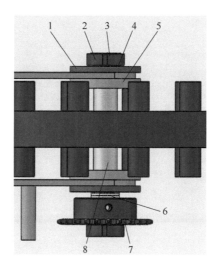

图 M4-7-39　驱动轮节点装配关系

1—驱动轮轴承挡圈　2—M20×1.5 锁紧螺母　3—驱动轴　4、6—小外径垫片内径/mm×外径/mm＝20×24

5—驱动轮轴承挡圈2　7—5 分 14 齿链轮　8—内径/mm×外径/mm×长度/mm＝20×25×25 钢套

图 M4-7-40　后摆臂板

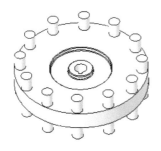

图 M4-7-41　驱动轮

图 M4-7-42　5 分 14 齿链轮

4. 机架及动力部分结构设计

机架及动力部分装配图如图 M4-7-43 所示。机架子组件、控制模块、驱动电动机和电池箱组件分别如图 M4-7-44～图 M4-7-47 所示。

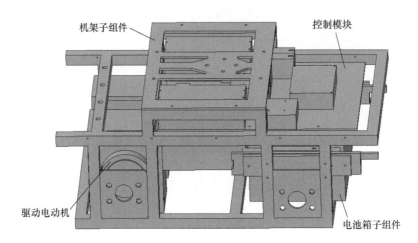

图 M4-7-43　机架及动力部分装配图

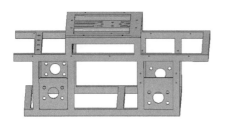

图 M4-7-44　机架子组件

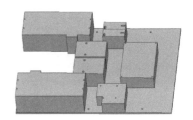

图 M4-7-45　控制模块

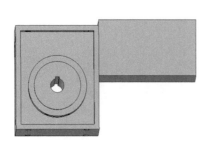

图 M4-7-46　驱动电动机

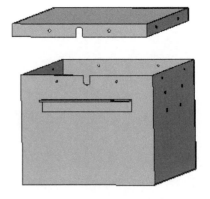

图 M4-7-47　电池箱组件

5. 其他外壳部分结构设计

机身底壳、外壳侧板-左、链条护板、悬挂护板和电池箱门盖分别如图 M4-7-48～

图 M4-7-52 所示。

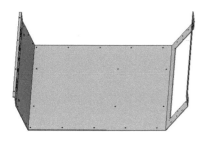

图 M4-7-48　机身底壳

图 M4-7-49　外壳侧板-左

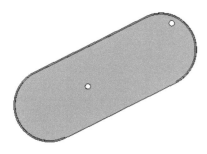

图 M4-7-50　链条护板

图 M4-7-51　悬挂护板

图 M4-7-52　电池箱门盖

6. 典型外发加工零件 CAD 图

典型外发加工零件 CAD 图如图 M4-7-53 ~ M4-7-55 所示。

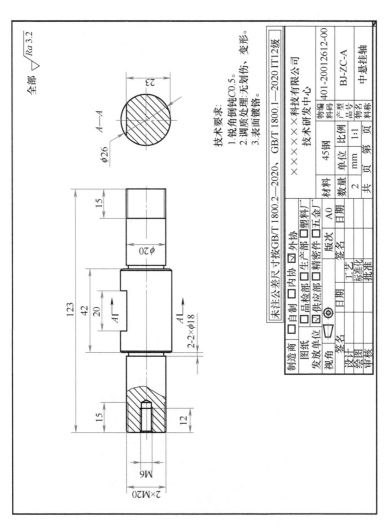

图 M4-7-53　中悬挂轴二维工程图

全部 √Ra 3.2

A—A

φ26

23

技术要求：
1. 锐角倒钝C0.5。
2. 调质处理无划伤、变形。
3. 表面镀铬。

未注公差尺寸按GB/T 1800.2—2020、GB/T 1800.1—2020 IT12级						
制造商	□自制	□内协	☑外协	×××××科技有限公司 技术研发中心		
图纸	□品检部	□生产部	□塑料厂			
发放单位	□供应部	□精密件	□五金厂	材料	45钢	比例 1:1
视角		A0		数量 2	单位 mm	物编 401-20012612-00
	版次	签名	日期			产品号 BJ-ZC-A
设计	工艺					物名
绘图	标准化			共 页	第 页	料称 中悬挂轴
审核	批准					

15
φ20
123
42
20
A
A
2-2×φ18
15
12
M6
2×M20

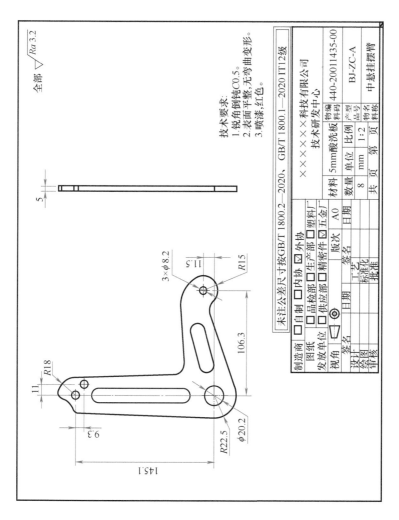

图 M4-7-54　中悬挂摆臂二维工程图

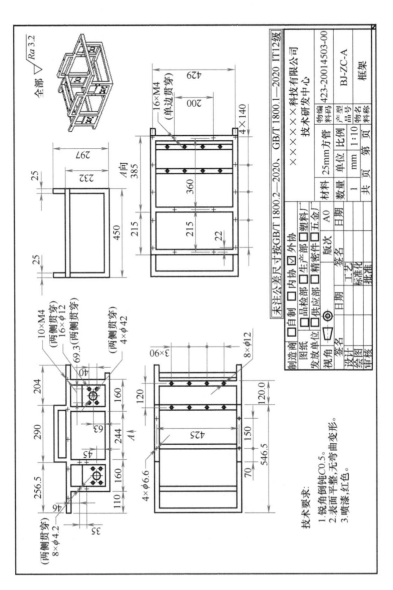

图 M4-7-55 框架二维工程图

【设计输出】

1. 零件清单（见表 M4-7-20）

表 M4-7-20　安防侦测机器人零件清单　　版次：A0（内控）

生效时间		文件编号	BOM-AFZC-01	产品型号	BJ-ZC-A
制定		审核		批准	
序号	物料编码	物料名称	规格尺寸/mm	单机用量/个	要求	备注

序号	物料编码	物料名称	规格尺寸/mm	单机用量/个	要求	备注
1	209-00010150-00	履带	周长 2.2m，宽度 150	2		
2	214-20012302-00	电池盖防水垫圈	395×230×2	1		
3	221-00803046-00	接线盒	80A，30×46×65	2		
4	227-00001075-01	轮片	3in（1in＝25.4mm）耐高温轮片	8	不带脚轮支架	
5	401-20011515-00	诱导轴 2	$\phi15\times150$	2		
6	401-20012015-00	驱动轴	$\phi20\times150$	2		
7	401-20012017-00	诱导轴 1	$\phi20\times170$	4		
8	401-20012612-00	中悬挂轴	$\phi26\times120$	2		
9	401-20012838-00	传动轴	$\phi28\times380$	2		
10	401-20015622-00	定点轴	$\phi56\times201.8$	2		
11	402-00002210-00	深沟球轴承	22×10×6	8	双面带防尘盖	
12	402-00003010-00	深沟球轴承	30×10×9	16	双面带防尘盖	
13	402-00003220-00	深沟球轴承	32×20×7	8	双面带防尘盖	
14	405-00002002-00	铜垫片	内径 20，厚度 2	12		
15	405-00004001-00	铜垫片	内径 40，厚度 1	10		
16	405-00004002-00	铜垫片	内径 40，厚度 2	25		
17	405-00004015-00	轴用卡簧	内径 40，厚度 1.5	10		
18	406-00000501-00	M5 垫片		10		
19	406-00000601-00	M6 垫片		30		
20	406-00000801-00	M8 垫片		40		
21	406-00001001-00	M10 垫片		50		
22	406-00001210-00	小外径垫片	外径 12×内径 10	100		

（续）

序号	物料编码	物料名称	规格尺寸/mm	单机用量/个	要求	备注
23	406-00002420-00	小外径垫片	外径24×内径20	100		
24	407-20011205-00	驱动轮轴承挡圈2	$\phi120\times5$	4		
25	407-20016005-00	驱动轮轴承挡圈1	60×60×5	4		
26	409-20016305-00	平衡小板	126×63.35×5	8		
27	410-20014204-00	吊环加强筋	420×20×5	1		
28	411-20011515-00	隔离柱-60	60×15×15	2		
29	411-20011515-01	隔离柱-70	70×15×15	2		
30	411-20011515-02	隔离柱-84	84×15×15	4		
31	412-00010000-00	轮子	15CrMoR	2		
32	412-20011224-00	诱导轮B	$\phi126\times24$	4		
33	412-20011424-00	诱导轮A	$\phi142\times24$	4		
34	412-20017020-00	诱导轮C	$\phi85\times20$	4		
35	415-00000809-00	空心铝管	外径10，内径8，长度9	8		
36	415-00000816-00	空心铝管	外径10，内径8，长度16	4		
37	415-00000823-00	空心铝管	外径10，内径8，长度23	8		
38	415-00000830-00	空心铝管	外径10，内径8，长度30	8		
39	415-00000842-00	空心铝管	外径10，内径8，长度42	1		
40	415-00202525-00	钢套	20×25×25	4		
41	415-20014040-00	驱动轮轴套	222×40×40	2		
42	419-20012009-00	电池盖	395×200.88×98.33	1		
43	419-20012262-00	电池外壳上盖	286×226×21	1		
44	419-20014608-00	外壳上盖	777×460×82	1		
45	421-20013627-00	电池仓托板	227×36×27	2		
46	421-20014542-00	外壳底部	770×454×238	1		
47	423-20011801-00	摄像头固定支架	下180×上147×2.5	1		
48	423-20014503-00	框架	750×450×302	1		

（续）

序号	物料编码	物料名称	规格尺寸/mm	单机用量/个	要求	备注
49	423-20018005-00	诱导轮支撑	116.46×80×5	4		
50	425-20011420-00	5分10A链轮	14齿，20孔径带，6×3键槽	4		
51	427-00001008-00	减振器	长度10cm，固定孔内径8	2		
52	427-00001258-00	减振器	长度12.5cm，固定孔内径8	2		
53	427-00001508-00	减振器	长度15cm，固定孔内径8	2		
54	428-00001006-01	弹垫	内径10，厚度1.6	8		
55	431-20011202-00	链条防护罩	330×120×22	1		
56	431-20011202-01	镜向链条防护罩	330×120×22	1		
57	431-20012312-00	悬挂护板1	513×231.19×2	1		
58	431-20012892-00	悬挂护板2	515.55×289.71×2	1		
59	431-20013490-00	重型滑轨	12in 带锁	1		
60	431-20015010-00	电池箱垫块	250×50×10	2		
61	433-20015810-00	前张紧轮调节块2	60×58×10	2		
62	433-20016010-00	前张紧轮调节块1	68×60×10	2		
63	434-20012221-00	电池外壳	326×222×176	1		
64	434-20012362-00	外壳左	758×236×27	1		
65	434-20012362-01	镜向外壳左	758×236×27	1		
66	436-20018850-00	镜向后摆臂板	298.75×88.32×50	1		
67	436-20018905-00	后摆臂板2	297.43×89×5	2		
68	436-20018950-00	后摆臂板1	298.75×89×50	1		
69	440-20011435-00	中悬挂摆臂	185.42×143.39×5	8		
70	440-20011510-00	摆臂1	157.5×102.5×5	4		
71	440-20011918-00	调整摆臂1	190.6×185×5	4		
72	440-20012806-00	摆臂3	280×65×5	4		
73	440-20012915-00	摆臂2	292.5×150×5	4		
74	443-20010510-00	5分10A链条	长度1m	0.56		
75	445-20012905-00	上盖连接板	450×290×5	1		

（续）

序号	物料编码	物料名称	规格尺寸/mm	单机用量/个	要求	备注
76	445-20013019-00	5 分链条接头		2		
77	452-00001404-00	弹簧提手	140×40	1		
78	452-20019509-00	不锈钢小把手	95×9.5×1.8〔95×21×13.5（壁厚2）〕	1		电池箱前挡板用

2. 设计图档

（1）三维设计图　三维设计图所包含的文件如图 M4-7-56 所示。

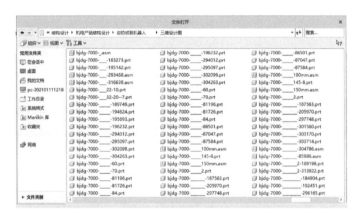

图 M4-7-56　三维设计图所包含的文件

（2）二维工程图　二维工程图所包含的文件如图 M4-7-57 所示。

图 M4-7-57　二维工程图所包含的文件

3. 工艺流程（见表 M4-7-21）

表 M4-7-21　××××××科技有限公司

安防侦测机器人生产工艺流程（内控）

生效时间		名称	安防侦测机器人	文件版次	A/0	共 1 页	第 1 页
产品型号	BJ-ZC-A	制定		审核		批准	

注：※表示产品关键工序；★表示质量控制点。

4. 操作规程（见表 M4-7-22~表 M4-7-36）

表 M4-7-22　×××××科技有限公司

安防侦测机器人工位操作规程（1）

产品名称	安防侦测机器人	产品型号	BJ-ZC-A			编制	
工位名称	中悬挂轴安装	文件编号	WI-AFZC-01			审核	
制订日期		文件版次	A/0	页码	1/1	批准	

1. 所需零件

外径/mm×内径/mm×长度/mm＝10×8×16 空心铝管 2 件，二号摆臂改 2 件，M20×1.5 锁紧螺母 2 件，中悬挂轴 1 件，三号摆臂 2 件，外径/mm×内径/mm×长度/mm＝10×8×9 空心铝管 2 件，中悬挂摆臂 4 件，内径/mm×厚度/mm＝20×2 铜垫片 6 件，12.5cm 减振器 1 件

2. 装配要求

安装位置正确，锁紧螺母不能有松动

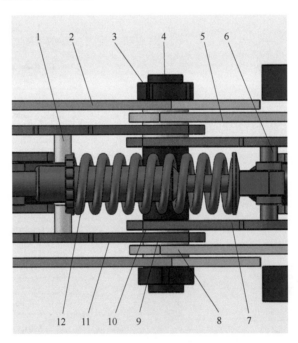

1—外径/mm×内径/mm×长度/mm＝10×8×16 空心铝管　2、11—二号摆臂改　3—M20×1.5 锁紧螺母
4—中悬挂轴　5—三号摆臂　6—外径/mm×内径/mm×长度/mm＝10×8×9 空心铝管　7—中悬挂摆臂
8~10—内径/mm×厚度/mm＝20×2 铜垫片　12—12.5cm 减振器

表 M4-7-23   ×××××科技有限公司
安防侦测机器人工位操作规程（2）

产品名称	安防侦测机器人	产品型号	BJ-ZC-A			编制	
工位名称	定点轴安装	文件编号	WI-AFZC-02			审核	
制订日期		文件版次	A/0	页码	1/1	批准	

所需零件：定点轴 1 件，一号摆臂 2 件，二号摆臂改 2 件，外径/mm×内径/mm×长度/mm＝10×8×30 空心铝管 2 件，内径/mm×厚度/mm＝40×2 铜垫片 2 件，内径/mm×厚度/mm＝40×1 铜垫片 2 件，内径/mm×厚度/mm＝40×1.5 轴用卡簧 3 件，15cm 减振器 1 件，M8×110 外六角螺栓 1 件

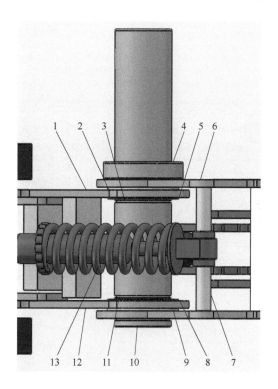

1、12——一号摆臂   2、9——内径/mm×厚度/mm＝40×2 铜垫片   3、10、11——内径/mm×厚度/mm＝40×1.5 轴用卡簧   4——定点轴   5、8——内径/mm×厚度/mm＝40×1 铜垫片   6——二号摆臂改   7——外径/mm×内径/mm×长度/mm＝10×8×30 空心铝管   13——15cm 减振器

表 M4-7-24　××××××科技有限公司
安防侦测机器人工位操作规程（3）

产品名称	安防侦测机器人	产品型号	BJ-ZC-A			编制	
工位名称	驱动轴组件安装	文件编号	WI-AFZC-03			审核	
制订日期		文件版次	A/0	页码	1/1	批准	

1. 所需零件

后摆臂板 2 为 2 件，三号摆臂板 2 件，内径/mm×厚度/mm=40×2 铜垫片 3 件，驱动轴轴套 1 件，内径/mm×厚度/mm=40×1 铜垫片 2 件，小外径垫片 20×24 为 9 件，5 分 14 齿链轮 1 件，M20×1.5 锁紧螺母 1 件，外径/mm×内径/mm×长度/mm=10×8×30 空心铝管 2 件，10cm 减振器 1 件

2. 装配要求

安装位置正确，锁紧螺母不能有松动

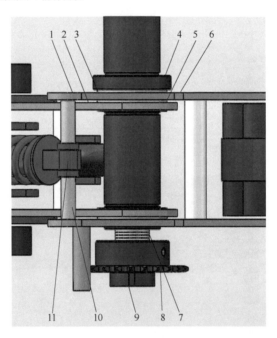

1—后摆臂板 2　2—三号摆臂板　3、5—内径/mm×厚度/mm=40×2 铜垫片　4—驱动轴轴套
6—内径/mm×厚度/mm=40×1 铜垫片　7—小外径垫片 20×24　8—5 分 14 齿链轮
9—M20×1.5 锁紧螺母　10—外径/mm×内径/mm×长度/mm=10×8×30 空心铝管　11—10cm 减振器

表 M4-7-25 ××××××科技有限公司
安防侦测机器人工位操作规程 (4)

产品名称	安防侦测机器人	产品型号	BJ-ZC-A			编制	
工位名称	驱动轮组件安装	文件编号	WI-AFZC-04			审核	
制订日期		文件版次	A/0	页码	1/1	批准	

1. 所需零件

驱动轮轴承挡圈 2 件，M20×1.5 锁紧螺母 2 件，驱动轴 1 件，小外径垫片 20×24 为 20 件，驱动轮轴承挡圈 2 为 2 件，5 分 14 齿链轮 1 件，20×25×25 钢套 2 件

2. 装配要求

安装位置正确，锁紧螺母不能有松动

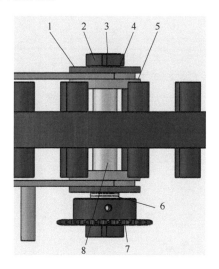

1—驱动轮轴承挡圈 2—M20×1.5 锁紧螺母 3—驱动轴 4、6—小外径垫片 20×24
5—驱动轮轴承挡圈 2 7—5 分 14 齿链轮 8—20×25×25 钢套

表 M4-7-26　××××××科技有限公司

安防侦测机器人工位操作规程（5）

产品名称	安防侦测机器人	产品型号	BJ-ZC-A		编制	
工位名称	悬挂总安装	文件编号	WI-AFZC-05		审核	
制订日期		文件版次	A/0	页码	1/1	批准	

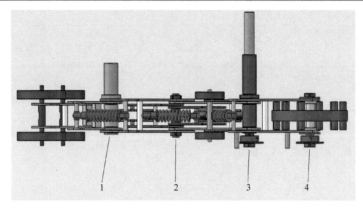

1—定点轴安装　2—中悬挂轴安装　3—驱动轴安装　4—驱动轮安装

表 M4-7-27　××××××科技有限公司

安防侦测机器人工位操作规程（6）

产品名称	安防侦测机器人	产品型号	BJ-ZC-A		编制	
工位名称	外壳上盖组件安装	文件编号	WI-AFZC-06		审核	
制订日期		文件版次	A/0	页码	1/1	批准	

1.　所需零件

超声波避障传感器 2 件，天线 3 件，外壳上盖 1 件，LED 灯 2 件

2. 装配要求

安装位置正确，锁紧螺母不能有松动

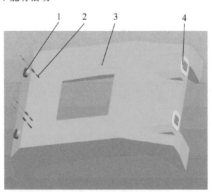

1—超声波避障传感器　2—天线　3—外壳上盖　4—LED 灯

表 M4-7-28　××××××科技有限公司
安防侦测机器人工位操作规程（7）

产品名称	安防侦测机器人	产品型号	BJ-ZC-A			编制	
工位名称	固定罩组件安装	文件编号	WI-AFZC-07			审核	
制订日期		文件版次	A/0	页码	1/1	批准	

1. 所需零件
红外车载云台摄像机 1 件，固定座 1 件，激光扫描仪 1 件
2. 装配要求
安装位置正确，锁紧螺母不能有松动

1—红外车载云台摄像机　2—固定座　3—激光扫描仪

表 M4-7-29　×××××科技有限公司
安防侦测机器人工位操作规程（8）

产品名称	安防侦测机器人	产品型号	BJ-ZC-A	编制	
工位名称	机芯安装	文件编号	WI-AFZC-08	审核	
制订日期		文件版次	A/0	页码	1/1	批准	

1. 所需零件

外壳左1件，电池仓垫块2件，电池仓垫块-2为2件，电池仓垫块-3为2件，驱动电动机2件，电量显示1件，紧急开关1件，电源开关1件，双网口套装1件，电源接口1件，镜向外壳左1件，光轴固定件8件，外壳底部1件，电池仓托板2件，电池外壳上盖1件，锂电池1件，电池外壳1件，电池盖1件，不锈钢小把手1件，定点轴2件，驱动轴轴套2件，驱动轴2件

2. 装配要求

安装位置正确，锁紧螺母不能有松动

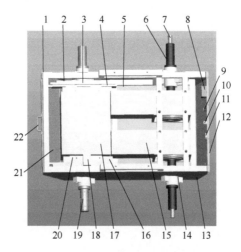

1—外壳左　2—电池仓垫块　3—电池仓垫块-2　4—电池仓垫块-3　5—外壳底部　6—驱动轴轴套
7—驱动轴　8—电量显示　9—紧急开关　10—电源开关　11—双网口套装　12—电源接口
13—镜向外壳左　14—光轴固定件　15—驱动电动机　16—电池仓托板　17—电池外壳上盖
18—锂电池　19—定点轴　20—电池外壳　21—电池盖　22—不锈钢小把手

表 M4-7-30　××××××科技有限公司

安防侦测机器人工位操作规程（9）

产品名称	安防侦测机器人	产品型号	BJ-ZC-A			编制	
工位名称	悬挂总装（左右）安装	文件编号	WI-AFZC-09			审核	
制订日期		文件版次	A/0	页码	1/1	批准	

1. 所需零件

悬挂总装（右）1 件，悬挂总装（左）1 件，机芯 1 件

2. 装配要求

安装位置正确，锁紧螺母不能有松动

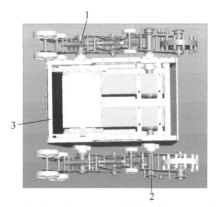

1—悬挂总装（右）　2—悬挂总装（左）　3—机芯

表 M4-7-31　××××××科技有限公司

安防侦测机器人工位操作规程（10）

产品名称	安防侦测机器人	产品型号	BJ-ZC-A			编制	
工位名称	外壳上盖安装	文件编号	WI-AFZC-10			审核	
制订日期		文件版次	A/0	页码	1/1	批准	

1. 所需零件

外壳上盖组件 1 件

2. 装配要求

安装位置正确，锁紧螺母不能有松动

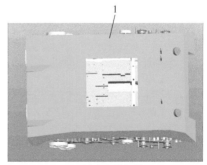

1—外壳上盖组件

表 M4-7-32　××××××科技有限公司

安防侦测机器人工位操作规程（11）

产品名称	安防侦测机器人	产品型号	BJ-ZC-A			编制	
工位名称	固定罩、履带安装	文件编号	WI-AFZC-11			审核	
制订日期		文件版次	A/0	页码	1/1	批准	

1. 所需零件

悬挂护板 2 为 1 件，固定罩组件 1 件，链条防护罩 1 件，镜向链条防护罩 1 件，悬挂护板 1 为 1 件，履带 2 件

2. 装配要求

安装位置正确，螺钉锁紧不能有松动

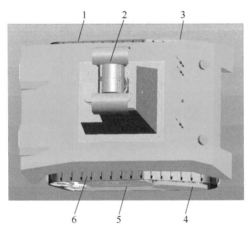

1—悬挂护板 2　2—固定罩组件　3—链条防护罩　4—镜向链条防护罩

5—悬挂护板 1　6—履带

表 M4-7-33　××××××科技有限公司

安防侦测机器人工位操作规程（12）

产品名称	安防侦测机器人	产品型号	BJ-ZC-A			编制	
工位名称	可靠性和抗振调试	文件编号	WI-AFZC-12			审核	
制订日期		文件版次	A/0	页码	1/1	批准	

1. 可靠性试验

1）在 200m² 试验场路面，通过无线遥控设备操控安防侦察车，以中档速度进行方形轨迹行走，顺时针和逆时针各行走 10min

2）在 200m² 试验场路面，设置坡度为 35°装置、宽度为 200mm 跨沟装置及高度为 80mm 越障装置，通过无线遥控设备操控安防侦测机器人连续反复地进行各道装置试验任务，试验时间为 40min

2. 振动试验

1）将安防侦测机器人固定在运输振动台上进行模拟试验

2）经振动试验后的安防侦测机器人按照可靠性试验的步骤再进行试验，以满足可靠性要求

表 M4-7-34　××××××科技有限公司

安防侦测机器人工位操作规程（13）

产品名称	安防侦测机器人	产品型号	BJ-ZC-A			编制	
工位名称	软件调试	文件编号	WI-AFZC-13			审核	
制订日期		文件版次	A/0	页码	1/1	批准	

1. 上位机操作

1）主界面：主界面包括状态栏、摄像监控、人机对话、人脸识别和移动控制五部分，状态栏显示当前时间、室内温度和环境 PM2.5 值

2）摄像监控：单击"摄像监控"会弹出这个界面，如果没有显示监控画面，则要手动载入，单击左上方→"在线设备"→"选择可用的设备"→右边的设备信息底部单击"开始预览"

3）人机对话：进入该界面可以进行人机对话，界面上显示的是提问的提示语，但提问并不局限于这些提示语，可以随意提问，如今天天气怎么样？单击下方的箭头可以切换界面显示其他的提示语

4）人脸识别：该模块可以自动检测人脸，并对检测到的人脸与云端人脸库进行比对，可以用作黑名单/VIP 用户进行识别。长按可以进入录入人脸的界面

5）移动控制：单击"移动控制"就进入导航模块

2. 导航操作

1）遥控：使用遥杆控制机器人行走

2）导航：暂停——暂停当前动作，导航时单击"暂停"机器人会停下，再单击"恢复"就继续当前指令；停止——取消当前指令，机器人停下；系统——需要 Android 系统提供悬浮窗权限，设置系统参数，包括遥控参数和导航参数

3. 功能

（1）功能选择

1）扫图模式：包括图优化、图优化 Plus 和粒子滤波

2）导航模式：包括自由导航（使用站点导航）和循迹导航模式（使用路径导航）

（2）功能设置

1）设置初始点：每次重新打开保存的地图进行导航时，需要重新设置初始点，即车体在地图上的位置，用框选方式把车体大概的位置框起来，就能设置初始位置

2）设置目标点：在地图上选择一个目标点，让车自己导航过去

（3）路径站点处理

1）添加站点：即保存车体所在位置为站点；必须在自由导航模式下使用

2）添加路径：直接添加路径，在地图上选择一个起点、一个终点，即可保存一条路径；若只选择一个点保存路径，则该点即为路径终点，使用此法可设置多个终点。车体导航时的运动模式是不绕障而是遇障停车，待障碍移开则继续执行路径，并且实际走的是直线，不会实时改变路线避障

3）设为路径点：在地图上单击"设为路径点"，可形成能够转弯的路径。注意，保存路径点的路径时，只是一条路径而非多条路径，因为只是多个路径点形成一条路径而已；必须在循迹导航模式下使用

（4）路径站点执行　包括到达站点、循环执行站点、执行路径和循环执行路径

表 M4-7-35 ××××××科技有限公司

安防侦测机器人工位操作规程（14）

产品名称	安防侦测机器人	产品型号	BJ-ZC-A		编制	
工位名称	品检	文件编号	WI-AFZC-14		审核	
制订日期		文件版次	A/0	页码 1/1	批准	

1. 外观检查

1）目测检查安防侦测机器人表面钣金件有无凹陷，镶焊接件位置光滑度，漆面光洁度及色差均匀度

2）耐蚀部件和防水性零部件上的保护涂层不应有渗漏、裂纹及变形等缺陷

3）电气连接处的防护套应安装到位，安全性标识、标牌张贴位置应醒目

2. 机载设备、遥控装置性能检查

1）安防侦测机器人电源关闭状态下，按压机载设备上各路按钮，旋转摄像采集云台，测试灵活性

2）按下安防侦测机器人电源总开关，机器进入系统自检状态，检查自检过程中各项机载设备运行状态

3）通过遥控装置操控安防侦测机器人行走，测试遥控装置的操作灵敏度，传动零部件润滑度、噪声，摄像采集云台回传的视频信息质量

4）检查车体上的灯光设备工作状态，运动关节的始、终点限位装置及俯仰、回转、传动等机构的动作应灵活、安全可靠

表 M4-7-36 ××××××科技有限公司

安防侦测机器人工位操作规程（15）

产品名称	安防侦测机器人	产品型号	BJ-ZC-A		编制	
工位名称	包装	文件编号	WI-AFZC-15		审核	
制订日期		文件版次	A/0	页码 1/1	批准	

1. 所需零件

标识铭牌、中性清洁剂、抹布、气泡膜、胶带、防尘胶袋、泡沫、木箱、钉子

2. 所需工具

锤子、刀片

3. 装配工序

1）张贴设备名称的标识铭牌

2）用沾有少量中性清洁剂的抹布擦拭设备上的灰尘

3）用气泡膜缠绕摄像云台装置并用胶带固定，防止随意转动

4）将车体由上到下套上防尘胶袋

5）装上防护性泡沫

6）装钉木箱

5. 技术文档汇总归档

技术文档汇总如图 M4-7-58 所示。

图 M4-7-58 技术文档汇总

参 考 文 献

［1］习近平. 高举中国特色社会主义伟大旗帜 为全面建设社会主义现代化国家而团结奋斗——在中国共产党第二十次全国代表大会上的报告［R/OL］. （2022-10-16）［2022-10-25］. http://politics. gmw. cn/2022-10/25/content_36113897.

［2］伏波，白平. 产品设计：功能与结构［M］. 北京：北京理工大学出版社，2008.

［3］成大先. 机械设计手册：第 1 卷［M］. 6 版. 北京：化学工业出版社，2017.

［4］赵松年，佟杰新，卢秀春. 现代设计方法［M］. 北京：机械工业出版社，1996.

［5］邹慧君. 机械运动方案设计手册［M］. 上海：上海交通大学出版社，1994.

［6］马晓丽，陈晓英，张晓芳. 机械产品设计［M］. 北京：机械工业出版社，2010.

［7］赵占西. 产品造型设计材料与工艺［M］. 北京：机械工业出版社，2008.

［8］夏巨谌，张启勋. 材料成形工艺［M］. 2 版. 北京：机械工业出版社，2010.

［9］汪传生，刘春廷. 工程材料及应用［M］. 西安：西安电子科技大学出版社，2008.

［10］博创设计坊. Pro/ENGINEER wildfire 4. 0 装配与产品设计［M］. 北京：清华大学出版社，2008.